21世纪人力资源管理系列教材

职业安全与卫生管理

吴友军　编著

WUHAN UNIVERSITY PRESS
武汉大学出版社

图书在版编目(CIP)数据

职业安全与卫生管理/吴友军编著.—武汉:武汉大学出版社,2019.9
21世纪人力资源管理系列教材
ISBN 978-7-307-21083-7

Ⅰ.职… Ⅱ.吴… Ⅲ.①劳动保护—劳动管理—高等学校—教材
②劳动卫生—卫生管理—高等学校—教材 Ⅳ.①X9 ②R13

中国版本图书馆 CIP 数据核字(2019)第 169364 号

责任编辑:陈　红　　　责任校对:李孟潇　　　版式设计:马　佳

出版发行:**武汉大学出版社** 　(430072　武昌　珞珈山)
　　　　(电子邮箱:cbs22@whu.edu.cn 网址:www.wdp.com.cn)
印刷:湖北民政印刷厂
开本:787×1092　1/16　印张:15.75　字数:373 千字　　插页:1
版次:2019 年 9 月第 1 版　　　2019 年 9 月第 1 次印刷
ISBN 978-7-307-21083-7　　定价:45.00 元

前　言

美国工作研究所在 20 世纪 80 年代进行的研究显示：衡量员工工作生活质量的因素包括：劳动报酬、雇员福利、工作的安全性、灵活的工作时间、工作的紧张程度、参与有关决策的程度、工作的民主性、利润分享、公司改善雇员福利的计划。其中，工作安全性排在比较突出的位置。大量的研究表明：员工工作满意度与工作安全性密切相关。一些学者的研究发现：在跨文化的非西方企业中，对工作安全性的满意度与组织承诺和工作绩效正相关；员工的年龄、受教育水平、工作水平、月收入、婚姻状况、当前工作的任期及组织推动的活动等因素对工作安全性满意度的影响具有显著差异。全世界每年死于职业安全事故的人数约为 234 万人，其中死于职业病的占比高达 86.32%，并且这些数字还在增加；同时，职业安全事故和职业病造成的经济损失也十分巨大，职业安全与健康问题已成为世界各国在现代化工业建设中共同面临和亟待解决的重大问题。

近年来，虽然我国国民经济一直保持着稳定的增长，但职业健康安全管理工作却远滞后于经济建设发展的步伐，重大恶性工伤事故屡屡发生，职业病人数居高不下。原卫生部数据显示，2011 年约有 1600 万家企业存在有毒有害作业场所，2 亿劳动者在从事劳动过程中遭受不同程度的职业病危害。2013 年全国共报告职业病 26393 例，其中尘肺病 23152 例，急性职业中毒 637 例，慢性职业中毒 904 例，其他类职业病 1700 例。2014 年中国共报告新发职业病 29972 例，千人发病率达 1.338，为近年来的最高水平。不容忽视的是，中国的职业病新发病例数是从覆盖率仅达 10% 左右的健康监护中发现的，实际病例远远高于报告数字。如果考虑众多因职业致病而未被纳入职业病统计范畴的从业者，其数量更加巨大。我国接触职业危害人数、新发现职业病人数、职业病患者累计数量以及因职业安全事故而死亡的人数均居世界首位。职业安全事故及职业病频发不仅危及职工的生命安全，也给经济社会发展造成严重的损失。按国际标准计算，中国每年因工伤事故和职业病给国家带来的经济损失达 3200 亿元。党的十八大报告中指出："建立健全重大决策社会稳定风险评估机制。强化公共安全体系和企业安全生产基础建设，遏制重特大安全事故。"习近平总书记强调指出"发展不能以牺牲人的生命为代价，这必须作为一条不可逾越的红线"。这体现了国家及其领导人对职业健康安全的重视。

本书共分八章。第一章主要介绍了职业安全与卫生管理的基本概念和有关的背景知识。第二章对导致事故发生的致因理论进行了介绍与阐述。第三章介绍了我国安全生产管理体制及企业安全生产管理模式，同时说明了我国职业安全健康管理体系状况。第四章讨论了国内外安全生产法制建设的现状及相关内容。第五章介绍了伤亡事故的报告、调查及处理，重点对伤亡事故的统计分析及事故经济损失进行了专门的论述与说明。第六章介绍了工伤保险相关知识。重点介绍了工伤的认定，并利用工伤保险知识进行案例分析。第七章涉及企业安全管理实际工作的各项内容，比如安全目标管理、安全教育、安全检查及安全文化建设等。第八章主要介绍了安全系统工程分析方法，包括预先危险性分析、事件树分析、可靠性分析及事故树分析等内容。全书第三章、第四章由管理学院田笑丰老师编写完成，其余章节由吴友军老师编写完成。

在本书编写过程中，编者结合了多年的教学及实践经验，并在每一章后面都加入了练习与案例讨论，有利于读者加深对所学内容的理解，使本书具有通俗易懂的特点；同时，本书参考了许多国内外专家和学者的观点，查阅了大量的文献资料，在此向文献作者一并表示感谢！感谢武汉科技大学管理学院领导对教材出版的支持！感谢武汉大学出版社陈红老师的辛苦付出！由于各种原因，书中引用资料未能一一列出，如有遗漏，请及时与编者联系！

限于编者水平有限，加之时间仓促，书中的疏漏及错误之处难免，恳请广大读者批评指正！

编　者

2019 年 6 月

目　录

第一章　职业安全与卫生管理导论

◎ **学习目标：**

掌握职业安全与卫生管理中有关的基本概念，了解职业安全与卫生管理的发展史，职业安全与卫生管理的意义及与安全有关的学科体系和发展趋势。

第一节　职业安全与卫生管理的基本概念

现代职业安全与卫生管理既是安全科学的分支学科之一，也是管理科学的重要组成部分，是运用一系列的科学方法与技术手段，以保障劳动者的安全健康为目的，以提高企业长远经济效益为出发点的一门综合性、应用性管理科学。因此，职业安全与卫生管理具有明显的边缘性和交叉性的特点。在阐述职业安全与卫生管理之前，有必要对职业安全与卫生管理中一些相关的重要概念做一个界定。

一、事故（accident）

事故指生产过程中发生的一个或一系列非计划的（意外的）、可导致人员伤亡、设备损坏、财产损失以及环境危害的事件。

以人为中心考察事故的后果，可将事故分为伤亡事故和一般事故。伤亡事故指人体生理机能部分或全部丧失的事故。一般事故是指人身没有受到伤害，或受伤轻微、停工短暂或没有形成人的生理机能障碍的事故。对于既没有造成人员伤害，也没有造成物质损失的事故，我们称之为未遂事故。

通过个别试验观测可知，事故的发生是随机的；大量重复试验观测的结果则表明，事故的发生具有统计规律性。

全球每年生产和生活过程中，平均发生各类事故 2.5 亿起，这意味着每天发生 68.5 万起，每小时发生 2.8 万起，每分钟发生近 500 起，事故对企业的生产与人们的生活造成了重要影响。

二、安全（safety）

从广义上讲，安全是预知人类活动的各个领域里所存在的固有的或潜在的危险，并且为消除这些危险所采取的各种措施的总称。

从生产角度讲，安全是一种不发生死亡、伤害、职业病及设备财产损失的状况。

从一定意义上讲，安全是防止灾害，消除各种隐患发生的条件。安全是相对的，是一种可以接受的危险或风险的程度。只有相对安全，没有绝对安全；只有暂时安全，没有永恒安全。如由于陨石坠落导致的死亡发生的概率为亿万分之一，我们可以认为陨石坠落这种事件的安全度高，其危险程度是人们可以接受的，因而可以说是安全的。小汽车相撞事故的发生比率为十万分之一，所以人们认为使用小汽车是安全的，或者说其危险水平是可以接受的。在交通拥挤的道路上骑自行车，虽然可能发生交通事故，但是人们仍然愿意骑车代步，这就是一种可以接受的危险水平。

三、危险(danger)

危险是指可能带来人员伤亡或疾病、系统或设备损坏、社会财产损失，或环境破坏的任何真实的或者潜在的条件。传统的安全认为安全和危险是两个互不相容的绝对概念；而系统安全则认为不存在绝对的安全，当危险性低到某程度时，人们就认为是安全的了，所以安全是被包含在危险之中的一个部分。安全与危险的相对性见图1.1。

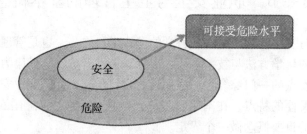

图1.1　安全与危险的相对性

四、危险源(hazard)

危险源指可能造成人员伤害、疾病、财产损失、作业环境破坏或其他损失的根源或状态。

它的实质是具有潜在危险的源点或部位，是爆发事故的源头。危险源存在于确定的系统之中，不同的系统范围，危险源的区域不同。如：从全国范围来说，危险行业(石油、化工等)的具体的一个企业(炼油厂)就是一个危险源，而从一个企业系统来说，某个车间、仓库可能就是一个危险源，一个车间系统的某个设备可能是危险源。所以分析危险源应按系统的不同层次来进行。

危险源包含三种形式，即第一类危险源、第二类危险源与第三类危险源。

(一)第一类危险源

我们把系统中存在的、可能发生意外释放的能量或危险物质称作第一类危险源。实际工作中人们往往把产生能量的能量源或拥有能量的能量载体看作第一类危险源来处理。

常见的第一类危险源包括：产生供给能量的装置、设备，使人体或物体具有较高势能的装置、设备或场所。如落下、抛出、破裂、飞散的物体，被吊起的重物等。

(二)第二类危险源

生产生活中我们把导致约束、限制能量措施失效或破坏的各种不安全因素称作第二类危险源，包括人的不安全行为、物的不安全状态、环境因素三个方面。

1. 人的不安全行为

人的失误可能直接破坏对第一类危险源的控制，造成能量或危险物质的意外释放。例如，合错了开关使检修中的线路带电等。

2. 物的不安全状态

物的不安全状态可能直接使约束、限制能量或危险物质的措施失效而发生事故。例如，管路破裂使其中的有毒有害介质泄漏等。

3. 环境因素

环境因素主要指系统运行的环境，包括温度、湿度、照明、粉尘、噪声和振动等物理环境。例如，潮湿的环境会加速金属腐蚀而降低结构或容器的强度，工作场所强烈的噪声会影响人的情绪等。

(三) 第三类危险源

第三类危险源指不符合安全的组织因素，如组织程序、组织文化、规章制度等，更多强调管理方面的缺失造成的影响。如企业安全文化的建设、各种安全规章制度的建设、各项安全法规文件的制定等。

三类危险源与事故的关系如图 1.2 所示。

图 1.2　三类危险源与事故的关系

第一类危险源的存在是事故发生的物质性前提，它影响事故发生后果的严重程度，是事故发生的物质根源。第二类危险源的出现是第一类危险源导致事故的必要条件，没有第二类危险源对第一类危险源的失败控制，也不会导致事故的发生。第三类危险源是第一类危险源与第二类危险源之后的深层原因，是事故发生的一个组织性前提。

五、隐患(hidden danger)

隐患指现存系统中可导致事故发生的物的危险状态、人的不安全行为及管理上的缺陷。隐患在本质上属于危险源的一部分。如：火灾隐患、爆炸隐患、触电隐患、高空坠落隐患等。一般来说，危险源可能存在事故隐患，也可能不存在事故隐患。对存在事故隐患的危险源一定要加以整改，如第二类危险源与第三类危险源，否则随时可能导致事故的发生。如：安全装置齐全的高空作业为危险源，未带个人防护装置时高空作业就是隐患。

六、职业病(occupational disease)

在生产过程、劳动过程以及作业环境中存在的危害从业人员健康的因素，称为职业性危害因素。由职业性危害因素所引起的疾病称为职业病。

2013年12月23日，卫生部、人力资源和社会保障部、安全监督管理总局、全国总工会4部门联合印发了《职业病分类和目录》。该《职业病分类和目录》将职业病分为职业性尘肺病及其他呼吸系统疾病、职业性皮肤病、职业性眼病、职业性耳鼻喉口腔疾病、职业性化学中毒、物理因素所致职业病、职业性放射性疾病、职业性传染病、职业性肿瘤、其他职业病共10类132种。《职业病分类和目录》自印发之日起施行。2002年4月18日原卫生部和劳动保障部联合印发的《职业病目录》予以废止。

职业病发生的条件：（1）患病者是企业、事业单位和个体经济组织（用人单位）的劳动者；（2）患病是在从事职业活动过程中；（3）患病原因是接触职业危害因素；（4）是国家主管部门发布的职业病分类和目录所列的职业病。

职业病诊断，应当综合分析：职业病人的职业史；职业病危害接触史和现场危害调查与评价；职业病人的工作条件、临床表现及辅助检查结果。

七、安全生产（safety production）

安全生产是为了使生产过程在符合物质条件和工作秩序下进行，防止发生人身伤亡和财产损失等生产事故，消除或控制危险、有害因素，保障人身安全与健康、设备和设施免受损坏、环境免遭破坏以及生产顺利进行的总称。安全生产是从企业的角度出发，强调在发展生产的同时，必须保证企业员工的安全健康和企业财产不受损失。

八、劳动保护（labor protection）

劳动保护是依靠科技和管理，采取技术措施和管理措施，消除生产过程中危及人身安全和健康的不良环境、不安全设备和设施、不安全环境、不安全场所和不安全行为，防止伤亡事故和职业危害，保障劳动者在生产过程中的安全与健康的总称。它强调从政府的角度对劳动者在生产过程中安全和健康的保护。

九、职业安全卫生（occupational safety and health）

职业安全卫生是安全生产、劳动保护和职业卫生的统称。国家标准 GB/T15236—1994《职业安全卫生术语》对"职业安全卫生"这一术语的定义是：以保障职工在职业活动过程中的安全与健康为目的的工作领域及在法律、技术、设备、组织制度和教育等方面所采取的相应措施。其同义词有劳动安全卫生。目前，俄罗斯、德国、奥地利等国家称之为劳动保护、劳动安全与卫生；美国、日本、英国等国家称之为职业安全与卫生；我国习惯上称为职业安全卫生与劳动安全卫生，职业安全管理等。

其含义有三方面：（1）保护对象是从业人员；（2）只保护从业人员在安全和健康方面的合法权益；（3）仅限于在劳动过程中对从业人员的安全健康保护，而对于劳动过程以外的活动则不负这项义务。

第二节　职业安全与卫生管理的形成与发展

保障人类的安全生产，有三大安全对策：一是安全工程技术对策，这是技术系统本质安全化的重要手段；二是安全教育对策，这是人的安全素质的重要保障措施；三是安全管理对策，这一对策既涉及物的因素，又涉及人的因素。

一、职业安全与卫生管理的历史演变

(一)原始社会阶段—18世纪初期

安全问题是自古以来就有的，生产劳动中的安全问题总是伴随着人类劳动产生的，安全问题与生产劳动总是分不开的。有组织的安全管理，是伴随着社会化大生产发展的需要而产生的。自从劳动创造人类以后，人类就开始为了生存而斗争，在获取生活、生产资料的同时，还必须学会保护自己，以求得自身的生存与发展。这就是早期的安全意识。随着农业和手工业的发展，人类对保护自身的安全健康也提出了明确的要求，并通过观察、调查及血的教训，总结了一些安全防护措施和技术。比如，自从使用火以来，人类就开始同火灾作斗争，可以说防火技术是人类最早的安全技术之一。我国人民在与火灾的长期斗争中积累了丰富的经验。早在公元前700年，周朝人所著的《周易》一书中就有"水火相忌""水在火上既济"的记载，说明了用水灭火的道理。国外的情况也是如此，如在古希腊和罗马帝国时期就设立了以维持社会治安和救火为主要使命的禁卫军和值班团。此后，在一个比较长的历史时期里，人们对安全的认识主要出于保持"安宁"的愿望和防火的需要。直到公元12世纪，英国才颁布了《防火法令》，17世纪颁布了《人身保护法》。此外，在采煤业就有用大竹竿凿去节插入煤中进行通风，排除瓦斯、预防中毒的措施，并用支板防止冒顶。

(二)18世纪中叶—20世纪初期

18世纪中叶，蒸汽机的发明引起工业革命，机器代替了传统的手工生产，机械动力被普遍使用。劳动者在使用机器过程中，被机器伤害的事故时有发生。因此，安全问题日益突出，劳资矛盾激化，资本家不得不做出起码的让步，同意适当地改善劳动条件。此外，事故造成的经济损失，也迫使资本家为了自己的利益而考虑安全问题。

19世纪初，随着社会化大生产的出现，生产规模越来越大，在生产效率日益提高的同时，安全问题也日益突出。从19世纪初到20世纪初的一百年里，仅美国就发生了一万次锅炉爆炸事故，造成大量人员伤亡，人们为了保障劳动者的安全健康，一方面从技术上进行防护，另一方面从管理入手，逐渐形成了安全管理的概念。比如，英国、法国、比利时等国相继颁布了安全法令。1802年，英国通过了纺织厂和其他工厂学徒身心健康保护法；1810年，比利时制定了矿场检查法案及公众危害防止法案。

进入20世纪以后，工业发展速度加快，环境污染和重大工业事故相继发生，给社会带来了极大危害。1930年12月，比利时发生了"马斯河谷事件"，马斯河谷地区的铁工厂、金属工厂、玻璃厂排出的污染物被封闭在逆温层下，浓度急剧增加，"杀人似的烟雾"使人感到胸痛、呼吸困难，在一周内造成60人死亡。

（三）20 世纪初期—20 世纪 70 年代

从 20 世纪 30 年代开始，国外有些企业开始设置专职安全人员，并逐步建立起较完善的安全教育、管理和技术体系。到了 50 年代和 60 年代，不少发展中国家的国民收入增长加快，但就业情况和生活水平并未得到明显提高。从 60 年代后期起，人们越来越感到，创造就业机会，改进工作条件与生活质量，应同国民生产总值增长一样，成为在发展规划中受到重视的主要目标和社会经济发展所必需的进步标准。同时，经济发达国家在已经具有较多的物质积累和剧烈的社会变革后，也开始反思工业化过程对社会进步的全面影响，开始注意劳动者的工作条件与安全卫生状况，以至当时像社会福利、人权、环境保护这些内容成为政治家的口头禅和媒体关注的焦点。西方社会的许多政党和政治家把就业、劳动者福利、改善工人工作条件和环境保护作为主要的竞选口号，这也是欧洲许多社会党和工党在当时赢得选民而获得胜利的原因之一。在这种背景下，70 年代初，形成针对劳动安全与卫生的立法高潮，美国、英国、日本等国的劳动安全卫生法或职业安全卫生法都是在这一时期建立的。

（四）20 世纪 80 年代以后

进入 20 世纪 80 年代，工业发展速度加快，环境污染和重大工业事故相继发生。1986 年 1 月 28 日，美国航天飞机"挑战者"号在起飞 73 秒后由于机械事故不幸爆炸，7 名宇航员遇难，造成宇航史上最大的悲剧；1986 年 4 月 26 日，苏联基辅的切尔诺贝利核电站第 4 号反应堆爆炸起火，大量放射性物质泄漏，造成 7 人死亡，35 人重伤，229 人受到严重的核辐射，核污染席卷了斯堪的那半岛和东欧，而且波及西欧。劳动安全卫生，作为现代科技和工业发展中的一个重大课题，越来越引起广泛的关注。

90 年代以来，国际上进一步提出"可持续发展"的口号，经济发展中，加强企业安全卫生管理成为政府及社会义不容辞的责任。伤亡事故对可持续发展的影响体现在以下方面：第一，某些劳动条件恶劣或职业危害严重的行业，将会招不到高素质的职工，人员素质差将会导致更多事故发生；第二，职业危害所产生的劳动争议迅速增加，矛盾容易激化；第三，事故会形成社会不稳定的因素。

2016 年 9 月 1 日，人力资源和社会保障部发布《重大劳动保障违法行为社会公布办法》，自 2017 年 1 月 1 日起开始执行。根据该法第 5 条的要求对以下重大劳动违法行为必须公布，这类违法行为包括：克扣、无故拖欠劳动者报酬，导致集体上访等群体性事件、极端事件的；不依法参加社会保险或缴纳社会保险费，造成严重后果的；非法使用或介绍童工，造成童工伤残或死亡等严重后果的；违反工作时间和休息休假规定，严重损害劳动者健康的或者导致劳动者死亡的；因劳动保障违法行为造成严重不良社会影响的，违反女职工或未成年工特殊劳动保护规定，情节严重的等等。

习近平总书记强调：发展决不能以牺牲人的生命为代价，这必须作为一条不可逾越的红线。

联合国贸易和发展组织（UNCTAD）预测：随着中国政府对安全生产和环境保护的重视，未来五年，事故处罚将成为致使企业亏损，经营难以为继，从而倒闭的重要原因。承担安全、环保和职业健康责任的企业，将会在政府的监督行动中获得新的市场空间和商业机会。政府的严厉监管、事故的成本压力和保障员工生命健康的责任，将迫使每个企业都写好职业安全卫生管理这张答卷。职业安全与卫生管理将越来越受到国家与企业的重视。

二、职业安全与卫生管理的意义

(一)生产发展的客观需要

随着科技的发展,人类改造自然的能力以及对自然界的影响越来越大,但自然界对人类的反作用也日益严重了,在现代化的大型厂矿里,生产设备大型化、高速化,生产过程的高度连续化,大大提高了劳动生产率,但同时又带来了前所未有的危害,生产过程中有害因素和不安全因素日益增多,一旦被某种条件诱发,设备不能正常运行,便会在一瞬间散发出巨大的能量,造成大的灾难。

(二)提高劳动生产率和经济效益的重要途径

事故经济损失占企业成本的比例,各工业国最低的为3%,最高的达到8%以上,甚至超过很多行业的平均利润率。英国安全卫生执行委员会(HSE)的研究报告显示,工厂伤害、职业病和非伤害性意外事故所造成的损失,占英国企业获利的5%~10%。全美安全理事会(NSC)的一项调查表明:企业在职业安全卫生上每1美元的投资,平均可减少8.5美元的事故成本。

(三)搞好文明生产,实现生产条件现代化的重要保证

据国际劳工组织(ILO)的报告,全世界每年死于工伤事故和职业病危害的人数约为200万。这比交通事故死亡近百万人,暴力死亡56.3万人,局部战争死亡30万人、艾滋病死亡31.2万人、吸毒死亡十余万人都要多。职业领域每天有超过5400人死于工作中的事故;每分钟有4人因工作死亡,因此,职业工伤和职业病成为人类最严重的死因之一。如果企业职工经常处于比较差的安全环境之中,比如噪声、粉尘、毒物等,这些不安全因素必然会导致员工情绪不稳定,对企业实行文明生产必然产生大的阻碍。

第三节 与安全有关的学科体系

一、安全科学的产生与发展

20世纪70年代以来,科学技术飞速发展,生产的高度机械化、电气化和自动化,尤其是高技术、新技术应用中潜在危险常常突然引发事故,使人类生命和财产遭到巨大损失。因此,保障安全,预防灾害事故从被动、孤立、就事论事的低层次研究,逐步发展到系统的综合的较高层次的理论研究,最终导致了安全科学的诞生。1974年美国出版了《安全科学文摘》杂志;1979年英国W.J.哈克顿和G.P.罗滨斯发表了《技术人员的安全科学》;1981年德国安全专家库赫曼发表《安全科学导论》;1983年日本井上威恭发表了《最新安全工学》;1990年9月在德国科隆市举行了第一次世界安全科学大会,参加会议者多达1500人。由此可见,安全科学已从多学科分散研究发展为系统的整体研究,从一般工程应用研究提高到技术科学层次和基础科学层次的理论研究。

1991年1月中国劳动保护科学技术学会创办了这个学科的理论刊物《中国安全科学学报》,向国内外公开发行;同年5月,由11个国家17名编委共同编辑并已出版了14年之

久的国际性刊物《职业事故杂志》，在荷兰宣布改名为《安全科学》。再就是高等院校三级学位学科、专业教育的确立。安全工程、卫生工程、职业卫生医学以及安全系统工程和安全管理工程等工程技术与技术科学两个安全科学技术层次，在国外都已相当成熟并开始向基础科学和哲学层次升华。

二、安全科学的内容

由于安全科学是一门新的学科，至今对一些概念及思考问题的角度仍没有统一的认识。德国教授库赫曼对安全科学作了这样的阐述："安全科学的最终目的是将应用技术所产生的任何损害后果控制在绝对的最低限度内，或者至少使其保持在可容许的限度内……在实现这个目的的过程中，安全科学的特定功能是获取和总结有关使用技术系统的安全状况和安全设计的知识，并将发现和获取的知识应用于安全工程之中。"比利时的丁·格森教授对安全科学定义为："安全科学研究人、机和环境之间的关系，以建立这三者的平衡共生为目的。"1985年，我国学者刘潜将安全科学定义为："安全科学是一门专门研究安全的本质及其转化规律和保障条件的科学。"

综上所述，安全科学是一门新兴的、边缘科学，涉及社会科学和自然科学的多门学科，涉及人类生产和生活的各个方面，主要研究生产劳动过程中人与自然（工具、对象、环境）之间以及人与人之间的关系，以及在这些关系中如何防止事故，保证安全的规律。

安全科学研究的内容主要包括如下几个方面：第一，安全管理的有关理论和方法，这方面的内容涉及人与人的关系，如安全心理学、安全经济学、安全法学等；第二，安全工程的理论方法和应用技术等，如安全系统工程、防火防爆工程、电气安全工程等；第三，卫生工程的理论方法和应用技术等，如除尘、防毒、个体防护等。第二与第三个方面的内容涉及人与自然之间的关系。

三、安全科学的基础理论

（一）动力理论

动力理论是确定劳动安全卫生工作在社会生产中的地位、方向，指导和推动劳动安全卫生工作有规律地向前运动和发展的理论。其中代表性的理论有"安全生产方针理论""三同时"理论等。

1. 安全生产方针理论

安全生产方针是指政府对安全生产工作总的要求，它是安全生产工作的方向。我国的安全生产方针大体可以归纳为三次变化，即"生产必须安全，安全为了生产""安全第一，预防为主""安全第一，预防为主，综合治理"。具体演变过程如下：

（1）1949—1983年"生产必须安全，安全为了生产"方针

中华人民共和国成立，标志着民族独立和人民解放基本历史任务的胜利完成，中国开始从半殖民地半封建社会经由新民主主义社会逐步向社会主义社会过渡。中华人民共和国成立初期，百废待兴。早在1952年毛泽东主席就针对当时不少企业劳动条件恶劣、伤亡事故和职业病相当严重的状况，在劳动部的工作报告中明确批示："在实施增产节约的同时，必须注意职工的安全健康和必不可少的福利事业；如果只注意前一方面，忘记或稍加

忽视后一方面，那是错误的。"①根据毛泽东主席的这一批示，1952 年第二次全国劳动保护会议提出了劳动保护工作必须贯彻"生产必须安全，安全为了生产"这一安全生产的指导思想，同时还规定了"管生产必须管安全"的原则。这些都反映了党和国家对安全生产工作的重视，有力地纠正了只重视生产、不重视安全的片面思想，明确了安全与生产的辩证关系，为安全生产工作指明了方向。但是这些还没有把安全工作突出到一切工作的首要地位。

（2）1984—2004 年"安全第一，预防为主"方针

1987 年 1 月 26 日，原国家劳动人事部在杭州召开全国劳动安全监察工作会议，与会代表认为，为解决生产中日益复杂和突出的安全问题，必须把安全工作放到首要位置，着重搞好预防工作。经过大会讨论，决定正式把"安全第一，预防为主"作为我国安全生产工作的方针。后来这个方针被写入中国共产党十三届五中全会决议中，得到了全党和全国人民的认可。该方针是经过安全生产的反复实践而最终确定的，符合我国企业生产的实际情况，代表了国家和职工的长远利益，已经成为制定劳动安全卫生政策、法规、标准和企业规章制度的基本指导思想。这一方针的提出，有利于安全生产和遏制事故的发生。

（3）2005 年至今 "安全第一，预防为主，综合治理"方针

2005 年 10 月，党的十六届五中全会在总结我国安全生产工作经验的基础上，正式提出了"安全第一，预防为主，综合治理"的工作方针，明确要求坚持"安全发展"；随后，我国国民经济和社会发展第十一个五年规划纲要再次重申了这一安全生产工作方针，2008年 3 月 27 日，中央政治局进行第三次集体学习，再次重申了这一方针，党的十六届六中全会第一次把这一方针作为构建社会主义和谐社会的重要措施，至此，"安全第一，预防为主，综合治理"这一安全生产的十二字方针正式确立。这一方针确立以来，全国各类企业贯彻"安全第一，预防为主，综合治理"的方针，出现了企业持续稳定发展的势头，产量逐年增长，安全生产状况呈现好转的趋势。

中华人民共和国第九届全国人民代表大会常务委员会第二十次会议于 2002 年 6 月 29日公布，《中华人民共和国安全生产法》自 2002 年 11 月 1 日起施行。2014 年 8 月 31 日第十二届全国人民代表大会常务委员会第十次会议通过全国人民代表大会常务委员会关于修改《中华人民共和国安全生产法》的决定，自 2014 年 12 月 1 日起施行。在这次安全生产法修改中，强调将"安全第一，预防为主"的八字方针，修改为"安全第一，预防为主，综合治理"的十二字方针。

安全生产工作方针中的"安全第一"，说明了安全工作和生产工作以及其他各项工作的关系。"安全第一"就是要强调安全，突出安全，要把保证安全放在一切工作的首要位置。当生产和其他工作与安全工作发生矛盾时，安全是第一位的，各项工作要服从安全，否则虽然由于随机因素暂时没有发生事故，但还是迟早会发生的。"安全第一"就是要求一切经济部门和企业的领导要重视生产中的安全。安全实践表明，一个企业的安全工作开展得如何，与企业最高管理者是否重视安全关系十分密切。只有领导重视了，安全工作才

① 中央档案馆，中共中央文献研究室．中共中央文件选集（1949 年 10 月—1966 年 5 月）（第 50册）．北京：人民出版社，2013：271.

能搞得好。"安全第一"就是在企业生产经营过程中，任何时间地点、任何事情，每人都要考虑安全，要从"要我安全"真正转变为"我要安全"。"安全第一"还必须把安全生产作为衡量企业工作好坏的一项重要指标，作为一项有"否决权"的标准，不安全时不准进行生产。

安全生产工作方针中的"预防为主"是实现安全第一的基础。安全工作可以分为事故处理型和事故预防型两种类型。现代生产力不断发展，科学技术日新月异，多种学科综合应用，致使生产中的安全问题变得十分复杂，稍有疏忽，就会酿成重大事故。随着物质的不断丰富，生活水平不断提高，人们对劳动安全卫生的需求也在不断提高，这些都必须建立在预防为主的基础上。要做到安全第一，首先要搞好预防措施，建立起预教、预测、预报、预警等预防体系，以隐患排查治理和建设本质安全为目标，实现事故的预先防范体制。

安全生产工作方针中的"综合治理"是预防工作能够落实的实践保证。随着社会经济的快速发展，生产经营活动面临的情况错综复杂，稍有疏忽，就会酿成事故，且事故带来的破坏性越来越大。将"综合治理"纳入安全生产方针，标志着对安全生产的认识上升到了一个新的高度，是贯彻落实科学发展观的具体体现，秉承"安全发展"的理念，从遵循和适应安全生产的规律出发，综合运用法律、经济、行政等多种手段，人管、法管、技防等多管齐下，并充分发挥社会、职工、舆论的监督作用，从责任、制度、培训等多方面着力，形成标本兼治、齐抓共管的格局。

安全第一，预防为主，综合治理是一个完整的体系，是相辅相成，辩证统一的整体。安全第一是原则，预防为主是手段，综合治理是方法。安全第一是预防为主、综合治理的统帅和灵魂，没有安全第一的思想，预防为主就失去了整治依据。预防为主是实现安全第一的根本途径。只有把安全生产的重点放在建立事故预防体系上，超前采取措施，才能有效防止和减少事故。只有综合治理，才能实现人、机、物、环境的统一，从而真正把安全第一，预防为主落到实处，最终实现安全。

2. "三同时"理论

《中华人民共和国安全生产法》规定生产经营单位在新建、改建、扩建工程项目过程中对其安全设施必须坚持"三同时"的原则。所谓"三同时"，即建设项目的安全设施与主体工程同时设计、同时施工、同时投入生产和使用。安全设施应该被纳入建设项目概算。坚持"三同时"的原则要求生产经营单位为职工提供符合国家规定的劳动安全卫生设施，这样才能更好地保障职工在劳动过程中的健康与安全。《劳动法》第六章第五十三条明确要求：劳动安全卫生设施必须符合国家规定的标准。新建、改建、扩建工程项目的安全设施必须与主体工程同时设计、同时施工、同时投入生产和使用。《职业病防治法》第十六条规定：建设项目的职业病防护设施所需要的费用应当被纳入建设项目工程预算，并与主体工程同时设计、同时施工、同时投入生产和使用。根据我国2015年1月1日开始施行的《环境保护法》第四十一条的规定：建设项目中防治污染的设施，应当与主体工程同时设计、同时施工、同时投产使用。防治污染的设施应当符合经批准的环境影响评价文件的要求，不得擅自拆除或者闲置。

"三同时"制度从源头上消除了各类项目可能造成的伤亡事故和职业病的危险因素，

保护了职工的安全健康，保障了新工程项目正常投产使用，防止了事故损失，避免了因安全问题引起返工或采取弥补措施造成的不必要投入。"三同时"制度的建立，是防止新工程项目带病投产运行，确保物的本质安全的有效的法律制度。"三同时"制度和安全卫生预评价制度结合起来实行，是贯彻安全生产工作方针中"预防为主"的具体体现。

（二）事故致因理论

事故致因理论研究造成工伤事故和职业危害的原因和机理，寻求在什么情况下就会发生工伤事故和职业危害的规律。本书第二章将详细阐述这一理论。

（三）人机学理论

人机学理论研究如何使人与作业环境、机之间保持协调、安全、舒适、高效的人机关系。这种人机关系是实现安全生产本质安全化的核心。

这里的本质安全化主要指狭义的本质安全化，即物的本质安全化，主要指设备、设施或技术工艺含有内在的能够从根本上防止事故发生的功能。这样，就可以从根本上消除事故发生的可能性，从而达到预防事故的目的。具体包括三方面的内容：（1）失误—安全功能，指设备、设施具有自动防止人的不安全行为的功能，即使操作者操作失误，也不会发生事故或伤害；（2）故障—安全功能，指设备设施或技术工艺发生故障或损坏时，还能暂时维持正常工作或自动转变为安全状态；（3）系统的安全性是靠系统自身而不是附加的安全装置与措施来保证实现的，即它是在系统的设计阶段就被纳入其中，而不是事后补偿的。广义的本质安全化还包括人的安全行为，指从业人员时刻按照作业标准、规程进行作业，消除事故风险，和物的安全状态一起构成人与物的系统安全。比如煤矿使用的电器开关，如果扳动开关会打火，就有可能引燃矿井瓦斯从而发生爆炸。要做到物的本质安全，就要将电器开关设计成防火防爆开关，扳动它不会出现火花。

四、安全科学的应用理论与技术

安全科学的应用理论与技术是安全科学基础理论与具体实践相结合的产物。目前它的内容大致上可以概括成三个方面。

（1）安全管理学：对安全生产工作从组织上、管理上、制度上进行系统的、综合的研究，以确保劳动者的安全和健康的科学。

（2）安全工程学：针对生产中的不安全因素，研究分析其发生的原因及危害性，从物理、化学、机械性能、结构等方面找出生产中不安全因素的发生原因，并制定措施防止事故发生的科学。

（3）卫生工程学：研究生产过程中危害劳动者健康的因素发生、发展的原因及控制措施并防止职业病发生的科学。

五、安全科学的学科体系

安全科学是一门综合性学科，它的学科体系与一般单纯的自然科学或社会科学的学科体系不完全相同。不仅安全科学内每个层次之间存在着相互依存关系，而且它又与各有关的自然科学、社会科学存在密切的关系。例如，安全管理学不仅以安全科学的基础理论为依据，而且也要以社会科学中的政治经济学、哲学、社会学、行为科学的理论为基础，同时安全管理学的许多内容又与社会科学和自然科学的应用理论相互渗透、相互交叉(如安全立法与法制、安全系统工程分析技术、安全教育、工伤事故管理等)。同样，在工程技术方面，如机械安全技术既要以安全科学的基础理论为依据，又要以自然科学的理论力学、弹性力学、材料力学等为基础，其某些内容还与机械制造学相互渗透和交叉。具体安全科学的学科体系如图1.3所示。

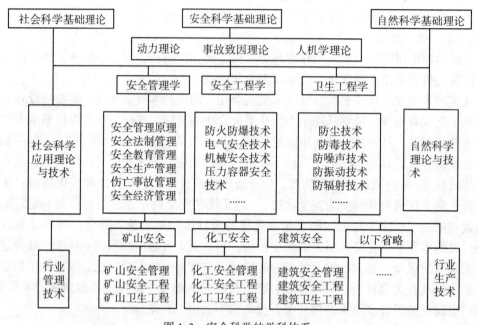

图1.3　安全科学的学科体系

练习与案例

一、练习

（一）单选题

1. 隐患是指现存系统中(　　)的危险状态、人的不安全行为以及管理上的缺陷。

　　A. 存在　　　　　　　　　　B. 可导致事故发生

　　C. 经过评估　　　　　　　　D. 不容忽视

2. "安全"就是(　　)。

　　A. 不发生事故

　　B. 不发生伤亡事故

　　C. 不存在发生事故的危险

　　D. 所存在的发生事故的危险程度是可以接受的

3. 下列关于劳动保护的论述中不确切的是(　　)。

A. 劳动保护采取的措施包括技术措施和管理措施

B. 劳动保护的目的是保障劳动者在生产过程中的安全与健康

C. 劳动保护措施是生产经营单位为其员工提供的安全保护措施

D. 劳动保护是指生产经营单位中员工的自我安全保护

4. 下列关于危险源与事故隐患关系的说法正确的是(　　)。

A. 事故隐患一定是危险源　　　　　B. 危险源一定是事故隐患

C. 重大危险源一定是事故隐患　　　D. 事故隐患与危险源没有关系

5. 在生产过程中，消除或控制危险及有害因素，保障人身安全健康、设备完好无损、环境免遭破坏及生产顺利进行是指(　　)。

A. 劳动安全　　　　　　　　　　　B. 劳动保护

C. 职业安全卫生　　　　　　　　　D. 安全生产

6. 安全卫生管理中的本质安全化原则来源于本质安全化理论，该原则的含义是指从初始和本质上实现了安全化，就从(　　)消除了事故发生的可能性，从而达到预防事故发生的目的。

A. 思想上　　　　　　　　　　　　B. 技术上

C. 管理上　　　　　　　　　　　　D. 根本上

7. 所谓本质上实现安全化指的是：设备、设施或技术、工艺含有(　　)能够从根本上防止发生事故的功能。

A. 足够的　　　　　　　　　　　　B. 内在的

C. 充分的　　　　　　　　　　　　D. 完善的

(二)多选题

1. 以下有关职业安全卫生表述正确的有(　　)

A. 是安全生产、劳动保护、生产设施与环境、职业卫生的总称

B. 以保障劳动者在劳动过程中的安全为目的

C. 以保障劳动者在劳动过程中的健康为目的

D. 可以保障劳动者在劳动过程之外的安全与健康

2. 安全生产是指为预防生产过程中出现(　　)而采取的一系列措施和开展的相关活动。

A. 人身伤亡　　　B. 设备事故　　　C. 恶劣的行动环境

D. 不好的工作秩序　　　E. 安全和健康

3. 劳动保护是依靠科技和管理，采取技术措施和管理措施，认真对待生产过程中危及人身安全和健康的(　　)，防止伤亡事故和职业危害，保障劳动者在生产过程中的安全与健康的总称。

A. 不安全环境　　　B. 不安全管理　　　C. 不安全行为

D. 不安全场所　　　E. 不安全设备

二、案例

谁是安全的最大受益者

某电网所属的×电网公司，对安全工作规程进行闭卷考试，试卷满分为 100 分，参考人员的考试成绩必须达到 100 分才为合格，缺一分都不行。考试成绩不合格者，回炉再造，重新进行培训后，再次考试，直到合格为止。"安全工作规程考试满分才算合格"的做法之所以能够推行下去，是因为×电网公司开展了深入细致的内部沟通工作，在沟通中提出了让员工深思的问题：公司规定安全工作规程考试满分才算合格的初衷是什么？谁是最大的受益者？

这说明，企业的安全管理措施不怕严厉，怕的是员工们稀里糊涂，不知道谁是安全的最大受益者。问题是，安全有无受益者？这似乎是个不是问题的问题。安全能没有受益者吗？当前，一些企业领导不把自己当作受益者，对安全他们是"说起来重要，做起来次要，忙起来不要"，把安全部门的位次靠后排，把安全人员的待遇往后放，只要结果不管过程，把安全生产方针的内容抛到脑后。一些企业的员工更不把自己当作安全的受益者，对安全似乎是"事不关己，高高挂起"，图轻松，走捷径，操作风险不考虑，安全规程被抛到脑后。很多企业之所以处理不好安全和效益的关系，就在于认不清安全也是效益。从眼前的表象来看，企业的安全工作仿佛仅仅是一份投入，不出事故永远不知道这笔钱投入得值不值。

安全管理中，"影子效益"的概念逐渐为人们所接受。影子效益说的是，只有在出事故之时，你才能知道事故的直接损失、间接损失以及商誉影响有多大，这些被避免的损失就是影子效益。事故经济损失占企业成本的比例，世界工业国中最低为 3%，最高的达到 8% 以上，甚至超过很多行业的平均利润率。英国安全卫生执行委员会的研究报告显示，工厂伤害、职业病和非伤害性意外事故所造成的损失，占英国企业获利的 5%～10%。全美安全理事会的一项调查表明：企业在安全管理上每 1 美元的投资，平均可减少 8.5 美元的事故成本。

一些岗位员工忽视了安全的内涵：无危则安，无损则全。做好安全工作，对个人是生命的平安，对企业是财产的保全。财产可以是企业的，生命却是员工自己的。保住安全，也就保住了员工的生命健康。安全培训是员工最大的福利，职业安全管理是对员工最好的关怀。

安全就是效益，安全就是福利，安全就是幸福，安全就是一切！

◎ 思考：

1. 请结合企业的实际情况，用数据说明安全对企业效益的影响。

2. 员工为什么容易忽略自己是安全的受益者？对于企业与员工来说，谁是安全的最大受益者？

3. 有些企业开展安全培训活动，员工不愿意参加。你认为主要原因是什么？如何处理？

第二章　事故致因理论

◎ **学习目标：**

　　掌握典型的事故致因理论的内容和主要观点，了解事故致因理论的发展趋势。能够运用海因里希因果连锁理论及博德管理失误连锁理论进行案例分析。

第一节　事故单因素理论

　　早期的事故致因理论一般认为事故的发生仅与一个原因或几个原因有关。20世纪初期，资本主义工业的飞速发展，使得蒸汽动力和电力驱动的机械取代了手工作坊中的手工工具，这些机械的使用大大提高了劳动生产率，但也增加了事故发生率。因为当时设计的机械很少或者根本不考虑操作的安全和方便，几乎没有什么安全防护装置。工人没有受过培训，操作不熟练，加上长时间的疲劳作业，伤亡事故自然频繁发生。

一、事故频发倾向理论（accident proneness theory）

　　20世纪50年代以前，美国福特公司的大规模流水线生产方式得到广泛应用，这种生产方式利用机械的自动化迫使工人适应机器，包括操作要求和工作节奏，一切以机器为中心，人成为机器的附属和奴隶，与此相对应，人们往往将生产中事故原因推到操作者身上。

　　1919年英国的格林伍德和伍兹对许多工厂伤亡事故发生的次数和有关数据进行统计检验，发现工人中的某些人较其他人更容易发生事故。从这种现象出发，后来法默等人提出了事故频发倾向的概念。所谓事故频发倾向是指个别人容易发生事故的、稳定的、个人的内在倾向。对于发生事故次数较多、可能是事故频发倾向者的人，可以通过一系列的心理学测试来判别。例如，日本曾通过采用 Uchida Krapelin Test（内田-克雷贝林测验）测试人员大脑工作状态曲线，采用 Yatabe-Guilford Test（YG测验）测试工人的性格来判别事故频发倾向者。另外，也可以通过对日常工人行为的观察来发现事故频发倾向者。一般来说，具有事故频发倾向的人在进行生产操作时往往精神动摇，注意力不能经常集中在操作上，因而不能适应迅速变化的外界条件。日本的丰原恒男发现容易冲动的人、不协调的人、不守规矩的人、缺乏同情心的人和心理不平衡的人发生事故的次数较多。据国外文献介绍，事故频发倾向者往往有如下的性格特征：（1）感情冲动，容易兴奋；（2）脾气暴躁；（3）厌倦工作，没有耐心；（4）慌慌张张，不沉着；（5）动作生硬而工作效率低；（6）喜怒无常，感情多变；（7）理解能力低，判断和思考能力差；（8）极度喜悦和悲伤；（9）缺乏自制力；(10)处理问题轻率、冒失；(11)运动神经迟钝，动作不灵活。

这种理论认为，少数工人具有事故频发倾向，是事故频发倾向者，这些人的存在是大部分工业事故发生的原因，减少工人中的事故频发倾向者，就可以减少事故的发生。因此，防止企业中事故频发倾向者是预防事故的基本措施：一方面通过严格的生理、心理检验等，从众多的求职者中选择身体、智力、性格特征及动作特征等方面优秀的人才就业；另一方面一旦发现事故频发倾向者，则将其解雇。

对于我国的广大安全专业人员来说，事故频发倾向的概念可能十分陌生。然而，企业职工队伍中存在少数容易发生事故的人这一现象并不罕见。例如，某钢铁公司把容易出事故的人称作"危险人物"，把这些"危险人物"调离原工作岗位后，企业的伤亡事故明显减少；某运输公司把出事故多的司机定为"危险人物"，规定这些司机不能担负长途运输任务，也取得了较好的预防事故效果。

一些研究表明，事故的发生与工人的年龄有关。青年人和老年人容易发生事故。此外，与工人的工作经验、熟练程度有关。米勒等人的研究表明，对于一些危险性高的职业，工人要有一个适应期间，在此期间，新工人容易发生事故。大内田对东京都出租汽车司机的年平均事故数进行了统计，发现年平均事故数与参加工作后一年内的事故数无关，而与进入公司后工作的时间长短有关。司机们在刚参加工作的头3个月里事故数相当于每年5次，之后的3年里事故数急剧减少，在第5年里则稳定在每年1次左右。这符合经过练习而减少失误的规律，表明熟练可以大大减少事故。

其实，工业生产中的许多操作对操作者的素质有一定的要求，或者说，人员有一定的职业适合性。当人员的素质不符合生产操作要求时，人在生产操作中就会发生失误或不安全行为，从而导致事故发生。危险性较高的、重要的操作，特别要求人的素质较高。例如，对于特种作业，操作者要经过专门的培训、严格的考核，获得特种作业资格后才能从事。因此，尽管事故频发倾向论把工业事故的原因归于少数事故频发倾向者的观点是错误的，然而从职业适合性的角度来看，关于事故频发倾向的认识也有一定可取之处。

二、事故遭遇倾向理论(accident liability theory)

第二次世界大战后，人们认识到大多数工业事故是由事故频发倾向者引起的观念是错误的，有些人较另一些人容易发生事故是与他们从事的作业有较高的危险性有关。因此，不能把事故的责任简单地归结成工人的不注意，应该强调机械的、物质的危险性质在事故致因中的重要地位。于是，出现了事故遭遇倾向理论，事故遭遇倾向是指某些人员在某些生产作业条件下容易发生事故的倾向。

许多研究结果表明，前后不同时期里事故发生次数的相关系数与作业条件有关。例如，Roche(罗奇)发现，工厂规模不同，生产作业条件也不同，大工厂的场合相关系数大约在0.6，小工厂则或高或低，这显示出劳动条件的影响。P. W. Gobb(高勃)考察了6年和12年间两个时期事故频发倾向稳定性，结果发现：前后两段时间事故发生次数的相关系数与职业有关，变化在-0.08到0.72的范围内。当从事规则的、重复性作业时，事故频发倾向较为明显。

A. Mintz(明兹)和 M. L. B(布卢姆)建议用事故遭遇倾向取代事故频发倾向的概念，认为事故的发生不仅与个人因素有关，而且与生产条件有关。根据这一见解，W. A. Kerr(克尔)调查了53个电子工厂中40项个人因素及生产作业条件因素与事故发生频度和伤害严重程度之间的关系，发现影响事故发生频度的主要因素有搬运距离短、噪声严重、临时工多、工人自觉性差等；与事故后果严重程度有关的主要因素是工人的"男子汉"作风，其次是缺乏自觉性、缺乏指导、老年职工多、不连续出勤等，这证明事故发生与生产作业条件有密切关系。

事故遭遇理论的主要观点有：

(1)当每个人发生事故的概率相等且概率极小时，一定时期内发生事故的次数服从泊松分布。根据泊松分布，大部分工人不发生事故，少数工人只发生一次，只有极少数工人发生两次以上事故。大量的事故统计资料是服从泊松分布的。例如，D. L. Morh (莫尔)等研究了海上石油钻井工人连续两年时间内伤害事故情况，得到了受伤次数多的工人数没有超出泊松分布范围的结论。

(2)许多研究结果表明，某一段时间里发生事故次数多的人，在以后的时间里往往发生事故的次数不再多了，他们并非永远是事故频发倾向者，通过数十年的实验及临床研究，很难找出事故频发者的稳定的个人特征，换言之，许多人发生事故是他们行为的某种瞬时特征引起的。

(3)根据事故频发倾向理论，防止事故的重要措施是人员选择。但是许多研究表明，把事故发生次数多的工人调离后，企业的事故发生率并没有降低。例如，Waller(韦勒)对司机的调查，Berncki(伯纳基)对铁路调车员的调查，都证实调离或解雇发生事故多的工人，并没有减少伤亡事故发生率。

有学者认为事故遭遇倾向理论是对事故频发倾向理论的修正，事故频发倾向者并不存在。不能片面评价事故频发倾向理论和事故遭遇倾向理论(侧重于物的不安全状态)谁对谁错以及谁好谁差，它们只是从不同的侧面来认识事故时所得出的不同结论，虽然它们都具有片面性：事故频发倾向理论主要从人的不安全行为角度来认识事故而把事故归因于人；事故遭遇倾向理论主要从物的不安全状态角度来认识事故而把事故发生归因于物。但两种理论都从不同侧面反映了事故发生发展的不同本质特征，应当同时综合两种理论来全面地看待事故。

三、心理动力理论(psychodynamic theories)

这种理论来源于弗洛伊德·西格蒙德(Freud Sigmund)，弗洛伊德是奥地利心理学家兼精神科医生，精神分析学派的创始人。他一生对心理学的最大贡献是对人类无意识过程的揭示，提出了人格结构理论、人性本能理论及心理防御机制理论等。

(一)主要观点

该理论认为工人受到伤害的主要原因是刺激。其假设是，事故本身是一种无意识的愿望或希望的结果，这种希望或愿望，通过事故来象征性地得到满足，要避免事故，就得更改愿望满足的方式，或通过心理分析消除那种破坏性的愿望。无意识包括个人的原始冲动、各种本能与本能有关的欲望部分，无意识的内容虽然不是来自现实世界，却是促使人们行动的精神现实，在这些行为因为现实世界的力量而受阻的时候，人们会通过像儿童期的引诱概念或梦想这类幻想来打破禁忌，实现愿望。比如，工人在操作机器时螺帽脱落，本人无意识的行为就会造成伤害结果的发生，如图 2.1 所示。

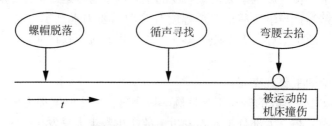

图 2.1 螺帽脱落导致工人受伤事故

（二）对心理动力理论的认识

该理论认为无意识的动机是可以改变的，不认为人的个性特征缺陷是固有不变的，但却无法证实某个特定的机会会引起某个特定的事故。

第二节 事故因果链理论

事故因果链理论的基本观点是：事故是由一串因素以因果关系依次发生，就如链式反应的结果，该理论可用多米诺骨牌形象地描述事故及导致伤害的过程，其代表性理论有：海因里希因果连锁理论和博德的管理失误连锁理论。

一、海因里希因果连锁理论（Heinrich's causal chain theory）

1936 年，美国安全工程师海因里希（W. H. Heinrich）曾统计了 55 万件机械事故，其中死亡、重伤、轻伤和无伤害事故的比例为 1∶29∶300，国际上把这一法则叫做事故法则。这个法则说明，在机械生产过程中，每发生 330 起意外事件，有 300 件未产生人员伤害，29 件造成人员轻伤，1 件导致重伤或死亡。对于不同的生产过程和不同类型的事故，上述比例关系不一定完全相同，但这个统计规律说明了在进行同一项活动中，无数次意外事件必然导致重大伤亡事故的发生。而要防止重大事故的发生必须减少和消除无伤害事故，要重视事故的隐患和未遂事故，否则终会酿成大祸。

海因里希的理论是这一时期的代表性理论。海因里希认为，人的不安全行为、物的不安全状态是事故的直接原因，企业事故预防工作的中心就是消除人的不安全行为和物的不安全状态。海因里希的研究说明大多数的工业伤害事故是工人的不安全行为引起的。即使一些工业伤害事故是物的不安全状态引起的，物的不安全状态的产生也是工人的缺点、错误造成的。因而，海因里希的理论也和事故频发倾向理论一样，把工业事故的责任归因于工人。从这种认识出发，海因里希进一步追究事故发生的根本原因，认为人的缺点来源于遗传因素和人员成长的社会环境。受当时主流观点的影响，他将生产中事故发生的原因归结到操作者身上，是一切以机器为中心思潮影响的结果。

（一）核心思想

1936 年，海因里希提出了分析伤亡事故过程的因果链理论，他认为：伤亡事故的发生不是一个孤立的事件，而是一系列原因事件相继发生的结果，即伤害与各原因之间具有连锁关系。

M：遗传及社会环境，反映可能造成鲁莽、固执、贪婪及其他性格上缺点的遗传因素，妨碍教育、助长性格上的缺点发展的社会环境；

P：人的缺点，指的是鲁莽、过激、神经质、暴躁、轻率、缺乏安全操作知识等先天的或后天的缺点；

H：人的不安全行为或物的不安全状态；

D：事故，指物体及人的作用或反作用，使人员受到伤害的出乎意料的失控的事件。

A：伤害、损失，指直接由于事故而产生的人员伤亡和经济损失。

事故往往按照 M→P→H→D→A 的顺序发展。如同多米诺骨牌，一颗骨牌被碰倒，其后几颗相继倒下。如果移去因果连锁中的任一块骨牌，则连锁被破坏，事故过程被中止。企业安全工作的中心就是要移去中间的骨牌——H（人的不安全行为或物的不安全状态），从而中断事故连锁的进程，避免伤害的发生。该理论把 H 的发生归因于人的素质，强调工人的责任，进而追究社会环境和人的遗传因素。如图 2.2 所示。

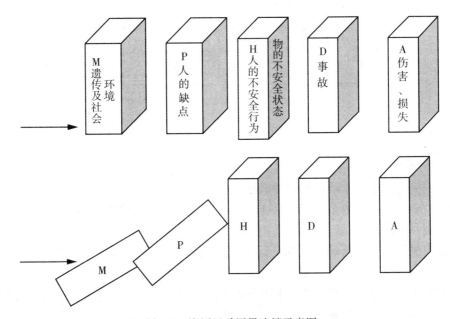

图 2.2　海因里希因果连锁示意图

(二)贡献与不足

(1)贡献：促进了事故致因理论的发展，成为事故研究科学化的先导，具有重要的历史意义。其对事故发生因果等关系的描述方法和控制事故的关键在于打断事故因果连锁链中间一环的观点，对于事故调查和预防是很有帮助的。

(2)不足：对事故致因连锁关系的描述过于绝对化、简单化。事实上，各个骨牌之间的连锁关系是复杂的、随机的。前面的牌倒下，后面的牌有可能倒下，也可能不倒下。事故并不是全都造成伤害，H 的发生也并不是必然造成 D 的发生。另外，追究遗传因素等原因，反映了资产阶级对工人的偏见。该理论受到当时一切以机为中心的主流观点的影响，将生产中事故归因于操作者。该理论从个别人、人的本质以及管理人员（非直接生产人员）角度逐渐深化了对人的不安全行为在事故发生和发展过程中起关键作用的认识，但却忽视或轻视了劳动工具（包括生产设备）、劳动对象、工作环境所固有的危险性对事故的影响。

二、博德管理失误连锁理论（Bird's theory of management failure）

海因里希因果连锁理论在学术界引起轰动，许多人对此理论进行改进研究，其中最成功的要数博德（Frank Bird）在 20 世纪 70 年代提出了反映现代安全观点的管理失误连锁理论。该理论认为事故连锁过程的影响因素为：管理失误→个人因素及工作条件→不安全行为及不安全状态→事故→伤亡。如图 2.3 所示。

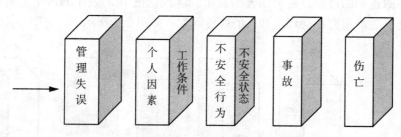

图 2.3　博德管理失误因果连锁示意图

（一）主要观点

1. 控制不足——管理

事故因果连锁中一个最重要的因素是安全管理。安全管理人员应该充分理解，他们的工作要以得到广泛承认的企业管理原则为基础，即安全管理者应该懂得管理的基本理论和原则。控制是管理机能（计划、组织、指导、协调及控制）中的一种机能。安全管理中的控制是指损失控制，包括对人的不安全行为、物的不安全状态的控制。它是安全管理工作的核心。

大多数正在生产的工业企业，由于各种原因，完全依靠工程技术上的改进来预防事故既不经济也不现实。只能通过专门的安全管理工作，经过较长时间的努力，才能防止事故的发生。管理者必须认识到，只要生产没有实现高度安全化，就有发生事故及伤害的可能性，因而他们的安全活动中必须包含针对事故连锁中所有要因的控制对策。

在安全管理中，企业领导者的安全方针、政策及决策占有十分重要的位置。它包括生产及安全的目标，职员的配备，资料的利用，责任及职权范围的划分，职工的选择、训练、安排、指导及监督，信息传递，设备、器材及装置的采购、维修及设计，正常及异常时的操作规程，设备的维修保养等。

管理系统是随着生产的发展而不断变化、完善的，十全十美的管理系统并不存在。管理上的缺欠，使得能够导致事故的基本原因出现。

2. 基本原因——起源论

为了从根本上预防事故，必须查明事故的基本原因，并针对查明的基本原因采取对策。基本原因包括个人原因及与工作有关的原因。个人原因包括缺乏知识或技能、动机不正确、身体上或精神上的问题。工作方面的原因包括操作规程不合适，设备、材料不合格，通常的磨损及异常的使用方法等，以及温度、压力、湿度、粉尘、有毒有害气体、蒸汽、通风、噪声、照明、周围的状况(容易滑倒的地面、障碍物、不可靠的支持物、有危险的物体)等环境因素。只有找出这些基本原因才能有效地控制事故的发生。

所谓起源论，是在于找出问题的基本的、背后的原因，而不仅停留在表面的现象上。只有这样，才能实现有效的控制。

3. 直接原因——征兆

不安全行为或不安全状态是事故的直接原因。这一直是最重要的、必须加以追究的原因。但是，直接原因不过是像基本原因那样的深层原因的征兆，是一种表面的现象。在实际工作中，如果只抓住了作为表面现象的直接原因而不追究其背后隐藏的深层原因，就永远不能从根本上杜绝事故的发生。此外，安全管理人员应该能够预测及发现这些作为管理缺欠的征兆的直接原因，采取适当的改善措施；同时，为了在经济上可能及实际可能的情况下采取长期的控制对策，必须努力找出其基本原因。

4. 事故——接触

从实用的目的出发，人们往往把事故定义为最终导致人员肉体损伤、死亡，财物损失，不希望发生的事件。但是，越来越多的安全专业人员从能量的观点把事故看作人的身体或构筑物、设备与超过其阈值的能量的接触，或人体与妨碍正常生理活动的物质的接触。于是，防止事故就是防止接触。可以通过改进装置、材料及设施防止能量释放，通过训练提高工人识别危险的能力、佩戴个人保护用品等来防止接触。

5. 伤害——损坏——损失

博德理论中的伤害，包括工伤、职业病，以及对人员精神方面、神经方面或全身性的不利影响。人员伤害及财物损坏统称为损失。

在许多情况下，可以采取恰当的措施使事故造成的损失最大限度地减少。例如，对受伤人员的迅速抢救，对设备进行抢修以及平日对人员进行应急训练等。

(二)贡献与不足

1. 贡献

改变了海因里希单纯把事故原因归结为人的责任的观点，强调管理的作用，更加符合现代安全观点。

2. 不足

对于事故发展过程的描述相对比较简单。

第三节　系统理论及事故致因理论的发展

系统理论指出，研究事故原因，通过把人机环境作为一个整体，运用系统论、控制论和信息论的方法，探索人、机、环境之间的相互作用、反馈和调整，辨识事故将要发生时系统的状态特性，特别是与人的感觉、记忆、理解和行为响应等有关的过程特性，从而分清事故的主次原因，使预防事故更为有效。较具代表性的系统理论有：能量转移理论和轨迹交叉理论等。

一、能量转移理论(energy transfer theory)

1961年吉布森(Gibson)、1966年哈登(Haddon)等人提出了解释事故发生物理本质的能量意外释放论。

能量在人类的生产、生活中是不可缺少的，人类利用各种形式的能量做功以实现预定的目的。人类在利用能量的时候必须采取措施控制能量，使能量按照人们的意图产生、转换和做功。从能量在系统中流动的角度看，应该控制能量按照人们规定的能量流通渠道流动。如果由于某种原因失去了对能量的控制，就会发生能量违背人的意愿的意外释放或逸出，使进行中的活动中止而发生事故。如果事故时意外释放的能量作用于人体，并且能量的作用超过人体的承受能力，则将造成人员伤害；如果意外释放的能量作用于设备、建筑物、物体等，并且能量的作用超过它们的抵抗能力，则将造成设备、建筑物、物体的损坏。表2.1为人体受到超过其承受能力的各种形式能量作用时受伤害的情况。

表2.1　　　　　　人体受到超过其承受能力的各种形式能量作用时受伤害的情况

能量类型	产生的伤害	事故类型
机械能	刺伤、割伤、撕裂、挤压皮肤和肌肉、骨折、内部器官损伤	物体打击、车辆伤害、机械伤害、起重伤害、高处坠落、坍塌、冒顶片帮、瓦斯爆炸
热能	皮肤发炎、烧伤、烧焦、焚化、伤及全身	灼烫、火灾
电能	干扰神经—肌肉功能、电伤	触电
化学能	化学性皮炎、化学性烧伤、致癌、致遗传突变、致畸胎、急性中毒	中毒和窒息、火灾

哈登认为，在一定条件下某种形式的能量能否产生伤害、造成人员伤亡事故，应取决于：(1)人接触能量的大小；(2)接触时间和频率；(3)力的集中程度。

近代工业的发展起源于将燃料的化学能转变为热能，并以水为介质转变为蒸汽，然后将蒸汽的热能转变为机械能输送到生产现场。这就是蒸汽机动力系统的能量转换情况。电气时代是将水的势能或蒸汽的动能转换为电能，在生产现场再将电能转变为机械能进行产品的制造加工。核电站则是用原子能转变为电能的。总之，能量(energy)是具有做功本领的物理元，它是由物质和场构成系统的最基本的物理量。

调查伤亡事故原因发现，大多数伤亡事故是因为过量的能量，或干扰人体与外界正常能量交换的危险物质的意外释放引起的，并且这种过量的能量或危险物质的释放都是人的不安全行为或物的不安全状态造成。

美国矿山局的札别塔基斯（Michael Zabetakis）依据能量意外释放理论及博德管理失误连锁理论，建立了新的事故因果连锁模型，如图 2.4 所示。

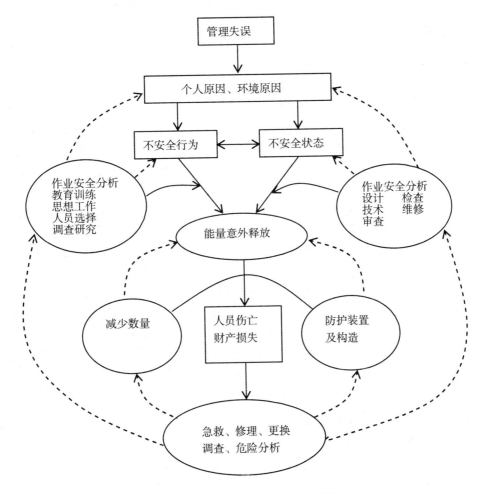

图 2.4　能量观点的事故因果连锁模型

1. 事故

强调事故是能量或危险物质的意外释放，是伤害的直接原因。为防止事故发生，可以通过技术改进来防止能量意外释放，通过教育训练提高职工识别危险的能力，佩戴个体防护用品来避免伤害。

2. 不安全行为和不安全状态

强调人的不安全行为和物的不安全状态是导致能量意外释放的直接原因，它们是管理缺欠、控制不力，缺乏知识、对存在的危险估计错误，或其他个人因素等基本原因的征兆。

3. 基本原因

（1）企业领导者的安全政策及决策。它涉及生产及安全目标；职员的配置；信息利用；责任及职权范围、职工的选择、教育训练、安排、指导和监督；信息传递、设备、装置及器材的采购、维修；正常和异常时的操作规程；设备的维修保养等。

（2）个人因素。能力、知识、训练；动机、行为；身体及精神状态；反应时间；个人兴趣等。

（3）环境因素。为了从根本上预防事故，必须查明事故的基本原因，并针对查明的基本原因采取对策。

二、轨迹交叉理论（Trace Intersecting Theory）

海因里希曾经调查了美国的75000起工业伤害事故，发现占总数98%的事故是可以预防的，只有2%的事故超出人的能力所能达到的范围，是不可预防的。在可预防的工业事故中，以人的不安全行为为主要原因的事故占88%，以物的不安全状态为主要原因的事故占10%。根据海因里希的研究，事故的主要原因或者是人的不安全行为，或者是由于物的不安全状态，没有一起事故是人的不安全行为以及物的不安全状态共同引起的。于是，他得出的结论是，几乎所有的工业伤害事故都是人的不安全行为造成的。

后来，这种观点受到了许多研究者的批判。根据日本的统计资料，1969年机械制造业休工8天以上的伤害事故中，96%的事故与人的不安全行为有关，91%的事故与物的不安全状态有关；1977年机械制造业休工4天以上的104638件伤害事故中，与人的不安全行为无关的只占5.5%，与物的不安全状态无关的只占16.5%。这些统计数字表明，大多数工业伤害事故的发生，既由于人的不安全行为，也由于物的不安全状态。随着生产技术的提高以及事故归因理论的发展完善，人们对人和物两种因素在事故致因中地位的认识发生了很大变化。一方面是由于生产技术进步的同时，生产装置、生产条件不安全的问题越发引起了人们的重视；另一方面是由于人们对人的因素研究的深入，人们能够正确地区分人的不安全行为和物的不安全状态，并提出人的不安全行为或（和）物的不安全状态是引起工业伤害事故的直接原因。

约翰逊认为，判断到底是不安全行为还是不安全状态，受研究者主观因素的影响，并取决于他认识问题的深刻程度。许多人由于缺乏有关失误方面的知识，把人失误造成的不安全状态看作是不安全行为。越来越多的人认识到，一起伤亡事故的发生，除了人的不安全行为之外，一定还存在着某种不安全状态，并且不安全状态对事故发生的作用更大一些。斯奇巴指出，生产操作人员与机械设备两种因素都对事故的发生有影响，并且机械设备的危险状态对事故的发生作用更大些。他认为，只有当两种因素同时出现时，才能发生事故。实践证明，消除生产作业中物的不安全状态，可以大幅度地减少伤害事故的发生。例如，美国铁路车辆安装自动连接器之前，每年都有数百名铁路工人死于车辆连接作业事故中。铁路部门的负责人把事故的责任归因于工人的错误或不注意。后来，根据政府法令的要求，所有铁路车辆都被装上了自动连接器，结果车辆连接作业中的死亡事故大大地减少了。上述理论被称为轨迹交叉理论，如图2.5所示。

（一）核心思想

伤害事故是许多相互联系的事件顺序发展的结果。这些事件不外乎人和物两大系列。当人的不安全行为和物的不安全状态在各自发展过程中（轨迹），在一定时间、空间上发

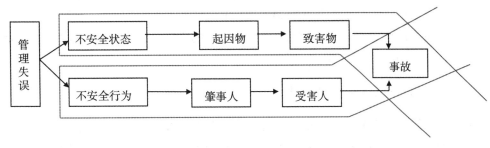

图 2.5 轨迹交叉因果连锁示意图

生了接触(交叉),能量转移于人体时,伤害事故就会发生。

(二)贡献及不足

(1)贡献:轨迹交叉理论反映了绝大多数事故的情况,是近十年比较流行的事故致因理论,强调人和物两方面在事故致因中占有同样重要的位置。通过避免人和物两种因素运动轨迹交叉来预防事故发生。同时,该理论对于调查事故发生的原因,也是一种较好的工具。

(2)不足:在人和物两大系列的运动中,两者往往是相互关联、互为因果、相互转化的。有时人的不安全行为促进了物的不安全状态的发展,或导致新的不安全状态的出现;而物的不安全状态可以诱发人的不安全行为。因此,事故的发生可能并不是如上图所示的那样简单地按照人、物两条轨迹独立地运行,而是呈现较为复杂的因果关系。

根据轨迹交叉理论的观点,消除人的不安全行为可以避免事故。强调工种考核,加强安全教育和技术培训,进行科学的安全管理,从生理、心理和操作管理上控制人的不安全行动的产生,就等于砍断了事故产生的人的因素轨迹。但是应该注意到,人与机械设备不同,机器在人们规定的约束条件下运转,自由度较少;而人的行为受各自思想的支配,有较大的行为自由性。这种行为自由性一方面使人具有搞好安全生产的能动性,另一方面也可能使人的行为偏离预定的目标,发生不安全行为。由于人的行为受到许多因素的影响,控制人的行为是一项十分困难的工作。

消除物的不安全状态也可以避免事故。通过改进生产工艺,设置有效安全防护装置,根除生产过程中的危险条件,使得即使人员产生了不安全行为也不致酿成事故。在安全工程中,把机械设备、物理环境等生产条件的安全称做本质安全。在所有的安全措施中,首先应该考虑的就是实现生产过程、生产条件的本质安全。实践证明,消除生产作业中物的不安全状态,可以大幅度地减少伤亡事故的发生。但是,受实际的技术、经济条件等客观条件的限制,完全地根绝生产过程中的危险因素几乎是不可能的,我们只能努力减少、控制不安全因素,使事故不容易发生。即使在采取了工程技术措施,减少、控制了不安全因素的情况下,仍然要通过教育、训练和规章制度来规范人的行为,避免不安全行为的发生。

值得注意的是,许多情况下人的因素与物的因素互为因果。为了有效地防止事故发生，必须同时采取措施消除人的不安全行为和物的不安全状态。一起事故的发生是许多人的不安全行为和物的不安全状态相互复杂关联、非线性相互作用的结果。因此，在预防事故时必须在弄清事故因素相互关系的基础上采取恰当的措施，而不是相互孤立地控制各个因素。

三、事故致因理论研究的发展趋势

事故致因理论是一定生产力发展水平的产物。在生产力发展的不同阶段，生产过程中存在的安全问题有所不同，特别是随着生产形式的变化，人在工业生产过程中所处地位的变化引起人的安全观念变化，使事故致因理论不断发展完善。

(1)事故致因理论将更具有应用性，成为指导事故调查、研究和预防的可靠理论依据。事故致因理论研究将更注意避免历史上曾出现过的单纯为了解释事故现象的倾向，而趋向于与事故控制研究紧密结合，为事故控制提供可靠依据。

(2)加强对人机环境系统的整体研究，使事故致因理论更具科学性。越来越多的研究成果表明：环境因素对人体的潜在危害，不只有损健康，也是诱发事故的重要因素。

(3)事故致因理论研究的范围将不断扩大。在时间上，从生产时间向非生产时间变化，在研究领域上，从生存生产领域向生活领域转化，形成包括生存、生产、生活等各个领域的大安全观。

(4)事故致因理论研究内容随着生产环境条件的变化而变化。对于事故发生的起源，当本质安全达到一定程度时，事故致因理论对基本原因的研究内容可能转变为对物的最初安全设计和对人的标准化作业的执行程度的研究，强调人与物的本质安全对事故发生的影响。

练习与案例

一、练习

(一)单选题

1.1：29：300 法则，是由(   )在对 55 万起工伤事故进行统计分析的基础上提出的。

    A. 海因里希   B. 博德   C. 格林伍德   D. 伍兹

2.1：29：300 法则表示每 330 起事故中，会造成(   )。

    A. 死亡或重伤事故 0 起，轻伤或微伤事故 30 起，无伤事故 300 起

    B. 死亡或重伤事故 1 起，轻伤或微伤事故 29 起，无伤事故 300 起

    C. 死亡或重伤事故 2 起，轻伤或微伤事故 28 起，无伤事故 300 起

    D. 死亡或重伤事故 3 起，轻伤或微伤事故 27 起，无伤事故 300 起

3. 海因里希因果连锁理论认为事故发生的最根本原因是(   )。

    A. 遗传及社会环境   B. 人的不安全行为

    C. 物的不安全状态   D. 人的缺点

4. 博德管理失误连锁理论认为,事故的起因是( )。

    A. 管理失误导致控制不足   B. 个人因素导致控制不足

    C. 工作条件导致控制不足   D. 人的不安全行为导致控制不足

5. 事故遭遇倾向理论认为( )。

    A. 当每个人发生事故的概率相等且概率极小时一定时期内发生事故的次数服从泊松分布

    B. 某一段时间里发生事故次数多的人在以后的时间里往往发生事故的次数肯定多

    C. 把事故发生次数多的工人调离后企业的事故发生率明显降低

    D. 以上答案全部错误

6. 心理动力理论认为,员工受到伤害的主要原因是( )。

    A. 环境缺陷   B. 人的不安全行为

    C. 物的不安全状态   D. 刺激

(二)多选题

1. 1:29:300法则应用于安全生产管理,我们可得到如下启示( )。

    A. 任何一起事故都有其发生与发展的原因,并且是有征兆的

    B. 企业生产活动是可以控制的,事故是可以避免的

    C. 该事故法则可以为企业管理者提供一种安全生产管理的方法,用以及时发现事故征兆并进行控制

    D. 防止灾害事故发生的关键,在于必须从基础上抓好安全工作

2. 以下关于能量转移理论的说法,正确的是( )。

    A. 如果意外释放的能量作用于人体,则人体将一定受到伤害

    B. 事故是能量的不正常转移

    C. 如果意外释放的能量作用于人体,则人体将不一定受到伤害

    D. 如果意外释放的能量作用于设备或建筑物,则将造成设备或建筑物的损坏

3. 以下关于海因里希因果连锁理论的说法,正确的是( )。

    A. 促进了事故致因理论的发展,成为事故研究科学化的先导

    B. 控制事故的关键在于打断事故因果连锁链中间一环

    C. 对事故致因连锁关系的描述过于绝对化、简单化

    D. 追究遗传因素等原因,反映了资产阶级对工人的偏见

4. 事故致因理论的研究发展趋势是( )。

    A. 事故致因理论将更加强调应用性

    B. 事故致因理论的研究范围将不断扩大,从生存生活领域向生产领域转化

    C. 事故致因理论研究内容随着生产环境条件的变化而变化

    D. 以上答案均正确

二、案例

　　某中型建筑施工企业下设办公室、人力资源部、财务部、营销部、供应部、生产部、安全环保部等生产管理机构。丁某是该企业生产部员工，2011 年 10 月 25 日晚上 7 点在进行房屋室内装饰过程中，发生从梯子上坠落的事故。试分别用海因里希因果连锁理论及博德的管理失误论对这起事故进行原因分析，并分清相关部门的安全责任，同时从企业人力资源部角度提出应对措施与方案。

第三章　职业安全与卫生管理模式与体系

◎ **学习目标：**

　　掌握我国职业安全与卫生管理体制的内容，"四结合"体制存在的问题，职业安全与卫生管理模式；了解国家监察的对象、原则和职能，职业安全与卫生管理体系的产生背景及发展趋势；熟悉职业健康安全管理体系策划、建立、运行及认证审核过程。

第一节　职业安全与卫生管理体制和模式

一、国家职业安全与卫生管理体制的发展

　　职业安全卫生管理是一个全人类共同面临的问题，对此世界各国所采取的措施都具有一些共同的规律和属性。体制是国家机关，企事业单位的机构设置，隶属关系和权力划分等方面的具体体系和组织制度的总称。监管体制则是指管制者基于公共利益或者其他目的的依据既有的规则对被管制者的活动进行监督管理的制度、方式、方法的总称。在职业安全卫生管理体制方面，由于各个国家政治制度、经济体制和发展历史的不同，其职业安全卫生管理体制也存在一些差异。但随着国际经济一体化和全球化的发展趋势，各个国家的职业安全卫生管理体系之间出现了相互的影响和渗透的趋势。在职业安全卫生管理体制方面，世界很多国家推行的是"三方原则"的管理体制或模式。即国家、雇主、雇员三方利益协调的原则。这一原则必然建立起国家为了社会和整体的利益，通过立法、执法、监督的手段来实现；行业代表雇主或企业的利益，通过协调、综合管理来实现；工会代表员工的利益，通过监督手段来实现的相互督促、牵制和协调、配合的机制。

　　在我国，职业安全卫生监督管理是督促企业落实各项安全法规，治理事故隐患，降低伤亡事故发生的有效手段。中华人民共和国成立 70 年来，职业安全卫生监督管理制度从无到有，不断完善发展。在中华人民共和国成立前夕，中国人民政治协商会议通过的《中国人民政治协商会议共同纲领》中就提出了人民政府"实行工矿检查制度，以改进工矿的安全和卫生设备"。1950 年 5 月，政务院批准的《中央人民政府劳动部试行组织条例》和《省、市劳动局暂行组织通则》规定：各级劳动部门自建立伊始，即担负起监督、指导各产业部门和工矿企业劳动保护工作的任务。1956 年 5 月，中共中央批示：劳动部门必须早日制定必要的法规制度，同时迅速将国家监督机构建立起来，对各产业部门及其所属企业劳动保护工作实行监督检查。同年 5 月 25 日，国务院在颁布"三大规程"的决议中指出：各级劳动部门必须加强经常性的监督检查工作。

1979 年 4 月，经国务院批准，原国家劳动总局会同有关部门，从伤亡事故和职业病最严重的采掘工业入手，研究加强安全立法和国家监督问题。1979 年 5 月，原国家劳动总局召开全国劳动保护座谈会，重新肯定加强安全生产立法和建立安全生产监督制度的重要性和迫切性。1982 年 2 月，国务院颁布《矿山安全条例》《矿山安全监督条例》和《锅炉压力容器安全监督暂行条例》，宣布在各级劳动部门设立矿山和锅炉压力容器安全监督机构，同时，相应设立了安全生产监督机构，以执行职业安全卫生国家监督制度。

1983 年 5 月，国务院批准原劳动人事部、国家经贸委、全国总工会《关于加强安全生产和劳动安全监督工作的报告》，该报告指出：劳动部门要尽快建立、健全劳动安全监督制度，加强安全监督机构的管理，充实安全监督干部的能力，监督检查生产部门和企业对各项安全法规的执行情况，认真履行职责，充分发挥应有的监督作用，从而全面确立安全生产国家监督制度。该报告确定了在我国安全生产工作中实行国家监察、行政管理和群众（工会组织）监督相结合的工作体制。通常将这个工作体制称为职业安全卫生管理的"三结合"体制。"三结合"体制的制定，明确了国家监察体制、行政管理体制和群众监督体制三者的权限、职责、任务及其相互关系，使三者从不同的层次、不同的角度、不同的方向贯彻执行"安全第一、预防为主、综合治理"的工作方针，协调一致地实现安全生产的共同目的。"三结合"体制的建立，很好地解决了安全与生产"两张皮"的问题。1988 年，根据七届人大一次会议批准的国务院机构改革方案，撤销劳动人事部，组建劳动部。新组建的劳动部是国务院领导下的综合管理全国劳动工作的职能部门。

进入 20 世纪 90 年代，随着企业管理制度的改革和安全管理实践的不断深入，国有企业走向市场，企业形式多样化，并成为自主经营、自负盈亏、自我发展、自我约束的主体。一些经济管理部门的行政管理职能被逐步削弱，国家确立了"企业负责"，与当时的市场经济管理模式相适应。1993 年 8 月，原劳动部颁布了《劳动监督规定》，对劳动监督的内容做出了规定。该规定强调我国采取"国家监察、行业管理、企业负责、群众监督"的安全生产管理体制，通常将这个工作体制称为职业安全卫生管理的"四结合"体制。同时，特别强调了各个经济管理部门"管理生产必须管理安全"的思想，进一步明确了企业安全生产工作的主体，为建立"政府、企业、工会"三方协调管理机制打下了基础。从"三结合"管理体制向"四结合"管理体制转变，体现了计划经济向市场经济的转变过程。将以前的行政管理职能一分为二变为行业管理与企业负责，体现了职业安全卫生管理主体由行政向企业转变的过程。

为适应社会主义市场经济体制建设的需要，1998 年 6 月 17 日，政府机构按"政企分开""精简、统一、效率"的原则进行大幅度调整，职业卫生监管职能发生了重大变化，劳动部承担的职业卫生监察（包括矿山卫生监察）职能交由卫生部承担。

2001 年，国家安全生产监督管理局成立，负责全国的安全生产监管工作。2005 年，国家安全生产监督管理局升格为国家安全生产监督管理总局，为国务院直属机构。2003 年 10 月 23 日，中央机构编制委员会办公室下发了《关于国家安全生产监督管理局（国家煤矿安全监察局）主要职责内设机构和人员编制调整意见的通知》，该通知对职业卫生监管的职责进行了调整。2005 年 1 月份卫生部和国家安全生产监督管理总局联合下发了《关于职业卫生监督管理职责分工意见的通知》。

2008年3月以来，根据第十一届全国人民代表大会第一次会议批准的国务院机构改革方案和《国务院关于机构设置的通知》，设立卫生部，为国务院组成部门。具体的监管职责正在逐步移交给安监部门，卫生部目前承担的职责主要是：指导规范卫生行政执法工作，按照职责分工负责职业卫生、放射卫生、环境卫生和学校卫生的监督管理，负责公共场所和饮用水的卫生安全监督管理，负责传染病防治监督。

2018年3月，根据第十三届全国人民代表大会第一次会议批准的国务院机构改革方案，设立中华人民共和国应急管理部。该方案提出，将国家安全生产监督管理总局的职责，国务院办公厅的应急管理职责，公安部的消防管理职责，民政部的救灾职责，国土资源部的地质灾害防治、水利部的水旱灾害防治、农业部的草原防火、国家林业局的森林防火相关职责，中国地震局的震灾应急救援职责以及国家防汛抗旱总指挥部、国家减灾委员会、国务院抗震救灾指挥部、国家森林防火指挥部的职责整合，组建应急管理部，作为国务院组成部门。

应急管理部主要职责是组织编制国家应急总体预案和规划，指导各地区各部门应对突发事件工作，推动应急预案体系建设和预案演练。建立灾情报告系统并统一发布灾情，统筹应急力量建设和物资储备并在救灾时统一调度，组织灾害救助体系建设，指导安全生产类、自然灾害类应急救援，承担国家应对特别重大灾害指挥部工作。指导火灾、水旱灾害、地质灾害等防治。负责安全生产综合监督管理和工矿商贸行业安全生产监督管理等。

我国职业安全卫生监管体制从中华人民共和国成立至今经历了几次重大变革，有着特殊的复杂曲折的发展过程。职业安全卫生监管体制从职能划分不清的局面逐渐转变为现在的安监部门全面负责，并在监管体制、组织和制度机制方面逐步加强，使我国对职业安全卫生监管取得了一定效果。我国职业安全卫生监管体制变革的历程，基本体现了政府从"职业安全监管与职业卫生监管相互独立"到"职业安全卫生监管体制统一"的转变。

在计划经济体制向市场体制转变的过程中，我国职业安全卫生监管体制历经多次变化，但是政出多门、职能交叉等问题尚未完全解决，监管效率较低。国外的监察机构一般都设在一个部门，而我国的职业安全卫生监察工作在长时期内由多个部门承担：安全生产及救灾救援由应急管理部负责；职业卫生监察由国家卫生健康委员会（2018年国务院机构改革确立）负责；工伤保险由人力资源和社会保障部负责；锅炉压力容器监察职能由国家质量技术监督局分管。它们在各自的权限范围内对用人单位和劳动者执行落实国家劳动安全卫生法规的情况实施监督，但是监管主体不明确，各监管主体之间职能交叉，使得这些监管机构之间常常缺乏相互配合，安全事故得不到及时处理。

二、职业安全与卫生管理体制的内涵

（一）国家监察

我国学者曾国安将监管的一般含义界定为："管制者基于公共利益或者其他目的依据既有的规则对被管制者的活动进行的限制。"一般意义上的监管涵盖面极广，就监管主体而言，监管者既可以是政府，也可以是企业及其他一切非政府组织，还可以是个人。狭义的监管的主体仅指政府，包括立法机关、司法机关、行政机关，不包括行业自律组织和私人。

　　本书中所指的监管则是狭义上的政府职业安全监察，指国家授权某政府部门对各类具有独立法人资格的企事业单位执行安全法规的情况进行监督和检查，用法律的强制力量推动安全生产方针政策的正确实施，它又被称为国家劳动安全监察或国家安全监督。

　　1. 对概念的理解

　　(1)监察机构和监察人员的设置必须符合国家法律规范要求，监察机构的工作符合国家法律确定的职责权限，不失职，不越权。

　　(2)国家劳动安全监察是一种执法监察，监察执行国家法规、政策的情况，预防和纠正违反法规、政策的偏差。它不干预企业、事业单位内部执行法规、政策的方法、措施和步骤等具体事务，不代替企业日常的安全管理和安全检查。

　　(3)监察活动以国家有关法规为依据。

　　2. 监察的原则

　　(1)合法性原则——以国家相关法规的要求来进行执法监察。

　　(2)独立性原则——监察行为具有独立性，不受到企业及事业单位的干扰。

　　(3)公正性原则——监察活动对任何企业及事业单位都一视同仁，保证公平公正。

　　(4)强制性原则——对于违反国家安全生产法规的情况，有权强令整改，包括停产整顿。

　　3. 监察的对象

　　(1)企业重点岗位人员的行为。这样的人员有三类：一是企业的主要生产及安全负责人，他们的决策和行为对企业的安全生产有决定性作用；二是现场直接指挥生产的车间主任或生产班组长，他们是实现企业安全决策的关键人员，各项安全措施能否落实与他们有直接关系；三是特种作业人员，特种作业主要是指容易发生人员伤亡事故，可能对操作者本人、他人及周围设备设施的安全造成重大危害的作业。特种作业人员的作业可能危及自身安全，也可能危及他人安全。监督、考核这三类人员的安全知识、操作技能，提高他们的安全意识，对减少伤亡事故至关重要。

　　(2)特种作业场所和有害工序。通过制定各种法规、技术标准，建立各种审批制度，对某些特种作业场所、工艺设备的危害性予以控制，如已经公布的《爆破作业安全规程》等标准。有些生产工艺则要建立必要的审批制度，没有妥善措施、不经批准不许采用。对有职业危害的作业进行危害程度分级，以便分别情况，采取不同措施，不断改善劳动条件，控制职业危害。

　　(3)特殊产品的安全认证。对劳动防护用品的生产实行质量监督检验制度；对容易造成事故伤害的某些特种设备，如起重设备、电梯、厂内机动车辆、冲压设备等，实行全面监测检验发证；对基本建设和技术改造工程项目进行设计审查和竣工验收，使之符合安全卫生的要求。

　　4. 监察的职能

　　(1)实行监察——强调依法行事。实行劳动安全监察是监察部门依据法规授予的权限对企事业单位进行下列监督和检查：检查贯彻落实安全生产方针和遵守安全法规的情况；揭露安全工作中存在的问题，分析产生的原因；督促、指导这些单位改正违章行为，消除事故隐患；对违反法规又拒不改正的行为实行干预，强制其改正；在处理事故或其他有关安全的事项中，对有关各方的争议进行仲裁。此外，劳动安全监察在客观上对于调整劳动关系，改善企业管理，提高经济效益，改进生产技术也能起到一定的作用。

(2)反馈信息——强调监察效果。监察部门和监察人员在实行劳动安全监察的过程中，通过调查研究、现场取证、统计分析、沟通联络等手段能广泛收集到各类安全信息。对这些信息应该有目的地进行分类、比较、综合，去伪存真，去粗取精，进而提出有价值的意见和对策，或者反馈给领导机关，供决策参考，或者提供给有关部门和单位，帮助他们改进工作。

实行监察和反馈信息的职能是相互依存、相互促进的。监察职能强调依法行事；信息职能则强调监察效果，总结经验教训，及时调整对策。两者的有机结合将不断把安全工作推向新的高度。

(二)行业管理

1. 内涵

由行业主管部门，根据国家的安全方针、政策和法规，在实施本行业宏观管理中，帮助、指导和监督本行业企业的安全工作。

2. 特点

(1)不被授予代表政府处理违法行为的权力。行业管理也存在与国家监察在形式上类似的监督活动。但是，这种监督活动仅限于行业内部，而且是一种自上而下的行业内部的自我控制活动，一旦需要超越行业自身利益来处理问题时，它就不能发挥作用了。因此，行业安全管理与国家监察的性质不同，它不被授予代表政府处理违法行为的权力。

(2)不设立具有政府监督性质的监察机构。

3. 职责

(1)贯彻执行国家安全生产方针、政策、法规和标准，制订本行业的具体安全规章和规范，并组织实施。

(2)实行安全目标管理，制订本行业安全生产的长期规划和年度计划，确定行业的安全方针、目标、措施和实施办法，并将其纳入企业绩效的考核系统中。

(3)在重大经济、技术决策中提出有关安全生产的要求和内容，组织和指导企业制订、落实安全措施计划，督促企业改善劳动条件。

(4)在新建、改建、扩建工程和技术引进、技术改造中，督导企业贯彻执行主体工程与安全卫生设施"三同时"的规定；在新产品、新技术、新工艺、新材料的开发和应用中，执行有关安全卫生的规定。

(5)参与组织对本行业的职工进行安全思想教育和安全知识培训工作；组织本行业企业管理人员和安全管理专职人员的安全教育。

(6)组织或参与本行业伤亡事故的调查处理，协助国家监察部门查处违章违法行为。

(7)组织行业内的安全检查和评价，表彰安全先进单位和个人，总结和交流安全生产经验。

(三)企业负责

指企业在生产过程中，承担着严格执行国家安全生产法律、法规和标准，在企业内部建立良好的安全生产运行机制，从而确保安全生产的责任和义务。企业安全生产的第一责任人是企业法人代表或最高管理者。在此基础上，企业必须层层落实安全生产责任制，建立内部安全调控与监督检查的机制。企业要接受国家安全监察机构的监督检查和行业主管部门的管理，只有企业的劳动安全卫生工作搞好了，企业职工的安全与健康才有保障，安全管理工作也才能落到实处。

安全生产的主体是企业，因此建立企业安全生产的自我约束机制是搞好安全生产的关键。企业安全生产的自我约束机制就是指企业在生产过程中，自觉服从国家的安全生产方针、政策和法规，在企业内部建立良好的安全生产运行机制，使安全与生产处于和谐统一的整体之中。

实现企业安全生产的自我约束机制，首先必须在企业内部建立完善的安全组织管理体系，通过落实安全生产责任制，建立健全安全规章制度，实行安全目标管理，坚持安全教育培训，开展安全检查及绩效考核等方法来实现。此外，必须通过企业的外部环境对企业加以约束，使企业从被动地适应外部约束逐渐转化为主动地自我约束。外部约束的形成主要依靠强大的法制力量和网络媒体力量。通过制定完善的安全生产法规和标准，加强国家安全监察的执法力度，同时通过各种渠道和采取各种手段进行宣传教育，使企业领导和全体员工牢固树立安全生产的法制观念，并自觉用安全法规和标准来约束自己的行为。通过网络媒体快速曝光企业违反安全生产法规的情况，不注重保护员工安全的情况，使企业负责人真正从思想意识上认识到安全生产的重要性，实现从"要我安全"到"我要安全"的转变。

(四) 群众监督

1. 内涵

群众监督指企业职工通过各级工会或职工代表大会等组织，监督和协助各级行政领导，贯彻执安全生产方针、政策、法规，不断改善劳动条件，做好安全管理工作。

2. 群众监督不具有国家监察的强制效应，但它是国家监察的有效补充

群众监督不能采取国家监察的某些形式和方法，特别是不能采取那些以国家强制的形式表达国家命令的手段，因而它通常不具有法律的权威性。群众监督是国家监察的有效补充，群众监督可以成为企业自我约束机制的重要促进力量。

三、职业安全与卫生管理模式

职业安全与卫生管理模式，是指为了实现"安全第一、预防为主、综合治理"的国家安全生产方针而建立的职业安全与卫生管理组织形式和安全生产行为方式。随着国家经济体制和政府管理职能的转变，以及为了与国际接轨，我国的职业安全卫生管理体制向着如下模式发展：遵循"国家、企业、员工"三方需要的原则，建立"五方结构"的国家职业安全卫生管理模式，即国家、政府（行业）、社会（中介）、企业（法人或雇主）、工会（员工或雇员）的"五方结构"，其管理模式为国家监督、政府（行业）监管、中介服务、企业负责、群众监督。"五方结构"的科学原则是：国家利益与社会责任相结合的原则；国际惯例与中国国情相结合的原则；系统化分层管理与全面分类管理相结合的原则。这些原则在2014年12月1日修改实施的《中华人民共和国安全生产法》中得到了基本的体现。《中华人民共和国安全生产法》中所明确的国家安全生产管理模式归纳起来包括如下五个方面。

（一）政府监管与指导

各级政府实施安全生产监督管理与协调指导的"监督运行机制"。《中华人民共和国安全生产法》第九条明确了政府的安全生产监督管理职能，即国务院负责安全生产监督管理的部门依照本法，对全国安全生产工作实施综合监督管理；县级以上地方各级人民政府负责安全生产监督管理的部门依照本法，对本行政区域内安全生产工作实施综合监督管理。

国务院有关部门依照本法和其他有关法律、行政法规的规定，在各自的职责范围内对有关行业、领域的安全生产工作实施监督管理；县级以上地方各级人民政府有关部门依照本法和其他有关法律、法规的规定，在各自的职责范围内对有关行业、领域的安全生产工作实施监督管理。

安全生产监督管理和对有关行业、领域的安全生产工作实施监督管理的部门，统称负有安全生产监督管理职责的部门。这表明了我国安全生产法的执法主体是国家安全生产监督管理部门和相应的专门监管部门。

（二）企业实施与保障

《中华人民共和国安全生产法》第四条规定：生产经营单位必须遵守本法和其他有关安全生产的法律和法规，加强安全生产管理，建立、健全安全生产责任制度，完善安全生产条件，确保安全生产。第五条规定：生产经营单位的主要负责人对本单位的安全生产工作全面负责。《中华人民共和国安全生产法》在第二章中以较大篇幅，明确了生产经营单位保障安全生产的具体保障措施和责任意义。

（三）员工权益与自律

从业人员的权益保障和实现生产过程安全作业的"自我约束机制"。《中华人民共和国安全生产法》第六条规定：生产经营单位的从业人员有依法获得安全生产保障的权利，并应当依法履行安全生产方面的义务。《中华人民共和国安全生产法》在第三章中具体明确了员工的八项权利和三项义务。

（四）社会监督与参与

工会、媒体、社会和公民广泛参与的"社会监督机制"。《中华人民共和国安全生产法》第七条规定：生产经营单位的工会依法组织职工参加本单位安全生产工作的民主管理和民主监督，维护职工在安全生产方面的合法权益。生产经营单位制定或者修改有关安全生产的规章制度，应当听取工会的意见。

第七十条规定：负有安全生产监督管理职责的部门应当建立举报制度，公开举报电话、信箱或者电子邮件地址，受理有关安全生产的举报；受理的举报事项经调查核实后，应当形成书面材料；需要落实整改措施的，报经有关负责人签字并督促落实。

第七十一条规定：任何单位或者个人对事故隐患或者安全生产违法行为，均有权向负有安全生产监督管理职责的部门报告或者举报。

第七十二条规定：居民委员会、村民委员会发现其所在区域内的生产经营单位存在事故隐患或者安全生产违法行为时，应当向当地人民政府或者有关部门报告。

第七十四条规定：新闻、出版、广播、电影、电视等单位有进行安全生产公益宣传教育的义务，有对违反安全生产法律、法规的行为进行舆论监督的权利。

这就规范了我国的安全生产，发动了四方的社会监督力量，即工会、媒体、社会和公民四方。

（五）中介支持与服务

建立国家认证、社会咨询、第三方审核、技术服务、安全评价等功能的"中介支持与服务机制"。《中华人民共和国安全生产法》第十三条规定：依法设立的为安全生产提供技术、管理服务的机构，依照法律、行政法规和执业准则，接受生产经营单位的委托为其安全生产工作提供技术、管理服务。生产经营单位委托前款规定的机构提供安全生产技术、管理服务的，保证安全生产的责任仍由本单位负责。中介机构通过咨询与服务方式为生产经营单位提供安全生产的技术支持，提高企业的安全生产保障水平和能力。中介机构并非安全生产政府监察部门或者行业主管部门派出机构，没有任何政府监察部门或行业主管部门的任何行政权力，不能监察企业的不安全行为。

在安全生产管理模式中，企业责任是最基本的，企业安全生产的实现既是企业的归宿也是出发点。因此，企业自我管理和遵守国家法规是落实"五方结构"的关键，强化劳动者监督意识和维护自身职业安全卫生的权利与义务是"五方结构"的基础；政府科学建规、立法，并依法客观、公正地进行监督，则是"五方结构"的保障。

第二节　企业职业安全与卫生管理模式

模式是事物或过程系统化、规范化的体系，它能简洁、明确地反映事物或过程的规律、因素及其关系，是系统科学的重要方法。安全管理模式是反映系统化、规范化安全管理的一种方法，了解和学习国内外成功的安全管理模式，对于改进企业的安全管理，提高企业安全生产的保障能力具有良好的作用。

安全管理模式是包括安全目标、方针、原则、方法、措施等的综合安全管理体系。国内外发展和推行的很多安全管理模式是在长期的企业安全管理经验基础上，现代安全管理理论与事故预防工作实践经验相结合的产物，它具体地体现了现代安全管理的理论和原则。安全管理模式具有如下特征：抓住企业事故预防工作的关键性矛盾和问题；强调决策者与管理者在职业安全卫生工作中的关键作用；提倡系统化、标准化、规范的管理思想；强调全面、全员、全过程的安全管理；应用闭环、动态、反馈等系统论方法；推行目标管理、全面安全管理的对策；不但强调控制人行为的软环境，同时努力改善生产作业条件等硬环境。

我国安全管理在不同的历史时期体现出不同的管理模式。20世纪50年代至60年代建立了劳动保护管理体系；70年代在劳动保护管理体系下，强调了事故管理系统；80年代出现了职业安全卫生管理和安全生产管理模式；进入90年代，现代安全科学管理的理论和方法体系逐步发展和完善。显然，不同的历史时期，在不同的生产技术、经济体制和安全理论指导下，表现出不同的安全管理特色。

安全管理模式是安全管理工作的标准形式。20世纪80年代以来，国家和不少企业做过不懈的努力，国家探索新经济体制下的管理体制，企业研究各行业和企业自适用的安全管理模式。近年为适应新体制的需要，安全管理模式更是"忽如一夜春风来，千树万树梨花开"，出现了崭新的局面。

任何企业,特别是高风险施工的企业,如矿山、建筑、化工等,结合企业自己的特点和需要,学习、研究或者仿效现代企业的安全管理模式,并在企业的安全生产管理中推行和实施,一定有助于改善本企业的安全管理状况,达到有效预防事故的目的。企业安全生产管理模式是在新的经济运行机制下提出来的,其思想是无论是人身伤亡事故,还是财产损失事故;无论是交通事故,还是生产事故,甚至火灾或治安案件,都会对人类造成危害和损害;这些人们不期望的现象,其出现的根源、过程和后果,都有共同的特点和规律,企业对其进行防范和控制,也都有共同的对策和手段。因此,对企业的生产安全、交通安全、消防、治安、环保等专业进行综合管理,对于提高企业的综合管理效率和降低管理成本有着重要作用。建立"大安全"的综合安全管理模式是 21 世纪企业安全管理的发展趋势。

一、对象化的安全管理模式

(一) 以"人为中心"的企业安全管理模式

把管理的核心对象集中于生产作业人员,即安全管理应该建立在研究人的心理、生理素质基础上,以纠正人的不安全行为、控制人的误操作作为安全管理的目标。

1. 马鞍山钢铁公司的"三不伤害"模式

即为不伤害自己,不伤害他人,不被他人伤害。"三不伤害"融会了东西方的智慧。中国传统道德讲究自身修养,就是自爱,自己不伤害自己;佛家讲"不恼害众生",持戒清净,不能伤害他人;整个社会讲和谐,和谐就不能彼此伤害,也就是不被他人伤害。当然,西方人对"三不伤害"也是有贡献的。密尔在《论自由》中提出了"不伤害"(do no harm)原则,西医生命伦理学原则第一条就是"不伤害",即"首先不伤害"(拉丁语 primum nonnocere)。

有人把"三不伤害"看成简单的道理,但是,复杂的问题简单化就是不简单,简单的道理坚持做更是不简单。无人怀疑"三不伤害"的正确性,却有太多的人不去履行。

作为员工应该对"三不伤害"有正确的态度:第一,不伤害自己,是我们工作中必须做到的最低标准。对员工的安全教育要从"不伤害自己"入手,如果员工连"不伤害自己"都做不到,怎么能谈得上"不伤害他人"以及"不被他人伤害"?要杜绝不伤害自己,必须要做到:一是意识上不伤害自己。员工安全意识差,麻痹大意,心存侥幸,图省事,怕麻烦,就是隐患,就是潜在地自己伤害自己。因此,对待安全,就必须高度重视,集中思想,抖擞精神,一丝不苟。二是技能上不能伤害自己。员工们应主动参加安全活动,授受安全培训,主动学习安全技能,掌握操作的设备或作业活动中的危险因素及控制方法,提高识别和处理危险的能力,才会有能力做到自己不受伤害。三是行为上不伤害自己。员工应养成遵章守纪的习惯,领导在与不在一个样,有人检查和没人检查一个样,不偷懒,不冒险,不违章,不放过任何隐患,让自己伤害自己成为不可能。第二,不伤害他人,是最起码的职业道德。伤害是把双刃剑,当你伤害了别人时,也是在刺向你自己。这是 2600 年前古希腊人就知道的道理。在安全工作上,害人就是害自己,害人必然害自己,肇事者难逃处罚,要么是法规制度的制裁,要么是事故扩大连带的伤害。在思想上要把别人的生命看得和自己的生命一样重要,绝对不可以因自己的错误,造成对他人生命健康的伤害。

第三，不被他人伤害，是难以做到而又必须做到的职业规范。提高自我防护意识，是"不被他人伤害"最关键的一条，请谨记，违章指挥可不听，别人失误帮助改，安全经验同分享，保护自己免伤害。

"三不伤害"最初是作为人性化的安全管理理念，如今，已发展成为一种有效的管理工具。

2. 攀钢集团四川长城特殊钢有限责任公司的"人基严"模式

该模式以人为中心，强调基本功、基层工作、基层建设，严字当头、从严治厂。

以"人为中心"的企业安全管理模式在预防事故时以偏概全，难免顾此失彼。

(二)以"管理为中心"的企业安全管理模式

这种模式基于"一切事故原因皆源于管理缺陷"。因此，现今的管理模式既要吸收经典安全管理的精华，又要总结本企业安全生产的经验，更要能够运用现代化安全管理理论。

1. 鞍山钢铁公司的"0123"管理模式

该模式1989年由鞍山钢铁公司创立，经专家论证通过并获得国家劳动保护科学技术进步奖。其内涵是：0代表死亡事故为零的管理目标；1代表行政一把手为第一责任人的安全生产责任制；2代表标准化作业、标准化班组的双标建设；3代表全员教育、全面管理、全线预防的"三全"为对策的管理模式。

"事故为零"指所有职工都以伤害事故为零作为奋斗目标开展目标管理，保障自己和他人在生产经营活动中的安全健康，确保生产经营活动中的安全健康，确保生产经营活动的稳定进行。在开展安全目标管理中，要坚持严明职责、严密制度、严肃纪律和严格考核的从严治厂原则，运用强制手段保证安全目标的顺利实现。"行政一把手为第一责任人的安全生产责任制"是指各级党政工团的第一负责人共同对安全生产负主要责任；企业各个管理和技术部门实行专业管理，分兵把口，齐抓共管；各个岗位人员要人人负安全生产责任。"标准化作业"活动的全部内容包括制定作业标准、落实作业标准和对作业标准实施情况进行监督考核。"标准化班组"是企业班组建设的一个重要方面。"标准化班组"建设，就是以"事故为零"为目标，以加强班组安全全面管理、提高群体安全素质为主要内容，采取各种有效形式开展达标活动，实现个人无违章、岗位无隐患、班组无事故的目的。标准化作业是以作业标准去规范生产活动中的行为，主要是控制个体行为，而标准化班组建设是控制群体行为，以确保班组生产作业条件安全。"全员教育、全面管理、全线预防"是实现安全生产的具体对策，它体现了安全工作必须全员参加、全方位管理、全过程控制的现代安全管理原则。全员教育系指对企业的全体职工及其家属的安全教育。安全生产是全体职工的事，必须发动群众、依靠群众。从企业领导到每名职工及家属都要进行教育，以提高整体安全意识和安全技能，培养良好的安全习惯。全面管理是对生产过程中的人、工艺、设备、环境等因素进行安全管理。要通过推行标准化作业消除不安全行为；要制定先进合理的工艺流程，搞好工序衔接，优化工艺技术；要搞好设备维修，消除设备缺陷，开展查隐患、查缺陷、搞整改活动，完善安全防护装置，实现物的安全；要开展群众性的整理、整顿活动，使环境整洁，以改善生产作业环境。全线预防是针对企业生产经营各条战线各个层次存在的危险源进行识别、评价和控制，通过多重控制形成多道安全生产防线。

为全面贯彻落实 2014 年修改后的新《中华人民共和国安全生产法》的要求，创建与企业发展战略相适应的先进企业文化体系，形成广大员工高度认同并自觉践行的安全价值观，2016 年，鞍山钢铁公司构建并全面推行新的"0123"安全管理模式，以先进的安全文化、安全理念引领企业安全稳定的发展。新的"0123"安全管理模式的主要内涵为：0 代表零的管理目标，即以零事故为目标；1 代表一条主线，即以安全生产标准化为安全管理主线；2 代表双责保障，即以一把手负责制、一岗双责作为保障；3 代表三全重点，即以全员素质提升、全过程风险防控、全要素绩效评价为关键。该模式提出了"有目标、有主线、有保障、有关键"的安全管理方法，同时，又形成了"有理念、有核心、可提升、促发展"的特有安全文化。

2. "0457"管理模式

该模式由扬子石化公司首创，其内容是：围绕一个安全目标——事故为零；以"四全"——全员、全过程、全方位、全天候为对策；以五项安全标准化建设——安全法规系列化、安全管理科学化、教育培训正规化、工艺设备安全化、安全卫生设施现代化为基础；以七大安全管理体系——安全生产责任制落实执行体系、规章制度体系、监督检查体系、教育培训体系、设备维护整改体系、事故抢救体系、科研防治体系为保护。

以"管理为中心"的安全管理模式针对作业过程中存在的管理缺陷，在一定程度上综合考虑了人、机、环境系统，较大地提高了安全管理效率，但这种模式还没有建立起自我约束、自我完善的安全管理长效机制。

二、程序化的安全管理模式

(一)事后型的安全管理模式

事后型的安全管理模式是一种被动的管理模式，即在事故或灾难发生后进行亡羊补牢，以避免同类事故再发生的一种管理方式。这种模式遵循如下技术步骤：

事故或灾难发生——调查原因——分析主要原因——提出整改对策——实施对策——进行评价——新的对策，如图 3.1 所示。

事故发生—— 现场调查 —— 分析原因—— 主要原因—— 提出整改对策—— 实施整改对策—— 效果评价（循环）

图 3.1 事后型的安全管理模式

事后型的安全管理模式对危险源实行微观控制，事故隐患没有被及时发现和整改，因而风险控制水平低，事故隐患易演变为事故。

(二)预防型的安全管理模式

预防型的安全管理模式是一种主动、积极地预防事故或灾难发生的管理模式，是现代安全管理和减灾对策的重要方法和模式。其基本的技术步骤是：提出安全目标——分析存在的问题——找出主要问题——制订实施方案——落实方案——评价——新的目标，如图 3.2 所示。

安全目标——分析问题——主要问题——制订方案——实施方案——审核检查——效果评价（循环）

图 3.2　预防型的安全管理模式

1. 美国杜邦公司的安全管理模式

（1）安全目标。杜邦公司针对自身的安全理念和要求，明确了安全目标，即零伤害和职业病、零环境损坏。

（2）安全哲学。杜邦公司的高层管理者对其公司的安全承诺是：致力于使工人在工作和非工作期间获得最大程度的安全与健康；致力于使客户安全地销售和使用公司的产品。明确安全具有压倒一切的优先理念。无论是生产还是效益，在任何情况下，一个繁忙的日程绝不能成为忽视安全的理由。

（3）杜邦公司的安全信仰。

①所有的伤害和职业病都是可以预防的。

②关心工人的安全健康至关重要，必须优先于对其他各项目标的关心。

③工人是公司最重要的财富，每个工人对公司做出的贡献都具有独特性和增值性。

④管理层必须认真履行所做出的安全承诺。

⑤安全生产将提高企业的竞争地位，在社会公众和顾客中产生积极影响。

⑥为了有效地消除和控制危害，应积极地采用先进技术和设计。

⑦工人并不想使自己受伤，因此能够进行自我管理，预防伤害。

⑧参与安全活动，有助于增加安全知识，提高安全意识，增强对危害的识别能力，这样对预防伤害和职业病有很大的帮助。

2. 国际壳牌石油公司的安全管理模式

（1）管理层对安全事项做出明确承诺。安全管理应被视为经理级人员一项日常的主要职责，同营业、生产、控制成本、牟取利润及激励士气等主要职责一起，同时发挥作用。

（2）明确、细致、完善的安全政策。制定政策时应以下基本原理作为依据：

①确认各项伤亡事故均可及理应避免的原则；

②各级管理层均有责任防止意外发生；

③安全事项该与其他主要的营业目标受到同等重视；

④必须提供正确操作的设施，以及订立安全程序；

⑤各项可能引致伤亡事故的业务和活动，均应做好预防措施；

⑥必须训练员工的安全能力，并让其了解安全对他们及公司的重要性；

⑦避免意外是业务成功的表现，实现安全生产往往是工作有效率的证明。

（3）明确各级管理层的安全责任。在评定员工的表现时应该加入一项程序，就是对各级经理及管理人员的安全态度及成效做出建设性及深入的考虑。

(4)设置精明能干的安全顾问。安全部门人员需具备充分的专业知识，并与各级管理层时刻保持联络。该部门更需要密切留意公司的商业及技术目标，以便向管理层提供有关安全政策、公司内部检查及意外报告与调查的指引；向设计工程师及其他人士提供专业安全资料及经验；给予管理层有关评估承包商安全成效的指引。安全部门员工的信息举足轻重，且为改善安全管理计划的一大关键。

(5)制定严谨而广为认同的安全标准。安全标准的相关内容可以包括工作程序、安全守则与规例，以及厂房管理水平。

(6)严格衡量安全绩效。根据伤害事故统计分析指标进行评价。

(7)实际可行的安全目标。安全目标尽量以数量显示，如以按照完成进度而制定或检查的指令、守则、程序或文件；召开安全委员会会议及其他安全会议的定期次数；进行各项检查或审查的定期次数；编排与安全有关设施的进度，及实行新程序的日期。

(8)有效的安全训练、管理运行及沟通。

3. 挪威国家石油公司的"零思维"管理模式

挪威国家石油公司是属于挪威国家所有的公司，现有员工18000人，拥有120名HSE专家，HSE部门是一个咨询机构，具有一定的独立性。在HSE管理方面，挪威国家石油公司采取"零"思维模式，即"零事故、零伤害、零损失"，并将其置于挪威国家石油公司企业文化的显著位置。"零事故、零伤害、零损失"的意思是：无伤害、无职业病、无废气排放、无火灾或气体泄漏、无财产损失。由以上事故造成的意外伤害和损失是完全不允许的。所有事故和伤害都是可以避免的，所以，公司不会给任何一个部门发生这些事故的"限额"或"预算"余地。

21世纪是安全科学管理得以深化，安全管理的作用和效果不断加强的时代。现代安全管理将逐步实现变传统的纵向单因素安全管理为现代的横向综合安全管理；变事故管理为现代的事件分析与隐患管理(变事后型为预防型)；变被动的安全管理对象为现代的安全管理动力；变静态安全管理为现代的安全动态管理；变过去只顾生产效益的安全辅助管理为现代的效益、环境、安全与卫生的综合效果的管理；变被动、辅助、滞后的安全管理程式为现代主动、本质、超前的安全管理程式；变外迫型安全指标管理为内激型的安全目标管理(变次要因素为核心事业)。预防型安全管理模式摒弃了传统的事后管理与处理的做法，采取积极的预防措施，根据管理学的原理，为用人单位建立了一个动态循环的管理过程框架。如OSHMS模式以危害辨识、风险评价和风险控制为动力，循环运行，建立起不断改善、持续进步的安全管理模式，通过这种模式可以将风险极大程度地降低。

三、国内外大型企业安全管理模式比较

1. 相同点

(1)OSHMS安全管理体系已成为国内外大型企业通用的安全健康管理体系，国内外体系的内容基本上是一致的。

(2)公司的最高领导层都非常重视安全管理。领导对安全管理的承诺已成为国内外企业的一个惯例，领导不仅是安全管理的第一领导者，而且是安全责任的第一责任人。

(3)全员管理。目前全员管理的思想已经深入人心，在大多数企业得到了实施并取得了不错的成绩。

(4)建立了完善的安全组织机构、安全责任制度及各种安全规章制度等。

(5)坚持风险评估与管理。

2. 不同点

(1)国外公司为了自身的长远发展目标，把安全管理放到公司工作的首要位置，项目建设或施工首先要考虑安全问题，而国内公司往往是口号重于实践。

(2)国内外公司虽都有完善的安全管理体系，但国外具体项目有详细的安全健康实施计划。如壳牌集团按照 HSE 管理体系应用指南建立了 HSE 管理体系大纲，共 101 个文件。具体项目有详细的 HSE 实施计划，使 HSE 管理体系落到实处。

(3)在安全教育方面，国外的培训学校有完备的教学设施。例如欧洲国家的培训学校都有配套的教学设施。消防培训中心可以模拟一般现场着火消防，井喷着火消防，油库着火消防。应急中心能模拟实际情况，培训学生处理实际问题的能力。在海上救生方面有救生艇和直升机的模拟训练。

(4)现代安全文化建设对人的安全素质具有更深刻的认识，即从知识、技能和意识等扩展到思想、观念、态度、品德、伦理、情感等更为基本的素质方面。安全文化建设要解决人的基本素质，这必然要对全社会和全民的参与提出要求。因此，现代安全文化建设需要大安全观的思想，国内企业需在此方面继续努力，不断提高全体员工的素质，真正做到全员安全管理。

(5)安全激励手段不同。国外安全激励方面多采用的是人性化的方法，对事故的追查并不针对个人，而国内就正好相反，事故发生后首先追查的是相关当事人的责任；同时安全奖励制度也不尽相同，国内企业主要采用安全生产的月考核与奖罚挂钩的办法，因此员工的积极性不是很高；而国外企业除了使用奖惩激励外，还使用群体激励、竞争激励、典型激励等多种激励方法，以提高员工的积极性。

未来的安全管理必将使用全面的系统的预防为主的观点，持续改进的管理方式，标准化和规范化的管理思想，并建立科学的、规范的和高效的安全管理模式。

第三节　职业健康安全管理体系

职业健康安全管理体系(occupational safety and health management system, OSHMS)是20 世纪 80 年代后期在国际上兴起的现代企业安全管理模式，是一套系统化、程序化，同时具有高度自我约束、自我完善机制的科学管理体系。

一、职业健康安全管理体系产生的背景

职业健康安全管理体系标准化的提出根本上是出于两方面的因素：第一，随着生产的发展，职业安全健康问题不断突出，人们在寻求有效的职业健康安全管理方法，期待有一个系统的、结构化的管理模式；第二，在世界经济贸易活动中，企业的活动、产品或服务中所涉及的职业安全健康问题受到普遍关注，需要统一的国际标准规范相关的职业安全健

康行为，特别是 ISO9000、ISO14000 标准在世界范围内的成功实施，促进了国际职业健康安全管理体系标准化的发展。

ISO9000 质量管理体系标准是由 ISO/TC176（国际标准化组织质量管理和质量保证标准化技术委员会）制定的。ISO14000 环境管理体系标准化是由 ISO/TC207（国际标准化组织环境管理标准化技术委员会）制定的。ISO/TC176 和 ISO/TC207 在制定各自的标准过程中，都涉及职业安全健康问题，两个标准化技术委员会都有意涉足职业健康安全管理体系标准化工作，但由于职业安全健康范围广并且复杂，远远超出两个技术委员会的工作范围。因而，在 ISO9000 和 ISO14000 标准中均没有包含职业安全健康的内容，在 ISO9000 和 ISO14000 标准颁布和成功实施后，世界范围内更为关注的是职业健康安全管理体系标准化进程。

世界各国早就认识到职业健康安全管理体系标准化是一种必然的发展趋势，并着手本国或本地区的职业健康安全管理体系标准化工作。世界上有许多国家制定了相应的职业健康安全管理体系标准。1996 年英国颁布了 BS8800《职业健康安全管理体系指南》国家标准；美国工业健康协会制定了关于《职业健康安全管理体系》的指导性文件；1997 年澳大利亚、新西兰提出了《职业健康安全管理体系原则、体系和支持技术通用指南》草案；日本工业安全健康协会提出了《职业健康安全管理体系导则》。1999 年，英国标准协会、挪威船级社等 13 个组织提出了职业安全健康评价系列标准，即 OSHAS18001《职业健康安全管理体系——规范》，OSHAS18002《职业安全卫生管理体系——OSHAS18001 实施指南》，这是第一个区域性的国际职业健康安全管理体系系列标准。2001 年，国际劳工组织（ILO）发布了《职业健康安全管理体系导则》，该导则是开展职业健康安全管理体系工作最基本的国际导则，使得职业健康安全管理体系的实施成为今后安全生产领域最主要的工作内容之一。OSHMS 与 ISO9000 和 ISO14000 等标准体系一并被称为"后工业化时代的管理方法"。

职业健康安全管理体系标准化也迅速被企业所采纳。例如，美国的很多企业现正在引进职业健康安全管理体系，其主要原因是在当初考虑引进时，企业往往担心成本上的问题，但是实际引进以后，企业感到该体系能够极大地提高企业自身的功能，因此，它逐渐地被企业接受和理解。

二、建立职业健康安全管理体系的必要性

1. WTO 安全经济一体化的要求成为推动职业健康安全管理发展的动力

随着经济全球化的迅速发展，要求建立规范的市场体制，贯彻实施职业健康安全管理体系，可以鼓励和保证产品在原材料、生产、成品、销售等环节对环境、人群和动植物均不造成损害，确保经济在公平、有序、健康的条件下竞争发展，并借此推动企业安全健康管理向系统化、科学化、规范化和可持续化的方向发展。

2. OSHMS 的建立可以规范企业的行为，使其自觉遵守安全法规和标准

通过 OSHMS 的建立可以规范企业的行为，使其自觉遵守安全法规和标准，改善员工的作业环境，关注员工的健康。体系管理强调企业要"明确作用、分配职责和责任、授予权力，并制定工作程序、原则，将活动和相关的资源作为过程进行管理，以获得期望的结

果"。这就促使企业制定、完善安全生产责任制和各项规章制度及标准，并在"公司、项目、班组"等各管理层级逐级落实，在各岗位工作中贯彻执行。

体系标准要求企业通过实施、加强职业健康安全教育和培训，确保管理体系中各过程所需人员能够明确各自岗位的职责，确保能力和资格满足需要，并在工作中严格按照法律法规、标准和企业制度的要求遵照执行。这就促使员工不断积累经验、在实践中强化技能，提高岗位能力，并增强安全意识和遵章守纪守法的自觉性。

3. 有利于全面提高企业的安全管理水平，树立企业形象

将组织的职业健康安全管理工作变被动为主动，变事后处理为事前预防。运用市场机制突破了职业健康安全管理仅靠政府强制要求的单一模式。可以说，职业健康安全管理体系工作的发展趋势将不再是政府要求做什么，而是市场要求做什么。此外，有利于企业领导安全责任制的落实，有助于建设"以人为本"的企业文化，有利于进一步提高职工自我保护的意识；通过认证机构的审核能为组织的职业健康安全管理体系带来增值服务，有利于组织持续改进职业安全健康绩效。职业安全卫生管理体系在运行控制工作中能够克服以往安全管理中的随意性、随机性和形式性，使企业管理活动达到"工作有目标，管理有流程，执行有规范，过程有痕迹，落实有监督"的规范水平，从而确保安全管理工作的完整性和持续改进。

三、OSHMS 的管理理论基础

OSHMS 系列标准，都采用了最早用于质量管理的戴明管理理论和运行模型。其运行模型按照 PDCA 循环的模式进行。

（一）PDCA 循环的内容（见图 3.3）

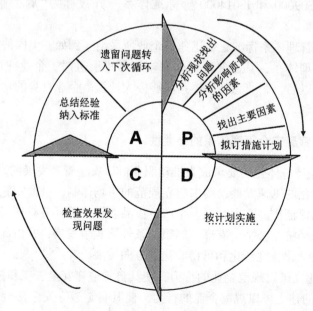

图 3.3　PDCA 循环的四个阶段八项活动示意图

（二）PDCA 循环的特点

1. 科学性

PDCA 循环符合管理过程的运转规律，是在准确可靠的数据资料基础上，采用数量统计方法，通过分析和处理工作过程中的问题而运转的。

2. 系统性

PDCA 循环过程中，大环套小环，环环紧扣，把前后各项工作紧密结合起来，形成一个系统。在质量保证体系以及 OSHMS 中，整个企业的管理构成一个大环，而各部门都有自己的控制循环，直至落实到生产班组及个人。上一级循环是下一级循环的根据，下一级循环是上一级循环的组成和保证。于是在管理体系中就出现了大环套小环、小环保大环、一环扣一环，都朝着管理的目标方向转动的情形，形成相互促进，共同提高的良性循环，如图 3.4 所示。

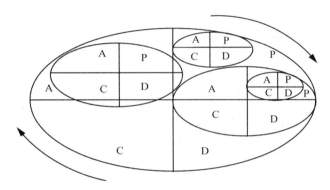

图 3.4　戴明管理模式不断循环的过程

3. 彻底性

PDCA 循环每转动一次，必须解决一定的问题，提高一步；遗留问题和新出现的问题下一次循环中解决，再转动一次，再提高一步，循环不断，提高不断（如图 3.5 所示）。

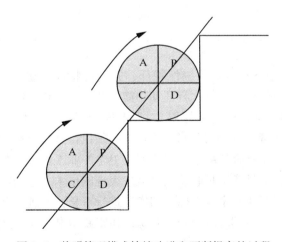

图 3.5　戴明管理模式持续改进和不断提高的过程

四、OSHMS 的基本内容与构成要素

在《职业健康安全管理体系要求》(GB/T 28001—2011)中，OSHMS 的基本内容主要由 6 个一级要素和 15 个二级要素构成，见表 3.1。

表 3.1　　　　　　　　　　　《职业健康安全管理体系要求》要素

一级要素	二级要素
4.1 一般要求	—
4.2 职业健康安全方针	—
4.3 策划	4.3.1 危险源辨识、风险评价和控制措施的确定
	4.3.2 法律法规和其他要求
	4.3.3 目标和方案
4.4 实施与运行	4.4.1 资源、作用、职责、责任和权限
	4.4.2 能力、培训和意识
	4.4.3 沟通、参与和协商
	4.4.4 文件
	4.4.5 文件控制
	4.4.6 运行控制
	4.4.7 应急准备和响应
4.5 检查	4.5.1 绩效监视和测量
	4.5.2 合规性评价
	4.5.3 事件调查、不符合、纠正措施和预防措施
	4.5.4 记录控制
	4.5.5 内部审核
4.6 管理评审	

OSHMS 模式具有如下特征：系统性特征、先进性特征、动态性特征、预防性特征、全过程控制特征、综合管理与一体化特征和功能特征。一个企业组织建立职业安全卫生管理体系的基本要求是：①管理层(领导层)对职业安全卫生要有明确和具体的承诺；②有正确的职业安全卫生政策，也要求下属和承包商必须执行这些政策；③明确职业安全卫生是各级管理层的责任；④有合格能干的职业安全卫生专业人员；⑤制定起点高且通俗易懂的职业安全卫生标准；⑥具备衡量职业安全卫生表现的技术；⑦制定现实可行的职业安全卫生指标和目标；⑧对职业安全卫生标准和实践进行审核；⑨进行有效的职业安全卫生培训和教育；⑩对人员伤亡和事件进行彻底调查和跟踪分析；⑪实行有效的奖励和交流工作。

OSHMS 标准的思想建立在戴明 PDCA 管理理论基础上，其运行程式按如下过程进行：方针、目标、计划(P)→职责、运行、实施(D)→监测、检查、审核(C)→评审、纠正、改进(A)。结合戴明管理理论的 OHSMS 运行模式可见图 3.6。

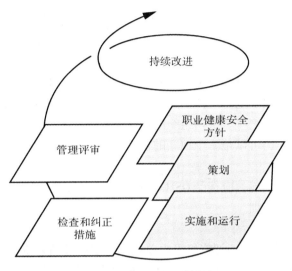

图 3.6　OSHMS 的运行思想

OSHMS 模式的思想是通过"要求要做好""承诺要做好""计划要做好""执行已做好""保证能做好""证明已做好"等过程，实现"想做好""真去做""已做好"等功能，最终达到消除或减轻安全卫生风险(生命与健康风险)的目标，见图 3.7。

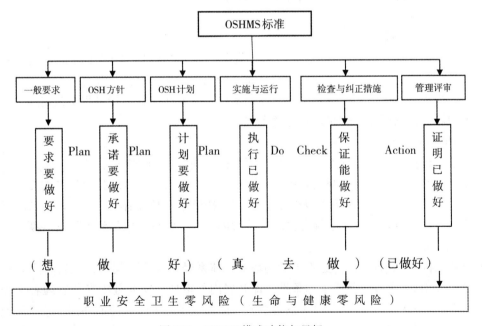

图 3.7　OSHMS 模式功能与目标

五、OSHMS 的建立

(一) OSHMS 的建立步骤

1. 领导决策

只有在最高管理者认识到建立 OSHMS 必要性的基础上，用人单位才有可能在其决策下开展这方面的工作。

2. 成立工作组

工作组的任务是负责筹备建立 OSHMS。成员来自单位内部各个部门，工作组的成员将成为组织今后职业健康安全管理体系运行的骨干力量，工作组组长最好是将来的管理者代表，或者是管理者代表之一。根据组织的规模、管理水平及人员素质，工作组的规模可大可小，可专职可兼职，可以是一个独立的机构，也可挂靠在某个部门。

3. 教育培训

工作组在开展工作之前，应接受 OSHMS 审核规范及相关知识的培训。OSHMS 组织内部审核员也要进行相应培训。

4. 初始状态评审

这是建立 OSHMS 的基础。评审组可由单位的员工或外请咨询人员构成，或是两者兼而有之。评审组应对单位过去和现在的职业安全卫生信息、状态进行收集、调查与分析，识别和获取现有的适用于组织的职业安全卫生法律、法规和其他要求，进行危险源辨识和风险评价。这些结果将作为建立和评审组织的职业安全健康方针，制定职业安全卫生目标和职业安全卫生管理方案，确定体系的优先项，以及编制体系文件和建立体系的基础。

5. 体系策划与设计

依据初始状态评审的结论，制定 OSH 方针、目标、方案，确定组织机构和职责，筹划各种运行程序。

6. 体系文件编制

编制体系文件是组织实施 OSHMS 审核规范，建立与保持 OSHMS 并保证其有效运行的重要基础工作，也是组织达到预定的职业安全卫生目标，评价与改进体系，实现持续改进和风险控制必不可少的依据和见证。体系文件还需要在体系运行过程中被定期、不定期地评审和修改，以保证它的完善和持续有效。

7. 体系试运行

体系试运行与正式运行无本质区别，都是按所建立的 OSHMS 手册、程序文件及作业规程等文件的要求，整体协调地运行。试运行的目的是要在实践中检验体系的充分性、适用性和有效性。组织应加强运作力度，并努力发挥体系本身具有的各项功能，及时发现问题，找出问题的根源，纠正不符合要求处并对体系给予修订，以尽快度过磨合期。

8. 内部审核

内部审核是 OSHMS 运行必不可少的环节。体系经过一段时间的试运行，用人单位具备了检验 OSHMS 审核规范要求的条件，即开展内部审核。职业健康安全管理者代表应亲自组织内审。内审员应经过专门知识的培训。如果需要，单位可聘请外部专家参与或主持审核。内审员在文件预审时，应重点关注和判断体系文件的完整性、符合性及一致性；在现场审核时，应重点关注体系功能的适用性和有效性，检查其是否按体系文件要求去运作。

9. 管理评审

最高管理者代表应收集各方面的信息供最高管理者评审。最高管理者应按计划的时间间隔，对组织的职业健康安全管理体系进行评审，以确保其持续适宜性、充分性和有效性。依据管理评审的结论，可以对是否需要调整、修改体系作出决定，也可以做出是否实施第三方认证的决定。

10. 模拟审核和认证准备

咨询委员会将组织模拟审核小组，按照认证机构的审核程序和要求对企业职业健康安全管理体系进行全面审核，尽可能找出体系中的问题，同时提出整改意见。根据模拟审核的结果，咨询委员会将协助企业做认证审核前期的有关工作，使认证审核能够顺利通过。

（二）OSHMS 的策划与准备

1. 制定职业健康安全方针

最高管理者应确定和批准本组织的职业健康安全方针，并确保职业健康安全方针在界定的职业健康安全管理体系范围内：①适合于组织职业健康安全风险的性质和规模；②包括防止人身伤害与健康损害和持续改进职业健康安全管理与职业健康安全绩效的承诺；③包括至少遵守与其职业健康安全危险源有关的适用法律法规要求及组织应遵守的其他要求的承诺；④为制定和评审职业健康安全目标提供框架；⑤形成文件，付诸实施，并予以保持；⑥传达到所有在组织控制下工作的人员，旨在使其认识到各自的职业健康安全义务；⑦可为相关方所获取；⑧定期评审，以确保其与组织保持相关和适宜。

方针的制定一定要遵循以下原则：即要体现企业特点和目标；具有针对性和可操作性；是动态的发展的；文字精练，易于理解。

2. 确定组织机构并明确职责

在 OSHMS 标准中，机构和职责条款明确规定，要明确组织内部全体人员的职业安全健康职责，形成文件并传达；要求管理者为职业健康安全管理体系的建立与保持提供必要资源；还特别强调在最高管理层任命一名管理者代表，并规定了其具有的职责与权限。在 OSHMS 的实际运行中，机构的合理可靠、职责的明确、资源的充分保障是体系运行的必要条件。

3. 制定职业健康安全目标

制定职业安全健康目标的依据：职业安全健康风险，技术与财务的可行性，运行与经营要求，相关方的观点。可行时，目标应可测量。目标应符合职业健康安全方针，包括对防止人身伤害与健康损害，符合适用法律法规要求与组织应遵守的其他要求，以及持续改进的承诺。组织应建立、实施和保持实现其目标的方案，方案应包括实现目标的技术措施，责任部门及责任人，实施目标的经费预算，实施目标的完成期限等。

4. 制订职业健康安全管理方案

在实施 OSHMS 之前，在做计划阶段，根据企业存在的问题，要制定好职业健康安全管理方案，以保证在实施阶段按照事先制订的方案内容来实施。

六、OSHMS 的实施和运行

在实施与运行过程中，明确机构和相应职责，实施管理方案，加强员工的培训和教育，加强沟通、参与和协商，将体系文件分发到位，严格执行程序文件的规定，建立、实施并保持程序，对职业健康安全绩效进行例行监视和测量，对体系运行过程中出现的问题进行控制，建立应急预案并及时响应。

七、OSHMS 的审核与认证

（一）审核的类型

1. 第一方审核

第一方审核是指由用人单位的成员或其他人员以用人单位的名义进行的审核。第一方审核准则主要是用人单位自身的职业健康安全管理体系文件，必要时包括第二方或第三方审核的要求。

2. 第二方审核

第二方审核是在某种合同要求的情况下，由与用人单位（受审核方）有某种利益关系的相关方或由其他人员以相关方的名义实施的审核。第二方审核可以采用一般的职业健康安全管理体系审核准则，也可以由合同方进行特殊规定。

3. 第三方审核

第三方审核是由与其无经济利益关系的第三方机构依据特定的审核准则，按规定的程序和方法对受审核方进行的审核。在第三方审核中，由第三方认证机构依据认可制度的要求实施的以认证为目的的审核被称为认证审核。认证审核旨在为受审核方提供符合性的客观证明和书面保证。

（二）OSHMS 认证

1. 认证的申请

符合体系认证基本条件的用人单位如果需要认证，则应以书面形式向认证机构提出申请，并向认证机构递交相关材料，包括：①认证的范围；②申请方同意遵守认证要求，提供审核所必要的信息；③申请方一般简况、安全情况简介；④申请方职业健康安全管理体系的运行情况；⑤申请方对拟认证体系所适用标准或其他引用文件的说明；⑥申请方职业健康安全管理体系文件。

2. 认证的受理

认证机构在接到申请认证单位的有效文件后，对其申请进行受理。在申请方具备条件后，认证机构就申请方提出的条件和要求进行评审，并签订合同。

申请受理的一般条件是：

（1）申请方具有法人资格，持有有关登记注册证明，具备二级或委托方法人资格也可；

（2）申请方应按职业健康安全管理体系标准建立文件化的职业健康安全管理体系；

（3）申请方的职业健康安全管理体系已按文件的要求有效运行，并至少已做过一次完整的内审及管理评审；

（4）申请方的职业健康安全管理体系有效运行，一般应将全部要素运行一遍，并至少有 3 个月的运行记录。

3. 审核的策划及审核准备

主要包括确定审核范围、指定审核组长并组成审核组、制订审核计划以及准备审核工作文件等工作内容。

4. 审核的实施

（1）第一阶段审核。①文件审核。文件审核的目的是了解受审核方的职业健康安全管理体系文件（主要是管理手册和程序文件）是否符合职业健康安全管理体系审核标准的要求，从而确定是否进行现场审核，同时通过文件审查，了解受审核方的职业健康安全管理体系运行情况，以便为现场审核做准备。②第一阶段现场审核。主要目的有三个：一是在文件审核的基础上，通过了解现场情况收集充分的信息，确认体系实施和运行的基本情况和存在的问题，并确定第二阶段现场审核的重点；二是确定进行第二阶段现场审核的可行性和条件，即通过第一阶段审核，审核组提出体系存在的问题，受审核方应按期进行整改，只有在整改完成后，方可进行第二阶段现场审核；三是现场对用人单位的管理权限、活动领域和限产区域等各个方面加以明确，以便确认前期双方商定的审核范围是否合理。

（2）第二阶段现场审核。主要目的，证实受审核方实施了其职业健康安全管理方针、目标，并遵守了体系的各项相应程序；证实受审核方的职业健康安全管理体系符合相应审核标准的要求，并能够实现其方针和目标，通过第二阶段现场审核，审核组要对受审核方的职业健康安全管理体系能否通过现场审核做出结论。

5. 纠正措施的跟踪与验证

现场审核的一个重要结果是发现受审核方的职业健康安全管理体系存在的不符合事项。对这些不符合项，受审核方应根据审核方的要求采取有效的纠正措施，制订纠正措施计划，并在规定时间加以实施和完成。审核方应对其纠正措施的落实和有效性进行跟踪验证。

6. 证后监督与复评

证后监督包括监督审核和管理，对监督审核和管理过程中发现的问题应及时处理，并在特殊情况下组织临时性监督审核。获证单位认证书有效期为 3 年，有效期届满时，可通过复评，获得再次认证。

练习与案例

一、练习

（一）单选题

1. 下列说法错误的是（　　　）。

    A. OSHMS 是一种系统化的管理方式

    B. OSHMS 遵循了 PDCA 的思想并与 ILO-OSH2001 导则相近似

    C. 职业安全健康方针的目的是要求生产经营单位为 OSHMS 其他要素正确、有效地

实施与运行而确立和完善组织保障基础

D. 生产经营单位与最高管理者应对保护企业员工的安全与健康负全面责任

2. 下列关于 OSHMS 认证申请受理的一般条件错误的是( )。

A. 申请方具有法人资格,持有有关登记注册证明,具备二级或委托方法人资格也可

B. 申请方应按 OSHMS 标准建立文件化的 OSHMS

C. 申请方的 OSHMS 已按文件的要求有效运行,并至少已经做过一次完整的内审及管理评审

D. 申请方的 OSHMS 有效运行,一般应将全部要素运行一遍,并至少有 2 个月的运行记录

3. 由用人单位的成员或其他人员以用人单位的名义进行的审核称为( )。

A. 第一方审核　　　B. 第二方审核　C. 第三方审核　　　　D. 第四方审核

(二) 多选题

1. 生产经营单位在制定、实施与评审职业安全健康方针时应充分考虑( )等因素。

A. 所适用职业安全健康法律法规与其他要求

B. 企业自身整体的经营方针和目标

C. 企业规模和其所具备资质活动及其所带来风险的特点

D. 企业过去及现在的职业安全健康绩效

2. 职业安全健康计划与实施的内容与要求包括( )。

A. 初始评审　　　　B. 目标　　　　　C. 管理方案

D. 运行控制　　　　E. 管理评审

3. 职业健康安全管理体系认证的申请及受理包括( )。

A. 职业健康安全管理体系认证的申请

B. 职业健康安全管理体系认证的受理

C. 职业健康安全管理体系认证的合同评审

D. 确定审核范围

E. 编制审核工作文件

4. 职业健康安全管理体系认证的实施程序包括( )。

A. 认证申请及受理　　B. 体系试运行　　　C. 审核策划及审核准备

D. 审核的实施　　　　E. 纠正措施的跟踪与验证

5. OSHMS 初始评审的主要内容为( )。

A. 根据职业安全健康法律、法规和其他要求,对其适用性及遵守的内容进行确认并对遵守情况进行调查和评价

B. 对现有的或计划的作业进行危害辨识和风险评价

C. 确定现有措施或计划采取的措施是否能够消除危害或控制风险

D. 分析以往企业安全事故情况以及员工健康监护数据等相关资料

E. 监测职业健康安全管理方案的各项计划及运行控制中各项运行标准的实施与符合情况

二、案例

某合资汽车有限公司员工满意度提升

某合资汽车有限公司，公司成立于 2005 年 7 月 20 日，现生产能力 50 万辆/年，生产的车型有四款，现有员工近 5000 人，管理者以日方为主，生产一线员工以中方为主，2011 年来公司都保持着快速发展的良好势头，但与此同时，员工的满意度却始终不高。具体发生的事件有：生产一线员工在洗手间书写各种不满情绪的口号和标语；少数员工在生产过程中磕碰车身产生品质异常；管理者与员工之间由于沟通不畅产生误解而发生激烈的口角冲突；员工加班延点身心疲惫向工会申诉不满。员工离职率从 2012 年的 3.7% 上升到 2013 年的 7.6%，员工对公司的基本满意度为 60.3%，而与同行业比较，优秀企业的员工满意度达 75%；比较稳定的企业，辞职率一般控制在 5% 以内。

在影响员工满意度的因素中，主要包括工资收入、事业发展、工作环境和生活条件四个方面。工资收入方面主要有：工资收入水平、工资发放及时程度、半年奖与年终奖的发放情况、其他工资收入等四个方面；事业发展方面主要有：职位晋升、学习培训等两个方面；工作环境方面主要有：劳动保障、工作压力、沟通交流等三个方面；生活条件方面主要有：居住条件、文体活动两个方面。和谐的劳动关系能充分调动员工的工作积极性，对稳定队伍、提高品质、提升企业形象等均有好处。假如你是人力资源部的工作人员，试利用 PDCA 循环方法来分析如何提升员工的满意度。

第四章　职业安全与卫生法律法规

◎ **学习目标：**

　　了解职业安全卫生法的含义，国内外职业安全卫生立法概况，职业安全卫生立法趋势。掌握具有代表性的职业安全与卫生法规的内容，熟悉其他与职业安全与卫生有关的法律法规。了解当前劳动者在职业病维权中存在的主要问题，运用安全生产相关法规进行事故案例分析。

第一节　职业安全与卫生法规概述

　　根据辩证唯物主义和历史唯物主义的观点，法律不是从来就有的，也不是永远存在的。原始社会没有法律，调整人们之间关系的规范是氏族习惯，这种习惯是全体氏族成员靠长期的共同劳动逐渐形成的。它主要靠全体氏族成员的自觉遵守以及首领的威望来执行，并没有专门的执行机关。随着经济的发展，人们生产出的产品除了满足自己需要以外还有剩余，这样产生了交换的必要，产生了社会大分工，战俘不再被杀死，而是被作为奴隶，氏族贫民则也逐渐沦为奴隶，这便是最初的奴隶。氏族首领则利用自己的威望、权力和地位，占有更多的财富，这便是最初的奴隶主，这样阶级对抗便出现。奴隶主要剥削奴隶，而奴隶则要反抗这种剥削，这种矛盾是不可调和的。在这种情况下，原来的氏族成员间的平等关系已不复存在，而代之以被剥削、被压迫与剥削、压迫的关系。原来的氏族习惯已无法调整这种关系，这时国家出现，调整人们之间新的关系的法律规范也就出现了。我国史书曾有记载"夏有乱政，而作禹刑"。法律的产生开始是以习惯的形式出现的，后来逐渐发展成为文字的形式。从开始诸法合体，到目前的各法律部门详细的划分，也经历了漫长的时间。

　　根据国际劳工组织(ILO)的统计，全世界每年工人发生的事故达到2.5亿起，工作中至少造成33.5万人死亡。据统计，70%以上的重大事故发生与人的安全意识不强和行为失误有关，因此，强化和完善安全立法和安全科学管理是保障安全生产永恒的主题。

一、职业安全与卫生法规的含义

　　职业安全与卫生法规有广义和狭义两种解释，广义的职业安全与卫生法规是指我国保护劳动者和保障生产资料及财产的全部法律规范。因为，这些法律规范都是为了保护国家利益和劳动人民的利益而制定的。如有关安全技术、安全工程、劳动合同、工伤保险、职业技术培训、工会组织和民主管理等方面的法规。

狭义的职业安全与卫生法规是指有关国家为了改善劳动条件，保护劳动者在生产过程中的安全和健康，以及保障生产安全所采取的各种措施的法律规范。如劳动安全卫生规程；对女工和未成年工安全生产的特别规定；关于工作时间、休息时间和休假制度的规定；关于安全生产的组织和管理制度的规定，等等。安全生产法规的表现形式是国家制定的关于安全生产的各种规范性文件，它可以表现为享有国家立法权的机关制定的法律，也可以表现为国务院及其所属的部、委员会发布的行政法规、决定、命令、指示、规章以及地方性法规等，还可以表现为各种安全卫生技术规程、规范和标准。

职业安全与卫生法规是党和国家的安全生产方针政策的集中表现，是上升为国家意志的一种行为准则。它以法律的形式规定人们在生产过程中的行为规则，规定什么是合法的，可以去做，什么是非法的，禁止去做；在什么情况下必须怎样做，不应该怎样做，等等，用国家强制力来维护企业安全生产的正常秩序。因此，有了各种职业安全与卫生法规，就可以使安全生产工作做到有法可依、有章可循。谁违反了这些法规，无论是单位或个人，都要负法律上的责任。

二、国内外职业安全卫生法规的立法概况

（一）职业安全卫生法规的起源

从中世纪起，人类生产从畜牧农耕业向使用机械工具的矿业转移，从此开始发生人为事故。随着工业社会的不断发展，生产技术规模和速度不断扩大，矿山塌陷、瓦斯爆炸、锅炉爆炸、机械伤害等工业事故不断恶化。在早先安全技术比较落后的状况下，人们想到的是从立法的角度来控制日益严重的工业事故。

人类最早的劳动安全立法，可追溯到13世纪德国政府颁布的《矿工保护法》，1802年英国政府制定了《保护学徒的身心健康法》。这些法规都是为劳动保护而设，制定了学徒的劳动时间，矿工的劳动保护，工厂的室温、照明、通风换气等工业卫生标准。接着在1833年，英国颁布了《工厂法》，该法对工人的劳动安全、卫生和福利做了规定，使英国成为世界上"工厂立法"的先驱。19世纪中叶以后，一些主要资本主义国家继英国之后，进入了"工厂立法"的行列。美国的职业安全卫生立法最初是从州级开始的，当时美国由于3年内战，工厂里一片混乱，劳动条件极为恶劣，令人悚然的伤亡事故时有发生，1877年马萨诸塞州颁布了美国的第一个《工厂检查法》，该法的颁布大大地推动了其他各州安全生产法规的制定工作。

从总体上看，从18世纪中叶到19世纪末期基本上属于"工厂立法"时期。只是这一时期的工厂立法，其效力范围有限，这些法律有的只适用于一两个或几个经济部门，有的只适用于某些种类的工人，有的只适用于某些地区，还有大量的劳动者未受到这类法律的保护。此外，对这些法律的执行，缺乏有力的监督措施及必要的惩罚手段。

针对世界范围的安全立法，人类进入20世纪才迈出了步伐，这就是1919年第一届国际劳工大会制定的有关工时、妇女、儿童劳动保护的一系列国际公约。从1919年国际劳工组织成立到1999年，ILO共通过182个公约，其中有半数以上是与职业安全卫生有关的，这些立法极大地维护了劳动者的利益。英国、德国、美国等工业发达国家是劳动安全立法最早和最为完善的国度。除此，很多国家的安全立法一般起步于20世纪，包括日本这样的发达国家，1915 年才正式实施工厂法，比英国晚了近百年。从 20 世纪初期到 20 世纪 70 年代，传统工业正逐渐发展成现代工业，不少国家鉴于这种形势，不断修改原来的工厂法等单项法规，以适应工业生产的发展，然而，仅适用于某一特定范围内的单项法规尽管做了修改，也难以适应形势的需要。这就是 20 世纪 70 年代以来各国相继制定和颁布职业安全卫生法的原因。

20 世纪 70 年代开始，为了改变以往安全生产立法范围过于狭窄，不适应对职工工作条件和环境保护的需要的状况，各国相继制定和颁布了职业安全卫生法。例如，在美国，1968 年 1 月，约翰逊总统提出制定一个统一的、综合的、全面的职业安全和卫生计划，包括立法工作。到了 1970 年，工伤事故和职业性危害日益严重，尤其是铀矿工人的悲惨遭遇震撼了全国各界。在这种严峻的事实面前，国会经激烈的论辩后，终于通过了全美统一的《职业安全卫生法》，于 1970 年 12 月 29 日由尼克松总统签署后生效。这样，改变了过去只由各州去制定安全卫生法规的局面，从而加强了国家对各州的职业安全卫生工作的领导和管理。

日本在第二次世界大战后，制定和颁布了《劳动基准法》，把劳动安全卫生法规作为其中的一章。但随着日本经济的迅速恢复和发展，已经生效的劳动安全卫生法规逐渐显得不适应工业界和劳动者的要求。1972 年 6 月 8 日日本又颁布了《劳动安全卫生法》。英国于 1974 年 10 月 1 日、1975 年 1 月 1 日、1975 年 4 月 1 日分 3 批颁布了《劳动安全卫生法》的全部条款。这项立法虽然比美国、日本晚了几年，但是这一法规是当时最全面、最严谨的，成为不少国家借鉴的蓝本。

继上述国家之后，1974 年 12 月 1 日联邦德国颁布了《职业安全法》，1978 年加拿大颁布了《职业卫生与安全法》，1979 年芬兰颁布了新的《职业卫生法》，另外墨西哥（1978 年）、玻利维亚和委内瑞拉（1979 年）也颁布了《安全卫生法》。这一时期可称为安全卫生立法黄金时期。资本主义国家颁布的职业安全卫生法是关于职业安全与卫生问题的基本大法，又多是授权法，即这些法规大多授权有关大臣、部长或机构可根据需要制定从属性法规，例如条例、规程等，无须再经国会审议等繁杂立法手续。这样可以加速立法进程，及时发挥法律作用，解决存在的问题。现在英、美等国已根据职业安全卫生的要求制定了不少条例，形成了较为完整的安全卫生法规体系。

经过 20 世纪 70 年代大规模的安全卫生立法时期之后，各国随着社会、经济、生产的不断发展，又在安全卫生法基础上进行了不少的重新修订或局部条款修改的立法活动。1981 年，韩国颁行《工业安全卫生法》。同年，国际劳工组织根据世界范围的实践，颁布了具有国际法效力的《职业安全和卫生及工作环境公约》（国际劳工组织公约第 155 号），意味着安全生产的这一制度体系为全世界所接受。2006 年，我国全国人大正式批准加入该国际公约。

（二）我国职业安全卫生立法概况

中国最早的劳动安全相关法规，是 1922 年 5 月 1 日在广州召开的第一次劳动大会上提出的《劳动法大纲》，其主要内容是要求资本家合理地规定工时、工资及劳动保护等。真正体现我国劳动人民意志的安全生产法规，是在中华人民共和国成立后才产生的，并随着安全工作的发展而不断完善。

中华人民共和国成立之后，我国的安全立法经过了有代表性的三个阶段：第一个阶段是 20 世纪 50 年代以三大规程为代表的时期，即《工厂安全卫生规程》《建筑安装工程安全技术规程》《工人职员伤亡事故报告规程》，它们对企业的安全和劳动保护工作提出了基本的法律要求，这一时期是我国安全立法成绩较大，安全工作发展较好的时期，当时制定的许多法规至今仍然在执行。第二个阶段是 20 世纪 90 年代以《中华人民共和国劳动法》（1995 年）及《中华人民共和国矿山安全法》（1993 年）为代表的时期。第三个阶段是 21 世纪以后以《中华人民共和国安全生产法》（2002 年）为代表的时期。该法于 2002 年 6 月 29 日经第九届全国人大常委会第二十八次会议通过，自 2002 年 11 月 1 日起施行，这是我国安全生产法制的重要里程碑。

我国劳动安全相关法律规范从中华人民共和国成立起至今已初步形成了多层次、全方位、内容丰富的法律体系，尤其从 2005 年起至今的十多年间，劳动安全相关立法、修法工作进入了快车道，并逐步与国际接轨。国际劳工组织公约第 155 号首次提出了构建"政府、雇主、工人"三方共管职业安全的制度体系。这项公约在我国的生效，对保护劳动者的人身安全和健康，促进安全生产和职业卫生方面的立法和执法工作起到了积极的推动作用。仅从 2005—2015 这十年来全国人大、国务院、国家安全生产监督管理总局等所颁布或修订的与劳动安全卫生相关的法律法规来看，就多达上百项。但从当前我国劳动安全事故和职业病防治实际情况来看，距第 155 号公约期望的"把工作环境中内在的危险因素减少到最低限度，以预防来源于工作、与工作有关或在工作过程中发生的事故和对健康的危害"的目标仍有较大距离。

从 2005 年至 2015 年十年间我国修订的立法包括《劳动合同法》《工伤保险条例》《职业病防治法》以及《中华人民共和国安全生产法》等十余项，如表 4.1 所示。

表 4.1　　　　　　　　中国相关立法及法律修订情况（2005—2015 年）

序号	法律名称	颁布或修订时间
1	中华人民共和国易制毒化学品管理条例	2005 年 8 月 17 日通过，自 2005 年 11 月 1 日起施行 2014 年 7 月 9 日通过，自 2014 年 7 月 29 日起施行
2	中华人民共和国刑法修正案（六）	2006 年 6 月 29 日颁布并实施
3	中华人民共和国劳动合同法	2007 年 6 月 29 日通过，自 2008 年 1 月 1 日起施行
4	中华人民共和国突发事件应对法	2007 年 8 月 30 日通过，自 2007 年 11 月 1 日起施行
5	生产安全事故应急预案管理办法	2009 年 3 月 20 日通过，自 2009 年 5 月 1 日起施行
6	中华人民共和国消防法	1998 年 4 月 29 日通过，2008 年 10 月 28 日修订，自 2009 年 5 月 1 日起施行
7	中华人民共和国工伤保险条例	2003 年 4 月 27 日通过，2004 年 1 月 1 日起施行 2010 年 12 月 8 日修订，自 2011 年 1 月 1 日起施行

续表

序号	法律名称	颁布或修订时间
8	中华人民共和国煤炭法	1996 年 8 月 29 日通过，2009 年 8 月 27 日第一次修正，2011 年 4 月 22 日第二次修正，2011 年 7 月 1 日施行
9	中华人民共和国职业病防治法	2001 年 10 月 27 日通过，自 2002 年 5 月 1 日起施行 2011 年 12 月 31 日修订通过并实施
10	中华人民共和国安全生产许可证条例	2004 年 1 月 7 日通过，自 2004 年 1 月 13 日起施行 2014 年 7 月 9 日通过修订，自 2014 年 7 月 29 日起施行
11	中华人民共和国安全生产法	2002 年 6 月 29 日通过，自 2002 年 11 月 1 日起施行 2014 年 8 月 31 日通过修订，2014 年 12 月 1 日施行
12	中华人民共和国道路交通安全法	2003 年 10 月 28 日通过，2007 年 12 月 29 日第一次修正，2011 年 4 月 22 日第二次修正，2011 年 5 月 1 日起施行

但是，在立法层面，我国至今没有一部专项法律来保护劳动者劳动安全卫生权益；在司法实务中，近十年常出现典型案例推动相关法律发展的情况，可谓案件倒逼劳动安全立法或修法，暴露了我国劳动安全法律发展滞后于社会经济发展现实需求的弊端，尤其是在劳动合同法和职业病防治法的颁布、修订中表现更突出。

首先，山西"黑砖窑"案件催生《劳动合同法》。早在《劳动合同法》起草阶段的 2005 年，《山西日报》就报道了黑砖窑强迫农民工劳动的案件，随后在山西省内部多起个案不断被披露。至 2007 年，随着河南电视台都市频道追踪失踪儿童采访的深入，"黑砖窑"事件在 6 月份集中曝光并引起了全国关注。此时恰逢《劳动合同法》草案审议，央视一篇名为《劳动合同法诞生记——黑砖窑案助其全票通过》的报道，充分说明了该事件对劳动合同法的全票通过起到了极大的助推作用。

其次，《职业病防治法》修订——职业病认定程序的变化。2009 年 9 月张××"开胸验肺"事件的发生，将我国职业病防治制度存在的问题和弊端充分暴露于世人面前。事件发生后，《检察日报》评论认为，《职业病防治法》和《职业病诊断与鉴定管理办法》是张××悲剧产生的直接原因。因为 2001 年《职业病防治法》第四十八条规定"职业病诊断、鉴定需要用人单位提供有关职业卫生和健康监护等资料时，用人单位应当如实提供"，但张××维权期间，正是此条将他挡在了职业病鉴定的大门外。张××本人认为："最应该修改的就是到指定的职业病诊断机构要由企业出具相关证明材料这一条，还有就是指定的有资质诊断机构，不能只指定一家，不要成了独门生意，要多找几家有资质的合法的单位，这样能保证客观。"劳动法专家董保华教授认为职业病诊断与鉴定体制存在三个主要问题：一是自证其责；二是职业病防治所既是衙门又是医院，是一个垄断的诊疗机构；三是体内循环，即职业病诊断、鉴定、管理和执法是一种体制内部的循环系统。这三大问题在 2011 年《职业病防治法》修订中，"自证其责"问题有所改进。2011 年该法第 48 条、49 条和 50 条规定，用人单位若拒绝自证其责，将承担不利的法律后果。第 47 条第三款规定："没有证据否定职业病危害因素与病人临床表现之间的必然联系的，应当诊断为职业病。"但针对"垄断机构"和"体内循环"问题的修订力度不大。

三、职业安全卫生立法趋势

当前,安全立法从孤立走向整体,从分散发展为体系,具体有如下发展趋势:

(1)立法的目标体系更趋明确:劳动安全目标,不仅包含防止生产过程的死伤,还包括避免劳动过程的危害以及财产的损失。因此,劳动安全法规就形成了以控制伤亡事故为目标的法规。

(2)立法的行业体系范围扩大:针对不同行业的生产特点,世界各国建立了自己不同的行业安全法规。如《矿山安全法》《建筑安全法》《交通安全法》。

(3)立法的层次体系更为清晰:已建立了最为广泛的国际通用法规(ISO 标准、ILO 法规)、各国的国家安全法规、地区安全法规等。例如,我国职业安全卫生法规体系就体现了层次比较清晰的特点,如图 4.1 所示。

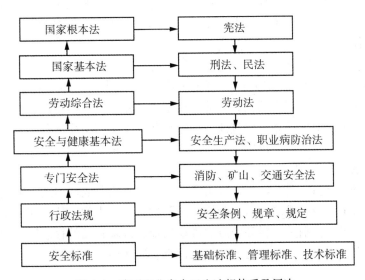

图 4.1 我国职业安全卫生法规体系及层次

(4)立法的功能体系更加健全:有建议性法规(ISO 标准)和强制性法规(一般各国制定的国内安全法规都属于此类)。

(5)立法的任务突出预防,体现出超前性和预防性。

第二节 国内外主要的职业安全与卫生法规简介

一、ILO 职业安全卫生标准体系

ILO(international labour organization,ILO)以公约和建议书的形式制定标准,目前涉及结社自由、劳资谈判和职业安全卫生等 24 个主题。职业安全卫生一直是 ILO 关注的主要

方面之一，职业安全卫生标准除了主要集中在"职业安全卫生"主题外，还分布在劳动监察、海员和码头工人等主题中。

目前 ILO 颁布了 189 项公约和 204 项建议书，其中，职业安全卫生公约 22 项，建议书 27 项，这些标准覆盖了安全风险和职业危害较大的设备和物资的措施要求和实施建议，对于预防重大安全事故和职业病事故起到了一定的指导作用，已经形成了完善的职业安全卫生标准体系。按照标准属性、适用对象和范围，标准体系被分成通用要求、特定风险和事故、特定行业领域、监察 4 个一级要素，每个一级要素下面包括若干二级要素或三级要素。

(一)通用要求

本部分是各行业领域遵循的职业安全卫生要求，主要包括以下几方面内容：

1. 职业安全卫生要求

《职业安全和卫生公约》(第 155 号) 及建议书(第 164 号)规定，在合理可行的范围内，对于所有工作物资要素，如工作场所、工作环境、机器和设备、工具、物资等采取措施，预防安全事故和健康危害，并明确了国家、雇主组织和员工组织三方职业安全卫生方面的权利、责任和义务。

2. 促进职业安全卫生要求

《促进职业安全与卫生框架公约》(第 187 号)及建议书(第 197 号)规定，建立包括法规、组织机构和工作机制在内的国家职业安全卫生体系，制订、实施、监测、评估并定期审查国家职业安全与卫生计划，促进建立国家预防性安全与卫生文化，使政府、雇主和工人积极参与安全卫生事务，促进安全卫生工作的持续改进。

3. 作业场所卫生防护

《保护工人健康建议书》(第 97 号)明确了工人健康免受危害的技术措施。政府制定政策，要求采取防止、减少或消除对健康构成威胁的各种伤害的方法。雇主采取一切适当措施使一般工作场所，特别是废料和残渣的堆积场地、危险物品的存放区域等存在特殊危害的场所达到规定的要求。同时，对职业健康检查、职业病报告、紧急处理和急救等事宜做出规定。

4. 职业卫生服务

《职业卫生服务公约》(第 161 号)及建议书(第 171 号)要求政府采取措施逐步向所有工人提供职业卫生服务，并根据接触的风险设定服务内容。职业卫生服务机构可以由企业组建，也可以由政府授权的机构独办或合办，需配备相当数量的，经过专业训练，具备职业医学、职业卫生、人类工效学、职业卫生护理等相关领域工作经验的技术人员和行政管理人员。职业卫生服务机构服务范围包括识别、评价工作场所职业健康风险，监测作业场所危害因素，对工人职业健康进行监护，参与职业康复，组织急救和应急治疗，参与职业事故和职业病的分析，对作业计划和劳动组织提出建议，参与改善操作规程，参与测试与评估新设备的职业健康影响，向工人提供职业健康建议和咨询。

5. 职业病目录

《职业病名单建议书》(第 194 号)规定，职业病目录分为 4 大类、8 个中类和 70 个小类。第一大类为各种因素引起的疾病，包括化学因素引起的疾病、物理因素导致的疾病和由生物因素引发的疾病 3 个中类；第二大类为目标器官系统疾病，包括呼吸系统职业病、职业性皮肤病、职业性肌肉骨骼系统疾病 3 个中类；第三大类为职业性肿瘤，包括导致肿瘤的因素 1 个中类；第四大类为其他职业病，包括矿工的眼球震颤 1 个中类。

6. 职业安全卫生统计

《劳动统计公约》(第 160 号)及建议书(第 170 号)规定，对职业伤害和职业病进行数据统计，每年汇编 1 次，建议按照经济活动领域部门、员工的重要特征(如性别、年龄、职业或工龄)和企业的重要特征进行统计，整体反映全国的年度职业安全卫生状况。

(二)特定风险和事故

针对油漆中的白铅、电离辐射和苯等影响健康的职业危害因素，提出控制和防护要求。对于职业癌和重大工业事故，提出预防措施，具体内容为：

1. 对于添加白铅的油漆使用

《(油漆)白铅公约》(第 13 号)规定，禁止雇佣十八岁以下男性和所有女性从事使用白铅、硫酸铅或其他含有这些颜料的产品的工业性油漆工作。对于使用白铅、硫酸铅或其他含有这些颜料的产品的工作，根据 ILO 设定的预防喷涂油漆危害、预防干擦和干刮粉尘危害、提供冲洗设备等 9 项原则控制其使用。

2. 化学品使用安全

《化学品公约》(第 170 号)及建议书(第 177 号)规定，对化学品进行分类、评价其危害性、加贴标签并加以标示，对于有害化学品编制安全使用说明书。界定了供货人、雇主的责任以及工人的权利和义务。化学品转移到其他容器、人员接触、操作、处置化学品应制定安全措施。对工人进行化学品安全卫生相应培训。

3. 电离辐射防护

《辐射防护公约》(第 115 号)及建议书(第 114 号)规定，十六岁以下工人不得从事涉及电离辐射的工作，对各类工人确定电离辐射的最大容许量，直接从事辐射工作的工人应进行上岗体检和在岗期间的定期体检。

4. 对于搬运的最大负重量

《最大负重量公约》(第 127 号)及建议书(第 126 号)规定，不得要求工人从事重量有可能危害其健康或安全的人力负重运输。搬运前，应培训人力负重运输的方法，并进行上岗前体检，成年男性人力运输负重量超过 55 公斤时应采取措施降低负重，女性和年轻工人最大负重应明显小于 55 公斤。

5. 防苯中毒

《苯公约》(第 136 号)及建议书(第 144 号)规定，禁止将苯和苯产品用作溶剂和稀释剂。对于暴露于苯和含苯产品的工人应采用职业卫生措施和技术措施进行有效保护，最高限值百万分之二十五(80mg/m³)。对于超过最高限值的作业场所工人应提供个人防护用品。明确使用苯或苯产品的防控措施的优先顺序，首先采用在密封系统中进行，其次安装有效设备清除苯蒸气，最后配备个人防护用品。对于从事苯或苯产品作业的工人进行上岗前健康体检和在岗期间的定期体检，体检包含但不仅限于验血项目，由政府批准的合格医生负责。

6. 防止空气污染、噪声和振动危害

《工作环境(空气污染、噪音和振动)公约》(第148号)及建议书(第156号)要求,确定空气污染、噪声和振动引起的危害及暴露限值。采取措施于上述危害或将其控制在危害限值内,否则配备个人防护用品。对于暴露在危害环境中的工人,进行上岗前健康检查和在岗期间的健康检查。向接触危害的人员提供危害信息或预防、控制措施。防止空气污染、噪声和振动危害的措施由政府与雇主组织、工人组织协商落实。

7. 安全使用石棉

《石棉公约》(第162号)及建议书(第172号)要求,使用无害或危害较小的材料替代石棉,确定接触石棉的工种,在盛装石棉的容器上加贴标签,明确接触石棉的限值。在石棉工作场所,采取措施防止石棉粉尘飘散或控制在限值内,若超过限值,应为工人提供个人防护用品。对于拆毁含有石棉的设施或装置,应制订拆毁方案,保护工人免遭伤害。处理石棉废弃物应采用不危害或影响健康的方式。监测工作场所石棉粉尘浓度,对于正在或曾经接触石棉的工人应进行健康体检。向工人提供有关石棉危害及预防和控制措施的培训。

8. 船员舱室和工作岗位噪声防护

《船员舱室(防止噪音)建议书》(第141号)规定,使海员了解高频率噪声的危害,以及如何使用防止噪声的器材。采取以下措施减少噪音:舱室、食堂、休息室等尽可能远离主机、锅炉房、操舵室等噪音设备;舱壁、天花板和甲板使用隔音和吸音材料;安装自动门。采取以下措施防止机舱等噪声:配置具有隔音功能的中心控制室,将机修间隔离,减少机器运转噪音。

9. 机器防护

《机器防护公约》(第119号)及建议书(第118号)规定,对于下列危险部件应予设计、隐蔽或防护:螺钉、止动螺栓、键销、机器活动部分的突出部件。对于下列危险部件应予设计或防护:飞轮、转动装置、锥形和柱形摩擦传动轴、凸轮、滑轮、皮带、链条、小齿轮、蜗杆传动装置、曲柄臂及滑车、轴承及其他传动机器。危险部件无防护的机器禁止销售、租赁、转让、使用和展出。雇主应提供一种环境保障条件使工人操作机器时不受到伤害,并使工人了解机器使用中可能的危险及应采取的措施。工人不得使用已提供的防护装置未安装到位的机器,也不得使防护装置失效。

10. 预防和控制职业癌

《职业癌公约》(第139号)及建议书(第148号)规定,致癌物质和制剂应定期确认,尽量使用无或较少致癌物质或制剂代替致癌物质或制剂,采取措施保护工人免遭暴露在致癌物质或制剂的危险中,不能免于暴露时应减少人数、暴露时间和暴露程度,向已经、正在或可能暴露在致癌物质或制剂的工人提供危险和措施信息,在工人工作期间以及离岗时为其进行健康体检。

11. 预防重大工业事故

《预防重大工业事故公约》(第174号)及建议书(第181号)规定,针对重大危害设施,明确政府、雇主和工人三方责任,预防危害物质造成的重大事故。明确危害物质及其类别和临界量。政府职责:编制场外应急计划,并散发给受影响的公众;确定重大危害设施的选址，指派具有专业知识和技能的人员对重大危害设施进行监察、调查、评估和咨询。雇主职责：识别重大危害设施，进行危害识别和风险评估，制定技术措施、组织措施和应急计划，编制重大危害设施安全报告并及时更新，重大事故发生后应提交详细报告。工人职责：熟知重大危害设施的危害及可能后果、应急措施。

12. 防止海员职业事故

《(海员)防止事故建议书》(第142号)要求，政府对事故进行调查并提出报告，对事故进行详细统计和分析。明确防止事故的具体措施，并由政府进行监管监察。指定船员专门负责事故预防工作。政府、雇主和海员共同制订防止事故计划，成立船东组织和海员组织参加的特别工作小组。

(三)特殊行业领域

针对某些行业、领域以及作业场所的特殊性，ILO制定了职业安全卫生标准，主要包括以下几方面内容：

1. 建筑业职业安全卫生

《建筑业安全和卫生公约》(第167号)及建议书(第175号)规定，采取措施保证雇主和工人之间的合作，以促进建筑工地的安全和卫生。明确主承包方、雇主和工人各方的权利和义务。为确保工作场所的安全，要求对以下重要设备设施、危险物质和作业规定预控措施：脚手架、起重机械和升降附属装置、土方和材料搬运设备、竖井、土方工程、地下工程或隧道、利用压缩空气的工作、打桩、水上作业、危险气体、火灾预防和急救等。针对照明、电、炸药的贮存、搬运、装卸和使用等提出了安全要求。对于个人防护用具和防护服配备作出规定。

2. 矿山职业安全卫生

《矿山安全和卫生公约》(第176号)及建议书(第183号)规定，矿山炸药和引火装置的制造、贮存、运输和使用，应由合格并经授权的人员进行。矿山应提供矿山救护、急救和医疗设备，以及井下工人自救呼吸装置。采取措施保证废弃矿场安全，对采矿过程中使用的有害材料和产生的废物的贮存、运输和处置采取安全措施。针对矿山火灾和爆炸、瓦斯突出、岩石突出、水和半流质涌出、塌方、地震敏感区等危害制定作业程序。针对粉尘、有毒有害、氧气缺乏等危害采取措施。明确雇主和工人的权利和义务，规定促进雇主和工人合作的措施。

3. 农业安全卫生

《农业中的安全与卫生公约》(第184号)及建议书(第192号)规定，针对农业机器、设备、用具和手工工具，材料的搬运和运输，农业设施等制定措施。采取预防措施保护工作场所的人员以及附近居民免遭农业活动带来的危害。针对化学品，接触牲畜和防止生物危害给出建议措施。明确雇主和工人的权利和义务。

4. 码头作业职业安全卫生

《(码头作业)职业安全和卫生公约》(第152号)及建议书(第160号)提出了码头建筑物和进行码头工作的其他场所的建造、装备和保养基本要求、明确防火和防爆、出入船舶、货舱、舷外作业架板和起重设备的安全器具、工人的运输等19项职业安全卫生措施。界定雇主、船长、工人和其他相关人员的职责。

5. 商业和办事处所的职业卫生

《（商业和办事处所）卫生公约》（第120号）及建议书（第120号）规定，办公场所应保持良好的通风、照明和适宜的温度，明确了办公场所减少噪声和振动应采取的措施。另外，对于饮用水、座椅、更衣室、卫生间和盥洗室等提出了健康要求。

（四）监察

ILO 监察包括工时、工资、安全、卫生和福利等在内的多方面监察内容，并针对不同行业类别分别制定有监察标准，本部分仅就职业安全卫生方面的监察内容加以阐述。

1. 工商业、采矿运输业和农业职业安全卫生监察

《劳动监察公约》（第81号）及建议书（第81号）、《（采矿和运输业）劳动监察建议书》（第82号）、《（农业）劳动监察公约》（第129号）及建议书（第133号）规定，监察在政府的监督和控制下进行。建立工作机制，促进监察员与雇主组织、员工组织之间的合作。根据接受检查的工作场所的实际情况，配备足够数量的监察人员。监察员应具备职业稳定性，不受政府更迭和外部影响，具备单独行使职责的资格，并经过适当培训。政府应为监察员提供必要的办公场所和经费等工作条件。同时制定监察准则，尽可能达到不同监察人员的监察结果一致。明确监察员的权利和义务，规定其定期提交职业安全卫生监察报告。

2. 海员职业安全卫生监察

《（海员）劳动监察公约公约》（第178号）及建议书（第185号）规定，定期监察海员的职业安全卫生条件。根据船舶的实际情况和监察员采取的物质手段，配备足够数量的监察人员。监察员应具备资格，受过海事培训或具有海员从业经历。政府应为监察员提供地点方便的办公场所、设备和交通工具。确保监察员不受政府更迭和外部影响。明确监察员的权利和义务，规定其逐次在完成监察活动后向政府提交监察报告。政府应发布监察活动年度报告，并保存海员职业安全卫生监察记录。

二、美国职业安全卫生法规标准体系

1945—1973年，美国进入了战后经济发展的黄金时期，工业化程度不断提高，但同时美国工伤事故和职业病危害也日益严重。迫于压力，国会于1970年12月29日通过了《职业安全卫生法》（*Occupational Safety and Health Act*，OSH Act）。该法是美国职业安全卫生领域的基本法，确立了职业安全卫生法律体系基本框架，明确了职业安全与卫生的各项基本原则，标志着美国职业安全卫生事业进入了崭新时代。依据该法，美国于次年成立了职业安全健康管理局（Occupational Safety and Health Administration，OSHA），隶属于劳工部，专司职业安全卫生执法。

美国法规标准体系大致分为两个层级，第一层次是基本法——《职业安全卫生法》，其明确了职业安全与卫生的各项基本原则；第二层次是 OSHA 及各州制定的严格细致的各项标准，不但明确了安全与卫生措施的具体细节，甚至对各行业应该采取的不同的工程措施也做了详细规定。

（一）法规体系历史沿革

美国的职业安全卫生立法最早从州级开始。工业的迅速发展使工伤事故和职业病问题越发突出，社会公众的谴责和劳工运动的发展迫使政府开始着手研究职业安全卫生问题。

1877 年，美国的马萨诸塞州通过了第一个《工厂监察法》，该法的颁布大大推动了其他各州职业安全卫生法规的制定工作，同时该法所规定的标准为其后的职业安全卫生立法奠定了基础。

20 世纪以来，美国联邦政府和州政府进一步加强了职业安全卫生法规的制定，相继通过了一系列法案，如《工人补偿法》《码头工人和港口工人补偿法》《铁路安全法》等，其中最主要的法律是 1970 年 12 月 29 日通过的《职业安全卫生法》。这是世界上第一部职业安全卫生领域的综合性立法，直接影响 1972 年日本《职业安全卫生法》和 1974 年英国《工作卫生安全法》的制定。该法的颁布，改变了过去只由各州制定安全卫生法规的局面，从而加强了对各州职业安全卫生工作的领导。1977 年，在总结以前有关煤矿和其他矿山安全健康工作的基础上，美国又将《金属和非金属安全法》（1966 年）和《煤矿安全卫生法》（1969 年）合并修改为《矿山安全卫生法》，从而形成了有关职业安全与卫生方面的基本法律框架。四十多年来，这两部法律几乎没有修改过，但职业安全与健康方面的标准却不断更新变化。

（二）标准体系

美国的《职业安全卫生法》在其开端就直接阐明：通过授权来贯彻执行在该法基础上发展起来的各项标准，帮助和鼓励各州作出努力，以保证安全与卫生的劳动条件，为职业安全与卫生提供科学研究、信息资料和教育训练，保障所有劳动者的安全和健康。同时，明确规定授予劳工部部长组织制定职业安全与健康标准的权力，企业必须遵守职业安全与卫生标准。

职业安全卫生标准由美国联邦职业安全健康管理局负责制定，主要有四大类：一般工业标准、海运业标准、建筑业标准和农业标准，其内容涉及 20 多个方面。这些标准的规定十分详尽，为雇主改善工作场所的安全卫生条件、有效保护雇员的身心健康提供了依据，同时也为劳动安全与卫生执法提供了标准。同时，这些标准的某些条文如果在实施过程中遇到问题，或经常引起申诉，经监察员实际考察，也认为存在缺陷的，则将列入下年度标准修改的范畴。如果某企业就标准某些条款提出申诉，经联邦复审法院判定申诉成立，则标准必须进行修订。标准经过反复修订与完善，能保证其所有条文符合实际生产操作的要求，提高了标准的适用性和可操作性。

此外，美国联邦政府鼓励各州依据自身特点，制定有关职业安全与卫生标准。各州可以根据自身特定情况，制定适当的职业安全与卫生监察标准，但其根本目的必须与联邦政府的标准保持一致，不得存在相互抵触和低于联邦标准的情况。

（三）职业卫生监管体制

1970 年颁布的《职业安全卫生法》中，国会授权建立三个机构。这 3 个机构是：职业安全健康管理局、国家职业安全卫生研究所（NIOSH）和职业安全卫生审查委员会（OSHRC）。其目的，一是制定或执行强制性的安全和卫生标准，二是研究职业方面的危险及其控制措施，三是审查一些有争议的执法活动。

（四）法规标准的执法监督

美国联邦和各州职业安全与健康监察局负责职业安全卫生标准的执行和监察工作，负责受理本地区雇员对雇主违反标准或劳动条件不安全、不卫生状况提出的申诉，并派出监察员对各种工作场所进行日常检查。

监察员到工作场所去检查，不会提前通知和打招呼。监察员到被检查单位后的工作步骤是：（1）亮证，出示监察员证件。（2）谈话，找雇主、经理或其他负责人谈话或召开会议，说明检查目的，并查阅有关档案。（3）现场检查，由雇主和一名工人代表陪同，对全部或部分工作场所进行检查。监察员对现场的作业条件做记录、拍照并适当地取样。（4）交谈，召开总结会，在会上说明企业在哪些地方明显地违反了职业安全卫生的标准，通常监察指令通知书不在总结会上发，而是会后寄来。《职业安全与健康监察手册》就具体的违规事件的处罚程序、处罚金额等作出了详细规定。

根据美国劳工统计局对工伤和职业病情况的统计结果，美国 2014 年共有 4679 人死于工伤，2013 年为 4585 人，2012 年为 4628 人。可以看出，美国近年来工伤死亡事故基本维持在相对稳定的水平。在职业病方面，美国近几年每年新增非致命性工伤和职业病 300 万例左右，但这里职业病的范畴非常宽泛，只要与职业相关的疾病如心脏病、高血压、腰肌劳损、眼部损伤等都被包含在内。

三、日本职业卫生法律法规标准体系

日本是世界上较早实施职业安全卫生一体化立法的国家，并在《劳动安全卫生法》框架下形成完善、成熟的法规标准体系。自其 1972 年《劳动安全卫生法》及相关法规陆续颁布以来，日本因劳动灾害导致的死伤人数大幅下降。

日本职业卫生法律法规标准体系由法律、政令、厚生劳动省省令以及厚生劳动省告示等构成，具体如下：

（一）法律

日本法律由国会决议通过，主要用于规范相关人员义务、监督检查开展、违反者处罚等。与职业卫生有关的法律有《劳动基准法》《劳动安全卫生法》《尘肺法》《作业环境检测法》和《劳动灾害防止团体法》等。

1972 年的《劳动安全卫生法》是日本职业卫生基本法，主要规定了有关各方的责任与义务、防止劳动灾害的基准以及促进企业自主活动的措施等。1960 年的《尘肺法》规定了从事粉尘作业人员的健康检查与分级管理以及企业所应采取的措施。1975 年的《作业环境检测法》规定了作业环境检测人员应具备的资格以及作业环境检测机构应具备的条件，以确保作业环境符合要求。

（二）政令

政令由政府内阁会议决定，相当于我国国务院制定的行政法规，主要对法律中规定的对象明确定义或界定范围。《劳动安全卫生法施行令》规定了禁止生产的有害物质、必须提出生产许可的有害物质、必须设置名称标签的有害物质、必须设置信息告知（material safety data sheet，MSDS）的有害物质。《作业环境检测法施行令》规定了特定作业场所的种类和检测程序等内容。

（三）厚生劳动省省令

厚生劳动省省令由厚生劳动省颁布，相当于我国的安全、卫生部门规章，主要是针对法律规定的具体措施。职业卫生方面的省令包括 12 项，主要为劳动安全卫生规则、粉尘危害预防规则、石棉危害预防规则、有机溶剂中毒预防规则、特定化学物质危害预防规则、铅中毒预防规则、四烷基铅中毒预防规则、电离辐射危害预防规则、高气压作业安全卫生规则、缺氧症等预防规则等。

（四）厚生劳动省的告示、训令、通知和公示

厚生劳动省的告示、训令、通知和公示由厚生劳动省发布。告示有一部分在内容上相当于我国的标准，具有强制性，主要对省令中需要明确的具体技术内容进行规定。训令、通知和公示主要是对政府部门内部的管理要求，其中公示也有部分推荐性的技术指南，类似我国推荐性标准。

厚生劳动省各类职业卫生指南共 93 项，其中以告示形式发布 79 项，以公示形式发布 14 项。主要内容包括：技术指南、健康损害预防指南、自主检查指南、化学品危险有害性等标志及通知指南、危险性与有害性等调查指南、安全卫生教育相关指南、作业环境检测相关标准、根据体检结果采取措施的相关指南、保持并增进健康的指南及劳动安全卫生管理体系指南等。

（五）日本工业标准

日本工业标准由日本工业标准调查会负责制定，是非官方标准中最重要、最权威的标准，其是否强制执行取决于是否被相关省令、告示等引用。

四、德国职业安全卫生法律法规体系

德国职业安全卫生法律法规体系的特色之处在于政府和法定工伤保险机构共同管理的双轨制模式。在立法层面，一方面联邦劳动与社会事务部（bundesministerium für arbeit und sozialordnung，以下简称劳动部）在欧盟指令的最低要求之上颁布国家职业安全卫生法律法规（staatliche vorschriften），各联邦州也可以制定本州的职业安全卫生管理法规（verwaltungsvorschriften），另一方面法定工伤保险机构在联邦和州政府的授权下颁布事故预防法规（unfall verhütungs vorschriften，UVV）。在监督执法和技术指导层面，约 3500 名州监察员和 3000 名工伤保险机构监察员根据法规共同对企业的职业安全卫生进行监督管理，并对用人单位和劳动者提供职业安全卫生方面的指导建议；在处理严重的企业违法事件和重大、死亡事件时，双方一同开展调查。

（一）职业安全卫生法规体系

1. 在欧盟指令基础上转化的国家法律法规

根据欧盟条约第 153 条，欧盟委员会负责制定职业安全卫生框架指令和一系列单项指令，由欧洲议会颁布。欧盟指令规定了职业安全卫生的最低要求，各成员国必须在指令基础上转化为本国的法律法规。

（1）法律（gesetze）。法律是一级立法，由联邦议院审议通过后颁布，发布在联邦法律公报（Bundesgesetzblatt，BGBL）上。德国涉及职业安全卫生的法律有《社会法典（第七卷）》《职业安全卫生法》《劳动安全法》《化学品法》《矿山法》《海洋作业法》《工作时间法》《母亲职业安全卫生法》《青少年职业安全卫生法》等，多达 19 部。

《社会法典（第七卷）》（SGB VII）是法定工伤保险机构在政府的授权下承担职业安全卫生相关职责的法律基础，根据该法典，工伤保险机构参与到工伤、职业病及职业相关危害

的预防(包括开展有效的应急救援)、康复和赔偿等各个环节,在政府授权下颁布事故预防法规。《社会法典(第七卷)》还对工伤、职业病的定义以及不同情况的赔偿进行了规定。

《职业安全卫生法》(*Arbeitsschutzgesetz*)规定用人单位有义务对劳动者的安全和健康负责,具体要求包括:①考虑到各种可能影响劳动者安全和健康的因素,并采取必要的防护措施。②检查这些措施是否有效以及是否适应工作环境的改变。③聘用安全专业技术人员和企业医师提供专业建议,以改善劳动者的安全和健康状况。

《劳动安全法》(*Arbeitssicherheitsgesetz*)规定,雇主必须根据企业具体情况聘请企业医生和安全专业人员。根据第11条的规定,超过20人的企业必须成立职业安全卫生委员会,由雇主、安全专业人员、企业医生、安全代表及劳动委员会两名代表组成,必要时可外聘专家。每季度需向雇主提供有关职业安全卫生的信息并召开一次会议。

(2)条例(verordnungen)

条例是对法律的细化规定,法律地位仅次于法律,由联邦政府颁布,发布在联邦法律公报上。与职业安全卫生相关的主要条例有《职业病条例》《职业医学预防条例》《工伤保险报告条例》《生产安全条例》《工作场所条例》《建筑工地条例》《危险品条例》《职业性生物因素条例》《噪声和振动职业安全卫生条例》《光辐射职业安全卫生条例》《压缩空气条例》《重物搬运条例》《屏幕作业条例》《个人防护用品使用条例》等,以及针对航运、矿山等特殊行业和母亲、青少年等特殊群体的条例。

2. 法定工伤保险机构事故预防法规(UVV)

德国的工伤保险机构独具特色,是自治管理的非政府机构,覆盖工商业、农业和公共部门(指铁路、邮政、电信、消防和学校)。工伤保险机构的承办部门(unfallver-sicherungstrger)分为两类,一类是工商业和农业的同业公会(berufsgenossenschaften,BG),另一类是公共部门的事故基金会(unfallkassen,UK)。同业公会在政府授权下制定事故预防法规,提交工伤保险机构代表大会审议通过。根据《社会法典》第15条的规定,在以下几种情况下,法定工伤保险机构可制定事故预防法规:①对预防合适且必要;②国家职业安全卫生法规尚未涵盖;③国家职业安全卫生法规要求的措施不足;④规程不能达到预防目标。但国家职业安全卫生法律和条例相比事故预防法规有优先级。

2007年,工商业和公共部门的工伤保险机构整合为德国法定事故保险联合总会(deutsche gesetzliche unfallersicherung spitzenverband,DGUV)。

(二)职业安全卫生法规的细化形式

1. 技术规程(technische regeln)

技术规程的作用是细化国家职业安全卫生法律和条例的要求,反映了当前技术水平、职业医学、职业卫生等方面的科学认知。技术规程由劳动部相关专家委员会制定,发布在部委联合公报上(gemeinsames ministerialblatt)。专家委员会由来自雇主联合会、工会、州劳动保护机构、工伤保险机构、高校和科研机构等各相关利益方的代表组成。一般而言,技术规则不具有法律强制性,但具有推定符合性,即如果雇主按照技术规程的要求来做,则意味着符合相关法律法规的要求。雇主也可以采取其他的方法来达到法规要求。德国在制定技术规程时会参考引用工伤保险机构的细则(regel)、专业信息(information)和原则(grundsatz)以及学会(如德国科研协会MAK委员会)、标准化组织(DIN,CEN,ISO等)

制定的自愿标准。

（1）《职业医学技术规程》（AMR）。《职业医学技术规程》用于细化《职业医学预防条例》，由劳动部职业医学专家委员会负责制修订，包括职业健康检查、生物监测、疫苗接种等内容，以及专门针对高温作业职业危害、肌肉骨骼系统疾病、视力和呼吸道检查提出的具体要求。

（2）《工作场所技术规程》（ASR）。《工作场所技术规程》用于细化《工作场所条例》，由劳动部工作场所专家委员会负责制修订。内容包括：无障碍设计、空间测量和活动面积、警示标志、地板、窗户、天窗、透光墙、门和大门、通道、防跌落、物品坠落、进入危险区域、防火灾、逃生和应急通道、救援方案、照明、应急照明、光学安全引导系统、室温、通风、卫生间、休息室、应急救援室、住宿间。

（3）《危险品技术规程》（TRGS）。《危险品技术规程》用于细化《危险品条例》，由劳动部危险品委员会负责制修订。危险品包括化学物质、木尘和麻醉气体。德国以危险化学品风险评估和防护措施为重点，每年修订职业接触限值，并将致癌物、致畸物、生殖毒物及作业、致敏物与非致癌物分类分级管理。德国认为致癌物不能推导出对人体完全无健康损害的职业接触限值，只能根据接触—风险—关系和容许概率、接受概率划分出高中低三个风险等级进行管理。

（4）《职业性生物因素技术规程》（TRBA）。《职业性生物因素技术规程》用于细化《职业性生物因素条例》，由劳动部职业性生物因素委员会制修订。

其他技术规程《生产安全技术规程》（TRBS）、《噪声和振动技术规程》（TRLV）以及《光辐射技术规程》（TROS）分别用于细化《生产安全条例》《噪声和振动职业安全卫生条例》《光辐射职业安全卫生条例》，均由劳动部生产安全委员会负责制修订，内容包括评估、测量和防护措施三部分。

2. 事故预防法规的细化形式

事故预防法规细化形式有行业规程（branchenregeln）、信息（informationen）和原则性指南（grunds tze）三种形式，均不具有法律强制性，只是提供更加具体的建议和措施。事故预防法规的细化文件由工商业和公共部门法定事故保险联合会（DGUV）15个专业委员会（fachbereiche）及下属的97个（sachgebiete）分委员会及职业医学委员会、培训委员会负责制定。截至2015年9月，共制定信息841个，原则性指南57个，行业规程141个，涵盖内容非常细致全面。行业规程的修订周期一般不超过5年。原则性文件（DGUV G350—001）以及信息文件（DGUV I 240系列）是职业健康检查指南，包括47种危害因素，由DGUV职业医学专家委员会制定。

五、我国有关职业安全卫生法规

（一）《中华人民共和国宪法》（以下简称《宪法》）中有关职业安全卫生的内容

《宪法》是国家的根本大法，规定了国家在政治、经济、文化、社会生活等各个方面的基本问题。宪法中有关职业安全卫生问题的规定是我国有关职业安全卫生立法的依据。

《宪法》第42条规定，公民有劳动的权利和义务，国家通过各种途径，创造劳动就业条件，加强劳动保护，并在发展生产基础上，提高劳动报酬和福利待遇。这一规定是生产经营单位进行安全生产与从事各项工作的总的原则、指导思想和总的要求。

《宪法》第43条规定，中华人民共和国劳动者有休息的权利，国家规定职工的工作时间和休假制度。这一规定一是为了使劳动者的休息权利不容侵犯，二是通过建立劳动者的工作时间和休息休假制度，既保证劳动的工作时间，又保证劳动者的休息时间和休假时间，注意劳逸结合，禁止随意加班加点，以保持劳动者有充沛的精力进行劳动和工作，防止因疲劳过度而发生伤亡事故或积劳成疾，变成职业病。

《宪法》第48条规定，中华人民共和国妇女在政治、经济、文化、社会和家庭生活等方面享有同男子平等的权利。国家保护妇女的权利和利益，实行男女同工同酬。

（二）《中华人民共和国刑法》中有关职业安全卫生的内容

《中华人民共和国刑法》第131条至第139条，规定了重大飞行事故罪、铁路运营安全罪、交通肇事罪、重大责任事故罪、重大劳动安全事故罪、危险物品肇事罪、工程重大安全事故罪、教育设施重大安全事故罪和消防责任事故罪9种罪名。第146条规定了销售伪劣商品罪。第397条规定了渎职罪，包括滥用职权罪、玩忽职守罪，等等。

（三）国务院行政法规

1. 三大规程

（1）《工厂安全卫生规程》。1956年5月25日颁布实施，分总则、厂院、工作场所等11章89条，对生产企业的安全问题作了较全面的原则规定（对一些带共性、不十分复杂的问题加以规定），但存在有些标准要求过高，有些条文规定过死的问题。

（2）《建筑安装工程安全技术规程》。1956年5月25日颁布实施，共分总则、施工的安全要求、施工现场等9章122条，是关于建筑安装工程施工过程中的安全技术设施标准的规程，主要针对建筑施工过程中的多发事故，但存在有些标准要求过高与新施工方法配套的安全要求缺乏的问题。

（3）《企业职工伤亡事故报告和处理规定》。1991年5月1日施行，以1956年的《工人职员伤亡事故报告规程》为基础，共分总则、事故报告、事故调查等5章26条，它弥补了老规程月报、季报经常拖延、补报较多等不足的问题。2007年6月1日起施行《生产安全事故报告和处理条例》，该规定同时废止。

2. 五项规定

（1）安全生产责任制。《国务院关于加强企业生产中安全工作的几项规定》对安全生产责任制的内容及实施方法做了比较全面的规定。经过多年的劳动保护工作实践，这一制度得到了进一步的完善和补充，在国家相继颁布的《企业法》《环境保护法》《矿山安全法》《煤炭法》《尘肺病防治条例》等多项法律、法规中，安全生产责任制都被列为重要条款，成为国家安全生产管理工作的基本内容。

（2）安全技术措施计划。《国务院关于加强企业生产中安全工作的几项规定》中明确要求"企业单位在编制生产、技术、财务计划的同时，必须编制安全生产技术措施计划"。1979年，国家计委、经委、建委又联合发出了《关于安排落实劳动保护措施经费的通知》，同年，国务院发出了第100号文件，重申"每年在固定资产更新和技术改造资金中提取10%~20%（矿山、化工、金属冶炼企业应大于20%）用于改善劳动条件，不得挪用"。为了加快我国矿山企业设备的更新和改造，《矿山安全法》规定："安全技术措施专项费用必须全部用于改善矿山安全生产条件,不得挪作他用"。同时规定了对"未按照规定提取或使用安全技术措施专项经费"的罚则。

(3)安全生产教育。中华人民共和国成立以来,各级人民政府和各产业部门为加强企业的安全生产教育工作陆续颁发了一些法规和规定。《劳动法》不仅规定了用人单位开展职业培训的义务和职责,同时规定了"从事技术工种的劳动者,上岗前必须经过培训"。《企业法》把"企业应当加强思想政治教育、法制教育、国防教育、科学文化教育和技术业务培训,提高职工队伍素质"作为企业必须履行的义务之一。《矿山安全法》规定:"矿山企业必须对职工进行教育、培训;未经安全教育、培训的,不得上岗作业","矿山企业安全生产的特种作业人员必须接受专门培训,经考核合格取得操作资格证书的,方可上岗作业"。《煤炭法》《乡镇企业法》《尘肺病防治条例》等其他法律法规中,也都对劳动保护教育制度予以规定。为了贯彻国家法规的规定,原劳动部于1989年12月颁发了《锅炉司护工安全技术考核管理办法》,1991年9月颁发了《特种作业人员安全技术培训考核管理规定》和《特种作业人员安全技术培训考核管理规定》,1995年颁发了《企业职工劳动安全卫生教育管理规定》。1999年7月,原国家经贸委颁布了《特种作业人员安全技术培训考核管理办法》。

(4)安全生产检查。多年的安全生产工作实践,使群众性的安全生产检查逐步成为劳动保护管理的重要制度之一,《国务院关于加强企业生产中安全工作的几项规定》对安全生产检查工作提出了明确要求。1980年4月,经国务院批准,每年5月份被定为"安全月",以推动安全生产和文明生产,并使之经常化、制度化。

(5)伤亡事故调查和处理。1956年国务院发布了《工人职员伤亡事故报告规程》。1991年国务院发布了《企业职工伤亡事故报告和处理规定》,对企业职工伤亡事故的报告、调查、处理等提出了具体要求。为了保证特别重大事故调查工作的顺利进行,1989年3月国务院发布了《特别重大事故调查程序暂行规定》(2007年6月1日施行《安全生产事故报告和调查处理条例》,《特别重大事故调查程序暂行规定》和《企业职工伤亡事故报告和处理规定》同时废止)。原劳动部依据国家法律法规的有关规定,对职工伤亡事故的统计、报告、调查和处理等程序进行了规定。为履行安全生产群众监督检查职责,全国总工会对各级工会组织进行职工伤亡事故的统计、报告、调查和处理等也作出了规定。

(四)《劳动法》中有关职业安全卫生的内容

《劳动法》于1994年7月5日公布,1995年1月1日开始实施,分别于2009年和2018年修正。

1. 第52条

用人单位必须建立、健全职业安全卫生制度,严格执行国家职业安全卫生规程和标准;对劳动者进行职业安全卫生教育,防止劳动过程中的事故,减少职业危害。

2. 第54条

用人单位必须为劳动者提供符合国家规定的职业安全卫生条件和必要的劳动防护用品,对从事有职业危害作业的劳动者应当定期进行健康检查。

3. 第56条

劳动者在劳动过程中必须严格遵守安全操作规程。劳动者对用人单位管理人员违章指挥、强令冒险作业，有权拒绝执行；对危害生命安全和身体健康的行为，有权提出批评、检举和控告。

4. 第59条

禁止安排女职工从事矿山井下、国家规定的第四级体力劳动强度的劳动和其他禁忌从事的劳动。

5. 第64条

不得安排未成年工从事矿山井下、有毒有害、国家规定的第四级体力劳动强度的劳动和其他禁忌从事的劳动。

6. 案例

(1)事故仲裁案例之一

江某，1978年3月18日出生，1994年10月18日被某县红旗煤矿招收为集体合同制工人。从1994年11月18日起，担任坑道凿岩机手。1995年3月19日，江某所在煤矿坑道因支撑枕木断裂造成塌方，江某差点当场被埋在坑道里。江某因害怕事故而在第二天由其亲属陪同到矿长办公室，要求矿长赵某出面，调动江某的工作，最好到一些不太危险的岗位工作，因为孩子年纪太小，但被赵某当场拒绝。

分析意见：违反了《劳动法》第54条与64条的相关规定。

处理结果：立即将江某从矿山井下调到地面从事其他工作；到行政主管部门办理未成年工手续(如未办理)；在江某到岗位上班前，由矿上负责进行一次全面的健康检查。同时要改善生产作业场所的劳动条件。

经验教训：未成年工因年龄低尚处于生长发育阶段，国家对其实行特殊保护措施制度，用人单位应按《劳动法》的要求行事，此外，用人单位应当对未成年工定期进行健康检查。

(2)事故仲裁案例之二

2007年1月12日，某建筑工程队按某建筑装饰工程公司电话通知，要求拆除某工地脚手架。2007年1月13日上午该工程队派五名工人前往工地，其中仅一人戴安全帽，其余均未系安全带、未戴安全帽，也未进行安全教育，仅组长在上班前口头提醒一下就开始作业。近十点钟，何某因站立不稳，由高处坠落，头部着地导致死亡。

分析意见：如果用人单位提供了安全帽及安全带，则违反了《劳动法》第52条与56条的相关规定。如果用人单位未提供安全帽及安全带，则违反了《劳动法》第52条、54条与56条的相关规定。

处理结果：职业安全监察部门于事故当天即向该建筑工程队发出《职业安全与卫生监察指令书》，鉴于该单位管理混乱，防护设施严重缺乏，施工现场隐患严重，建议停止施工，立即整改。

经验教训：①单位的法定代表人是安全生产第一责任人，应履行安全职责；②对全体员工进行安全教育；③购置安全宣传牌和劳动保护用品，按要求发放。

(五)《民法通则》中有关职业安全卫生的内容

1. 第125条

在公共场所、道旁或通道上挖坑、修缮安装地下设施等，没有设置明显标志和采取安全措施造成他人损害的，施工人应承担民事责任。

2. 第 126 条

建筑物或其他设施以及建筑物上的搁置物、悬挂物发生倒塌、脱落、坠落造成他人损害的，它的所有人或管理人应承担民事责任，但能证明自己无过错的除外。

（六）《职业病防治法》的主要内容

《职业病防治法》是为了预防、控制和消除职业病危害，防治职业病，保护劳动者健康及其相关权益，促进经济社会发展而根据宪法制定的。

该法于 2001 年 10 月 27 日通过，2002 年 5 月 1 日施行。包括：第一章：总则；第二章：前期预防；第三章：劳动过程中的防护与管理；第四章：职业病诊断与职业病病人保障；第五章：监督检查；第六章：法律责任；第七章：附则。

1. 第 33 条

用人单位与劳动者订立劳动合同（含聘用合同，下同）时，应当将工作过程中可能产生的职业病危害及其后果、职业病防护措施和待遇等如实告知劳动者，并在劳动合同中写明，不得隐瞒或者欺骗。劳动者在已订立劳动合同期间因工作岗位或者工作内容变更，从事与所订立劳动合同中未告知的存在职业病危害的作业时，用人单位应当依照前款规定，向劳动者履行如实告知的义务，并协商变更原劳动合同相关条款。用人单位违反前两款规定的，劳动者有权拒绝从事存在职业病危害的作业，用人单位不得因此解除与劳动者所订立的劳动合同。

2. 第 35 条

对从事接触职业病危害的作业的劳动者，用人单位应当按照国务院卫生行政部门的规定组织上岗前、在岗期间和离岗时的职业健康检查，并将检查结果书面告知劳动者。职业健康检查费用由用人单位承担。

用人单位不得安排未经上岗前职业健康检查的劳动者从事接触职业病危害的作业；不得安排有职业禁忌的劳动者从事其所禁忌的作业；

对在职业健康检查中发现有与所从事的职业相关的健康损害的劳动者，应当调离原工作岗位，并妥善安置；对未进行离岗前职业健康检查的劳动者不得解除或者终止与其订立的劳动合同。

职业健康检查应当由取得《医疗机构执业许可证》的医疗卫生机构承担。卫生行政部门应当加强对职业健康检查工作的规范管理，具体管理办法由国务院卫生行政部门制定。

3. 第 36 条

用人单位应当为劳动者建立职业健康监护档案，并按照规定的期限妥善保存。职业健康监护档案应当包括劳动者的职业史、职业病危害接触史、职业健康检查结果和职业病诊疗等有关个人健康资料。劳动者离开用人单位时，有权索取本人职业健康监护档案复印件，用人单位应当如实、无偿提供，并在所提供的复印件上签章。

4. 第 38 条

用人单位不得安排未成年工从事接触职业病危害的作业；不得安排孕期、哺乳期的女职工从事对本人和胎儿、婴儿有危害的作业。

5. 第 39 条

劳动者享有下列职业卫生保护权利:

(1)获得职业卫生教育、培训;

(2)获得职业健康检查、职业病诊疗、康复等职业病防治服务;

(3)了解工作场所产生或者可能产生的职业病危害因素、危害后果和应当采取的职业病防护措施;

(4)要求用人单位提供符合防治职业病要求的职业病防护设施和个人使用的职业病防护用品,改善工作条件;

(5)对违反职业病防治法律、法规以及危及生命健康的行为提出批评、检举和控告;

(6)拒绝违章指挥和强令进行没有职业病防护措施的作业;

(7)参与用人单位职业卫生工作的民主管理,对职业病防治工作提出意见和建议。用人单位应当保障劳动者行使前款所列权利。

因劳动者依法行使正当权利而降低其工资、福利等待遇或者解除、终止与其订立的劳动合同的,其行为无效。

6. 第43条

职业病诊断应当由取得《医疗机构执业许可证》的医疗卫生机构承担。卫生行政部门应当加强对职业病诊断工作的规范管理,具体管理办法由国务院卫生行政部门制定。承担职业病诊断的医疗卫生机构还应当具备下列条件:

(1)具有与开展职业病诊断相适应的医疗卫生技术人员;

(2)具有与开展职业病诊断相适应的仪器、设备;

(3)具有健全的职业病诊断质量管理制度。承担职业病诊断的医疗卫生机构不得拒绝劳动者进行职业病诊断的要求。

7. 第47条

用人单位应当如实提供职业病诊断、鉴定所需的劳动者职业史和职业病危害接触史、工作场所职业病危害因素检测结果等资料;卫生行政部门应当监督检查和督促用人单位提供上述资料;劳动者和有关机构也应当提供与职业病诊断、鉴定有关的资料。职业病诊断、鉴定机构需要了解工作场所职业病危害因素情况时,可以对工作场所进行现场调查,也可以向卫生行政部门提出,卫生行政部门应当在十日内组织现场调查。用人单位不得拒绝、阻挠。

8. 第48条

职业病诊断、鉴定过程中,用人单位不提供工作场所职业病危害因素检测结果等资料的,诊断、鉴定机构应当结合劳动者的临床表现、辅助检查结果和劳动者的职业史、职业病危害接触史,并参考劳动者的自述、卫生行政部门提供的日常监督检查信息等,作出职业病诊断、鉴定结论。劳动者对用人单位提供的工作场所职业病危害因素检测结果等资料有异议,或者因劳动者的用人单位解散、破产,无用人单位提供上述资料的,诊断、鉴定机构应当提请卫生行政部门进行调查,卫生行政部门应当自接到申请之日起三十日内对存在异议的资料或者工作场所职业病危害因素情况作出判定;有关部门应当配合。

9. 第71条

用人单位违反本法规定,有下列行为之一的,由卫生行政部门责令限期改正,给予警告，可以并处五万元以上十万元以下的罚款：

(1)未按照规定及时、如实向卫生行政部门申报产生职业病危害的项目的；

(2)未实施由专人负责的职业病危害因素日常监测，或者监测系统不能正常监测的；

(3)订立或者变更劳动合同时，未告知劳动者职业病危害真实情况的；

(4)未按照规定组织职业健康检查、建立职业健康监护档案或者未将检查结果书面告知劳动者的；

(5)未依照本法规定在劳动者离开用人单位时提供职业健康监护档案复印件的。

10. 第72条

用人单位违反本法规定，有下列行为之一的，由卫生行政部门给予警告，责令限期改正，逾期不改正的，处五万元以上二十万元以下的罚款；情节严重的，责令停止产生职业病危害的作业，或者提请有关人民政府按照国务院规定的权限责令关闭：

(1)工作场所职业病危害因素的强度或者浓度超过国家职业卫生标准的；

(2)未提供职业病防护设施和个人使用的职业病防护用品，或者提供的职业病防护设施和个人使用的职业病防护用品不符合国家职业卫生标准和卫生要求的；

(3)对职业病防护设备、应急救援设施和个人使用的职业病防护用品未按照规定进行维护、检修、检测，或者不能保持正常运行、使用状态的；

(4)未按照规定对工作场所职业病危害因素进行检测、评价的；

(5)工作场所职业病危害因素经治理仍然达不到国家职业卫生标准和卫生要求时，未停止存在职业病危害因素的作业的；

(6)未按照规定安排职业病病人、疑似职业病病人进行诊治的；

(7)发生或者可能发生急性职业病危害事故时，未立即采取应急救援和控制措施或者未按照规定及时报告的；

(8)未按照规定在产生严重职业病危害的作业岗位醒目位置设置警示标识和中文警示说明的；

(9)拒绝职业卫生监督管理部门监督检查的；

(10)隐瞒、伪造、篡改、毁损职业健康监护档案、工作场所职业病危害因素检测评价结果等相关资料，或者拒不提供职业病诊断、鉴定所需资料的；

(11)未按照规定承担职业病诊断、鉴定费用和职业病病人的医疗、生活保障费用的。

11. 第75条

违反本法规定，有下列情形之一的，由卫生行政部门责令限期治理，并处五万元以上三十万元以下的罚款；情节严重的，责令停止产生职业病危害的作业，或者提请有关人民政府按照国务院规定的权限责令关闭：

(1)隐瞒技术、工艺、设备、材料所产生的职业病危害而采用的；

(2)隐瞒本单位职业卫生真实情况的；

(3)可能发生急性职业损伤的有毒、有害工作场所、放射工作场所或者放射性同位素的运输、贮存不符合本法第二十五条规定的；

(4)使用国家明令禁止使用的可能产生职业病危害的设备或者材料的；

(5)将产生职业病危害的作业转移给没有职业病防护条件的单位和个人，或者没有职业病防护条件的单位和个人接受产生职业病危害的作业的；

(6)擅自拆除、停止使用职业病防护设备或者应急救援设施的；

(7)安排未经职业健康检查的劳动者、有职业禁忌的劳动者、未成年工或者孕期、哺乳期女职工从事接触职业病危害的作业或者禁忌作业的；

(8)违章指挥和强令劳动者进行没有职业病防护措施的作业的。

12. 第79条

未取得职业卫生技术服务资质认可擅自从事职业卫生技术服务的，由卫生行政部门责令立即停止违法行为，没收违法所得；违法所得五千元以上的，并处违法所得二倍以上十倍以下的罚款；没有违法所得或者违法所得不足五千元的，并处五千元以上五万元以下的罚款；情节严重的，对直接负责的主管人员和其他直接责任人员，依法给予降级、撤职或者开除的处分。

13. 第80条

从事职业卫生技术服务的机构和承担职业病诊断的医疗卫生机构违反本法规定，有下列行为之一的，由卫生行政部门责令立即停止违法行为，给予警告，没收违法所得；违法所得五千元以上的，并处违法所得二倍以上五倍以下的罚款；没有违法所得或者违法所得不足五千元的，并处五千元以上二万元以下的罚款；情节严重的，由原认可或者登记机关取消其相应的资格；对直接负责的主管人员和其他直接责任人员，依法给予降级、撤职或者开除的处分；构成犯罪的，依法追究刑事责任。

14. 案例

2018年8月，执法人员对×建材集团有限公司开展执法检查，发现该公司水泥包装车间部分职工未经职业健康检查就从事接触职业病危害的作业。后经调查，该公司将水泥包装业务承包给具有独立法人资质的N装卸服务有限公司。N装卸服务有限公司安排未经职业健康检查的职工从事接触职业病危害作业的行为违反了《职业病防治法》第三十五条第二款"用人单位不得安排未经上岗前职业健康检查的劳动者从事接触职业病危害的作业……"的规定，依据《职业病防治法》第七十五条第(七)项，经案审会集体讨论，决定对该公司处罚款7万元。

案例分析：

职业健康检查是指具有职业健康检查资质的医疗卫生机构按照国家有关规定，对从事接触职业病危害作业的劳动者进行的上岗前、在岗期间、离岗时的健康检查。上岗前职业检查的目的在于掌握劳动者的健康状况，发现职业禁忌，防止职业病发生，减少或消除职业病危害易感劳动者的损害，减少用人单位的经济损失和社会负担，职业健康检查是用人单位的一项法定义务。从本案来看，该公司提供的《职业病危害现状评价报告书》确定了装卸水泥是接触职业危害的岗位，通过劳动合同、询问笔录等证据锁定了从事接触职业病危害的作业而未进行职业健康检查的劳动者，证据链完整，此外，法律适用无误。

(七)《中华人民共和国安全生产法》的主要内容

《中华人民共和国安全生产法》于2002年6月29日由第九届全国人大常委会第二十八次会议通过，自2002年11月1日起施行，这是我国安全生产法制进程中的重要里程碑。2014年8月31日第十二届全国人民代表大会常务委员会第十次会议通过《全国人民代表大会常务委员会关于修改〈中华人民共和国安全生产法〉的决定》，自 2014 年 12 月 1 日起施行。

1. 内容

包括七章 114 条，第一章：总则，第二章：生产经营单位的安全生产保障，第三章：安全生产的监督管理，第四章：从业人员的权利和义务，第五章：生产安全事故的应急救援与调查处理，第六章：法律责任，第七章：附则。详细条款见本书附录。

2.《中华人民共和国安全生产法》的十大重点内容

(1)以人为本，坚持安全发展。

(2)建立完善安全生产方针和工作机制。

(3)落实"三个必须"，确立安全生产监管执法部门地位。

(4)强化乡镇人民政府以及街道办事处、开发区管理机构安全生产职责。

(5)明确生产经营单位安全生产管理机构、人员的设置、配备标准和工作职责。

(6)明确劳务派遣单位和用工单位的职责和劳动者的权利义务。

(7)建立事故隐患排查治理制度。

(8)推进安全生产标准化建设。

(9)推行注册安全工程师制度。

(10)推进安全生产责任保险。

第三节　安全生产中的违法及法律制裁

一、法律制裁的形式

所谓违法，就是行为主体的行为违反了各项法规所规定的原则和内容。一切组织或公民，凡没有做法律规范所规定必须做的事，或者做了法律所禁止的事，都是违法。违法必然与行为主体的行为有关，只有违法动机而没有发生实际行为，并不构成违法。另外，违法与犯罪是有区别的，一般来说，犯罪肯定是违法，而违法却不一定是犯罪。凡是有违法行为的人，都应该根据违法的性质和程度受到相应的法律制裁。

(一)行政制裁

行政制裁分为行政处分和行政处罚两种。行政处分是对轻微违法失职行为人员的一种制裁。《企业职工奖罚条例》规定的行政处分有警告、记过、记大过、降级、撤职、留用察看、开除等。行政处罚除了对违法失职行为人员进行处分外，还同时采用经济制裁。行政处罚对发生重伤、死亡后不采取有效防范措施，一年内又发生同类事故，或有隐瞒、谎报、推卸责任等违法行为的责任者要加重处罚。

(二)民事制裁

民事制裁是人民法院对违反《民法通则》的有关规定，侵害他人财产或人身权利，或不履行自己应尽义务的个人或组织的处罚。承担民事责任的方式主要有：停止侵害、排除妨碍、消除危险、返还财产、恢复原状，修理、重作、更换，赔偿损失，支付违约金，消除影响，恢复名誉，赔礼道歉，还有训诫，责令具结悔过，并可依法罚款、拘留。

（三）刑事制裁

刑事制裁是对构成犯罪的违法行为采取的制裁。我国的刑罚是人民法院为了维护国家和人民利益，以国家名义依照法律的规定，对实施危害社会行为的犯罪分子实行处罚的一种最严厉的强制方法。刑罚分为主刑和附加刑。主刑：管制、拘役、有期徒刑、无期徒刑、死刑。附加刑：罚金、剥夺政治权利和没收财产。

二、重大责任事故罪及其法律制裁

重大责任事故罪指企事业单位职工，由于不服从管理、违反规章制度，或者强令其他工人冒险作业，因而发生重大伤亡事故或者造成其他严重后果的行为。重大责任事故包括两种表现形式：一种形式是职工本人不服管理，违反规章制度，从而发生重大伤亡事故或者其他严重后果；另一种形式是上级领导强令他人违章冒险作业，从而发生重大伤亡事故或者其他严重后果。《刑法》第 135 条规定：安全生产设施或者安全生产条件不符合国家规定，因而发生重大伤亡事故或者造成其他严重后果的，对直接负责的主管人员和其他直接责任人员，处三年以下有期徒刑或者拘役；情节特别恶劣的，处三年以上七年以下有期徒刑。

三、重大劳动安全事故罪及其法律制裁

重大劳动安全事故罪指工矿企业及事业单位的安全生产设施或者安全生产条件不符合国家的规定，经有关部门或者单位职工提出后，对事故隐患仍不采取措施，因而发生重大伤亡事故或者造成其他严重后果的行为。《刑法》第 134 条规定：在生产、作业中违反有关安全管理的规定，因而发生重大伤亡事故或者造成其他严重后果的，处三年以下有期徒刑或者拘役；情节特别恶劣的，处三年以上七年以下有期徒刑。强令他人违章冒险作业，因而发生重大伤亡事故或者造成其他严重后果的，处五处以下有期徒刑或者拘役；情节特别恶劣的，处五年以上有期徒刑。

练习与案例

一、练习

（一）单项选择题

1. 关于《安全生产法》的立法目的，下列表述中不准确的是（　　）。
   A. 加强安全生产工作　　　　　C. 保障人民群众生命和财产安全
   B. 防止和减少生产安全事故　　D. 提升经济发展速度

2. 下列关于《安全生产法》适用范围的理解，正确的是（　　）。
   A. 生产经营单位的安全生产适用本法，但消防安全和道路交通安全、铁路交通安全、水上交通安全、民用航空安全以及核与辐射安全、特种设备安全除外
   B. 生产经营单位的安全生产，适用本法；有关法律、行政法规对消防安全和道路交通安全、铁路交通安全、水上交通安全、民用航空安全以及核与辐射安全、

特种设备安全另有规定的，适用其规定

C. 生产经营单位的安全生产，适用本法；消防安全和道路交通安全、铁路交通安全、水上交通安全、民用航空安全以及核与辐射安全、特种设备安全参照适用本法有关规定

D. 生产经营单位的安全生产，适用本法；消防安全和道路交通安全、铁路交通安全、水上交通安全、民用航空安全以及核与辐射安全、特种设备安全，适用其他有关法律、行政法规的规定

3. 下列关于安全生产工作方针的表述，最准确的是(　　)。

A. 以人为本、安全第一、预防为主

B. 安全第一、预防为主、政府监管

C. 安全第一、预防为主、综合治理

D. 安全第一、预防为主、群防群治

4. 关于安全生产工作机制，不正确的表述是(　　)。

A. 政府负责　　　　　　　　B. 职工参与

C. 行业自律　　　　　　　　D. 社会监督

5. 某公司董事长由上一级单位总经理张某兼任，张某长期在外地，不负责该公司日常工作。该公司总经理安某在国外脱产学习，其间日常工作由常务副总经理徐某负责，分管安全生产工作的副总经理姚某协助其工作。根据《安全生产法》的有关规定，此期间对该公司的安全生产工作全面负责的人是(　　)。

A. 安某　　　　B. 张某　　　　C. 徐某　　　　D. 姚某

6. 关于安全生产领域有关协会组织发挥的作用，表述错误的是(　　)。

A. 为生产经营单位提供安全生产方面的信息服务

B. 为生产经营单位提供安全生产方面的培训服务

C. 加强对生产经营单位的安全生产管理

D. 发挥自律作用

7. 叶某为某国有矿山的主要负责人，下列关于叶某在安全生产方面的职责的表述，不正确的是(　　)。

A. 组织制定本单位的安全生产规章制度

B. 组织制定本单位的事故应急救援预案

C. 亲自为职工讲授安全生产培训课程

D. 保证本单位安全生产投入的有效实施

8. 生产经营单位应当具备的安全生产条件所必需的资金投入，予以保证的是(　　)。

A. 当地县级以上人民政府

B. 主管的负有安全生产监管职责的部门

C. 生产经营单位的财务部门

D. 生产经营单位的决策机构、主要负责人或者个人经营的投资人

9. 关于生产经营单位提取和使用安全生产费用, 正确的说法是(　　)。

A. 所有生产经营单位都应当提取安全生产费用

B. 生产经营单位可以根据本单位情况, 自行决定是否提取安全生产费用

C. 安全生产工作经费较为充足, 或者安全生产状况较好的生产经营单位, 可以不提取安全生产费用

D. 有关生产经营单位应当按照国家有关规定提取和使用安全生产费用

10. 某道路运输企业共有基层员工 83 人, 管理人员 15 人, 依据《安全生产法》的规定, 下列关于该企业安全生产管理机构设置和安全生产管理人员配备的说法, 正确的是(　　)。

A. 该企业可根据需要, 自主决定是否设置安全生产管理机构、配备安全生产管理人员, 这是其经营自主权范围内的事

B. 该企业规模较小, 配备兼职安全生产管理人员就可以了

C. 该企业应当设置安全生产管理机构或者配备专职安全生产管理人员

D. 该企业应当配备专职或者兼职的安全生产管理人员

(二) 判断题

1. 《安全生产法》不仅适用于生产经营单位, 同时也适用于国家安全和社会治安方面的管理。(　　)

2. 生产经营单位的安全生产管理人员应当恪尽职守, 依法履行职责。(　　)

3. 生产经营单位应当建立安全生产教育和培训档案, 如实记录安全生产教育和培训的时间、内容、参加人员以及考核结果等情况。(　　)

4. 《安全生产法》第二条规定, 在中华人民共和国领域内从事生产经营活动的单位的安全生产, 适用本法。这里所指的生产经营单位包括国有企业事业单位、集体所有制企业事业单位、合伙企业、个人独资企业, 但不包括中外合资经营企业、中外合作经营企业、外资企业。(　　)

5. 依据《安全生产法》的规定, 安全生产工作坚持安全第一、预防为主的方针。(　　)

6. 生产经营单位的负责人对本单位的安全生产工作全面负责, 但可以通过内部工作分工, 确定其只部分负责。(　　)

7. 从业人员发现直接危及人身安全的紧急情况时, 有权停止作业或者在采取可能的应急措施后撤离作业场所。(　　)

8. 生产经营单位使用被派遣劳动者的, 不必对被派遣劳动者进行岗位安全操作规程和安全操作技能的教育和培训。(　　)

9. 有关协会组织依照法律、行政法规和章程, 为生产经营单位提供安全生产方面的信息、培训等服务, 发挥自律作用, 促进生产经营单位加强安全生产管理。(　　)

10. 国家鼓励和支持安全生产科学技术和安全生产先进技术的推广应用, 提高安全生产水平。(　　)

二、案例

拱桥为什么会坍塌

1998 年 4 月 7 日 4 时 50 分，云南永善县团结乡苏田电站在建公路交通拱桥即将合拢时发生坍塌，在桥面施工的 63 名民工随拱石、拱架坠入河中，造成死亡 10 人，重伤 22 人，轻伤 14 人的重大伤亡事故。该桥跨度 35 米，桥面总长 57 米，桥面宽 6 米，桥高 13.5 米，石拱桥跨距为 7∶1，由中标的绥江县新滩镇建筑有限责任公司员工龙某负责此项目，1998 年 1 月 5 日龙某自行组织人力、物力动工修建。

事故经过：

4 月 6 日，龙某请来民工 100 余人翻拱，当天未完工，7 日 8 时继续翻拱，上午 11 时，有民工发现桥拱圈和拱架有位移现象就报告现场施工队长龙某。12 时左右龙某带十多人到桥下检查拱架和假墩，发现桥拱圈和拱架中间大部分位移 3 厘米左右，龙某说用铁丝拉住可以继续翻拱，随后在桥中部拉两根 8 号铁丝拴在河边树上和河中的石头上。中午未到上班时间龙某就要大家干活。民工在施工中发现上河方向的铁丝已明显绷紧，下河方向的风浪绳明显松弛。此时，龙某也听到上河风浪绳的拉叫声，并看到风浪绳甩了两下，有的民工感到危险准备停工。龙某到桥下问张某和杨某"铁丝是否甩了两下"？两人回答"没事，可能是桥上民工扔的水泥块打在了铁丝上"，龙某又上桥去催促民工"没事，快点干，干完就没事了"。民工们又继续施工近 20 分钟，突然桥下有人喊"快跑，桥垮了"！桥上的民工刚开始跑的瞬间，桥就坍塌了下来。

事故原因：

这起事故主要是违章指挥，违章作业所致。施工过程中偷工减料，混凝土松散不能形成凝结，拱架用木料材质不符合标准，假墩用毛条石支砌且基础不稳定；无有效的安全防护措施，盲目蛮干。另外，该桥的设计和施工双方均无建桥资质。

◎ 思考：

1. 根据安全生产法的规定，在这起事故中，职工有哪些权利没有行使？
2. 龙某是构成重大事故责任罪还是重大劳动安全事故罪？

第五章　事故与职业病管理

◎ **学习目标：**

　　了解伤亡事故的分类，事故的预防对策，事故经济损失所包括的统计项目；隐瞒事故不报的危害。掌握伤亡事故的含义、损失工作日的含义，伤亡事故统计分析指标、事故经济损失相关计算，伤亡事故统计分析图表的画法及相关计算，安全投资与效益的关联分析方法以及职业病的统计指标。

第一节　伤亡事故的定义及分类

一、伤亡事故的定义

　　伤亡事故指企业职工在生产劳动过程中发生的人身伤害和急性中毒。它包括工作意外事故和职业病所致的伤残及死亡。

　　伤，一般表现为暂时性的，部分劳动能力丧失；残一般表现为永久性的部分或全部丧失劳动能力。人身伤害指事故造成的轻伤、重伤或死亡结果。急性中毒指生产性毒物一次或短期内(一般不超过一个工作日，最多不超过班后数小时)通过人的呼吸道、皮肤或消化道大量进入人体，使人体在短时间内发病，导致职工死亡或必须接受急救治疗的事故。

二、伤亡事故的分类

　　(一)按事故类别分类

　　(1)物体打击；(2)车辆伤害；(3)机械伤害；(4)起重伤害；(5)触电；(6)淹溺；(7)灼烫；(8)火灾；(9)高处坠落；(10)坍塌；(11)冒顶片帮；(12)透水；(13)放炮；(14)火药爆炸；(15)瓦斯爆炸；(16)其他爆炸；(17)受压容器爆炸；(18)锅炉爆炸；(19)中毒和窒息；(20)其他伤害。

　　(二)按伤害程度分类

　　(1)轻伤事故：损失工作日大于等于 1 日小于 105 日的失能伤害事故。失能伤害包括暂时性失能伤害和永久性失能伤害。暂时性失能伤害指伤害及中毒者暂时不能从事原岗位工作的伤害；永久性部分失能伤害指伤害及中毒者肢体或某些器官部分功能不可逆的丧失的伤害；永久性全失能伤害指除死亡外一次事故中，受伤者完全残废的伤害。

　　(2)重伤事故：损失工作日等于和超过 105 日(小于等于 6000 日)的失能伤害事故。

　　(3)死亡事故：指事故发生后当即死亡(含急性中毒死亡)或负伤后在 30 天内死亡的

事故。死亡事故的损失工作日为6000日。损失工作日(lost workdays)指被伤害者失能的工作时间,死亡或永久性全失能伤害损失工作日定为6000日。永久性部分失能伤害按损失工作日换算表进行换算,参照国家标准GB/T15499—1995(国家技术监督局1995年3月10日批准,1995年10月1日执行)。手足单纯骨折损失工作日换算见表5.1,鼻部损伤损失工作日换算见表5.2。对于永久性部分失能伤害不管其歇工天数为多少,其损失工作日均按表定数值计算。表中未规定数值的暂时失能伤害按歇工天数计算;对于重伤,各伤害部位累计损失工作日数值超过6000日者,仍按6000日计算。

表5.1　　　　　　　　　　　　手足单纯骨折损失工作日换算表(日)

手					
	拇指	食指	中指	无名指	小指
远节指骨	60	50	40	35	30
中节指骨	—	55	40	35	30
近节指骨	60	60	60	50	40
掌骨	70	60	60	60	60
足					
	拇趾	二趾	三趾	四趾	小趾
远节趾骨	50	20	20	20	20
中节趾骨	—	40	40	40	40
近节趾骨	60	55	55	55	55
跖骨、跗骨	65	60	60	60	60

表5.2　　　　　　　　　　　　　　鼻部损伤损失工作日换算表

功能损伤与部位	损失工作日
外鼻挫伤创口愈合,肿胀消退,鼻腔能通畅	30
鼻骨骨折、鼻部轻度变形	100
鼻脱落者	2000
鼻局部缺损致使嗅觉功能显著障碍者	1000
鼻骨粉碎性骨折或鼻骨线形骨折,伴有明显移位者,需手术整复者	300
单纯性无移位性鼻骨骨折	60
单侧鼻腔或鼻孔闭锁	400
鼻中隔穿孔	90

（三）按事故严重程度或直接经济损失分类

（1）特别重大事故，是指造成30人以上死亡，或者100人以上重伤（包括急性工业中毒，下同），或者1亿元以上直接经济损失的事故。

（2）重大事故，是指造成10人以上30人以下死亡，或者50人以上100人以下重伤，或者5000万元以上1亿元以下直接经济损失的事故。

（3）较大事故，是指造成3人以上10人以下死亡，或者10人以上50人以下重伤，或者1000万元以上5000万元以下直接经济损失的事故。

（4）一般事故，是指造成3人以下死亡，或者10人以下重伤，或者1000万元以下直接经济损失的事故。国务院安全生产监督管理部门可以会同国务院有关部门，制定事故等级划分的补充性规定。这里所称的"以上"包括本数，所称的"以下"不包括本数。

第二节　伤亡事故报告及调查分析处理

《生产安全事故报告和调查处理条例》已经自2007年6月1日起施行。生产经营活动中发生的造成人身伤亡或者直接经济损失的生产安全事故的报告和调查处理适合此条例。

一、伤亡事故的报告

（1）目的：便于有关部门及时掌握事故情况并进行事故救援或事故调查处理工作的安排。

（2）原则：报告内容详尽，报告时间迅速，报告程序正确。事故发生后，事故现场有关人员应当立即向本单位负责人报告；单位负责人接到报告后，应当于1小时内向事故发生地县级以上人民政府安全生产监督管理部门和负有安全生产监督管理职责的有关部门报告。

情况紧急时，事故现场有关人员可以直接向事故发生地县级以上人民政府安全生产监督管理部门和负有安全生产监督管理职责的有关部门报告。

二、伤亡事故报告程序

安全生产监督管理部门和负有安全生产监督管理职责的有关部门接到事故报告后，应当依照下列规定上报事故情况，并通知公安机关、劳动保障行政部门、工会和人民检察院：

（1）特别重大事故、重大事故逐级上报至国务院安全生产监督管理部门和负有安全生产监督管理职责的有关部门；

（2）较大事故逐级上报至省、自治区、直辖市人民政府安全生产监督管理部门和负有安全生产监督管理职责的有关部门；

（3）一般事故上报至设区的市级人民政府安全生产监督管理部门和负有安全生产监督管理职责的有关部门。

安全生产监督管理部门和负有安全生产监督管理职责的有关部门依照前款规定上报事故情况，应当同时报告本级人民政府。国务院安全生产监督管理部门和负有安全生产监督管理职责的有关部门以及省级人民政府接到发生特别重大事故、重大事故的报告后，应当立即报告国务院。

必要时，安全生产监督管理部门和负有安全生产监督管理职责的有关部门可以越级上报事故情况。

安全生产监督管理部门和负有安全生产监督管理职责的有关部门逐级上报事故情况，每级上报的时间不得超过 2 小时。

三、伤亡事故报告的内容

(1)事故发生单位概况；

(2)事故发生的时间、地点以及事故现场情况；

(3)事故的简要经过；

(4)事故已经造成或者可能造成的伤亡人数(包括下落不明的人数)和初步估计的直接经济损失；

(5)已经采取的措施；

(6)其他应当报告的情况。

事故报告后出现新情况的，应当及时补报。自事故发生之日起 30 日内，事故造成的伤亡人数发生变化的，应当及时补报。道路交通事故、火灾事故自发生之日起 7 日内，事故造成的伤亡人数发生变化的，应当及时补报。禁止出现隐瞒事故不报的现象，隐瞒事故不报危害较大，主要体现在以下方面：第一，不利于事故的救援与调查；第二，不利于事故的处理和类似事故的预防；第三，不利于社会稳定与企业形象建设；第四，事故发生后未使责任者和群众受到教育；第五，不利于事故的统计分析和对工伤的认定。如：从长期看，有些事故带来的影响是长期的，如受伤部位旧伤复发的情况。如果事故发生时没有上报，旧伤复发是不能够享受相关工伤待遇的。

四、伤亡事故的调查分析处理

(一)调查目的

通过取证、调查、分析、全面掌握事故情况，准确"查明事故原因、尽早分清事故责任、制定改进措施、避免同类事故发生"。

(二)事故分析的一般步骤

(1)整理、阅读调查材料；

(2)按七项内容进行分析；

(3)确定事故的直接原因；

(4)确定事故的间接原因；

(5)确定事故责任者：主要责任、直接责任和领导责任；

(6)提出处理意见和防范措施。

(三)伤亡事故的处理

重大事故、较大事故、一般事故，负责事故调查的人民政府应当自收到事故调查报告之日起 15 日内做出批复；特别重大事故，30 日内做出批复，特殊情况下，批复时间可以适当延长，但延长的时间最长不超过 30 日。伤亡事故的处理遵循"四不放过"的原则，即事故原因未查清不放过，责任人员未处理不放过，整改措施未落实不放过，有关人员未受到教育不放过。事故处理的"四不放过"原则要求对安全生产工伤事故必须进行严肃认真的调查处理，接受教训，防止类似事故的发生。事故处理应在 90 天内结案，不得超过180 天。具体《生产安全事故报告和调查处理条例》法规内容见附录。

第三节　伤亡事故的统计分析

伤亡事故的统计分析是指运用一定的统计分析方法，对某个地区、某个行业或某个部门某时期内的职工伤亡事故资料进行统计和综合分析，从而发现事故发生规律的过程。通过伤亡事故统计分析，可以提供某个时期伤亡事故的全部情况，找出事故的发生规律，找出安全生产管理的薄弱环节，了解国家或企业安全生产管理工作的发展趋势和特点，同时，有利于开展安全评价工作及实施安全目标管理。

一、伤亡事故主要统计指标及计算方法

（一）统计指标

伤亡事故的统计指标常用的有总量指标和相对指标。总量指标指事故次数、事故死亡人数、事故损失工作日数以及为计算相对指标所需的平均职工人数、主要产品产量（一般以万吨计）等绝对数字指标。总量指标可以直接反映一个企业、部门、地区安全状况的好坏，但是由于不同地区、部门和单位的情况不同，采用总量指标无法对事故的情况进行比较，也难以对安全工作的好坏进行鉴别，因此往往还要采用相对指标。国家标准GB6441—1986《企业职工伤亡事故分类标准》规定了六种伤亡事故统计相对指标及其计算方法。

1. 千人死亡率

千人死亡率表示某时期内，被统计单位平均每千名职工中，因工伤事故造成的死亡人数。其计算公式为：

$$千人死亡率 = \frac{死亡人数}{平均职工人数} \times 10^3$$

2. 千人重伤率

千人重伤率表示某时期内，被统计单位平均每千名职工中，因工伤事故造成的重伤人数。其计算公式为：

$$千人重伤率 = \frac{重伤人数}{平均职工人数} \times 10^3$$

3. 百万工时伤害率

百万工时伤害率表示某时期内，每百万工时事故造成伤害的人数。伤害人数是指轻伤、重伤和死亡人次数之和。其计算公式为：

$$百万工时伤害率 = \frac{伤害人数}{实际总工时数} \times 10^6$$

4. 伤害严重率

伤害严重率表示某时期内，每百万工时事故造成的损失工作日数。其计算公式为：

$$伤害严重率=\frac{总损失工作日数}{实际总工时数}\times10^6$$

损失工作日数根据国家标准 GB/T15499—1995 进行计算。总损失工作日系指指标统计时期内每一受伤害者的损失工作日的总和。

5. 伤害平均严重率

伤害平均严重率表示某时期内，每人次受伤害的平均损失工作日数。其计算公式为：

$$伤害平均严重率=\frac{总损失工作日数}{伤害人数}$$

6. 按产品产量计算的死亡率

适用于以吨、立方米产量为计算单位的行业和企业使用。其计算公式为：

$$百万吨死亡率=\frac{死亡人数}{实际产量（吨）}\times10^6$$

$$百万立方米死亡率=\frac{死亡人数}{实际产量（吨）}\times10^6$$

千人死亡率和千人重伤率是为完成"事故月报表"而制定的。它们适用于企业以及省、市、县级劳动安全监察部门和有关部门上报伤亡事故时使用，其特点是易于统计、行文方便，但不利于做综合分析。

百万工时伤害率、伤害严重率和伤害平均严重率，是用于评价安全管理工作成效的常用的计算指标，其计算方法是国际上所通用的。

百万吨死亡率和百万立方米死亡率，是按产品产量计算的平均死亡率。它们考虑了冶金、矿山、林场等部门或行业的特点，且有利于与国际同行业进行比较，既可用于综合分析，又可用于按要求上报事故。

（二）有关计算

例：某钢铁公司 1989 年平均在籍职工 5 万人，生产钢铁 250 万吨，一年内因工伤事故死亡 2 人，重伤 3 人，轻伤 120 人，按 GB6441—1986 计算，因重伤累计损失工作日 8000 日，轻伤累计损失工作日为 9600 日，试计算伤亡事故统计指标的值。

解：（1）$千人死亡率=\frac{死亡人数}{平均职工人数}\times10^3=\frac{2}{5\times10^4}\times10^3=0.04$

（2）$千人重伤率=\frac{重伤人数}{平均职工人数}\times10^3=\frac{3}{5\times10^4}\times10^3=0.06$

（3）$百万工时伤害率=\frac{伤害人数}{实际总工时数}\times10^6=\frac{125}{8\times5\times10^4\times(365-52-7)}\times10^6=1.224$

（4）$伤害严重率=\frac{总损失工作日数}{实际总工时数}\times10^6=\frac{6000\times2+8000+9600}{8\times5\times10^4\times(365-52-7)}\times10^6=241.83$

（5）$伤害平均严重率=\frac{总损失工作日数}{伤害人数}=\frac{6000\times2+8000+9600}{125}=236.8$

(6)百万吨死亡率 $= \dfrac{死亡人数}{实际产量(吨)} \times 10^6 = \dfrac{2}{250 \times 10^4} \times 10^6 = 0.8$

1994 年 3 月 1 日前每周工作 48 小时，1994 年 3 月 1 日实行每周工作 44 小时工作制；1995 年 5 月 1 日实行每周工作 40 小时工作制；1999 年 10 月 1 日开始国庆节、五一节、春节都休假 3 天，从 2008 年 1 月 1 日起，清明节、五一节、中秋节、端午节都休假 1 天。

二、伤亡事故分析图

(一)排列图

1879 年，意大利经济学家帕累托在研究个人收入的分布状态时，发现少数人的收入占全部人收入的大部分，而多数人的收入却只占一小部分，他将这一关系用图表示出来，就是著名的帕累托图(又称排列图)。该分析方法的核心思想是在决定一个事物的众多因素中分清主次，识别出少数的但对事物起决定作用的关键因素和多数的但对事物影响较少的次要因素。后来，帕累托法被不断应用于管理的各个方面。1951 年，管理学家戴克(H. F. Dickie)将其应用于库存管理，命名为 ABC 法(activity based classification)。1951—1956 年，约瑟夫·朱兰将 ABC 法引入质量管理，用于质量问题的分析。1963 年，彼得·德鲁克(P. F. Drucker)将这一方法推广到全部社会现象，使 ABC 法成为企业提高效益普遍应用的管理方法，其主要内容就是找出影响质量的主次因素，将影响质量的因素按累计频率分为 ABC 三类。

主要因素(A 类)：累计百分比 $\in (0, 80\%]$；次要因素(B 类)：累计百分比 $\in (80, 90\%]$；一般因素(C 类)：累计百分比 $\in (90, 100\%]$，主要因素一般不超过三个。

例：某企业 2015 年共发生事故 58 次，具体统计结果如表 5.3 所示：试画出事故类别与事故次数的排列图，并判断主要、次要、一般因素。

表 5.3　　　　事故类别与事故频数

事故类别	灼烫	触电	火药爆炸	物体打击	机械伤害	起重伤害	高处坠落
频数	6	3	1	26	18	2	2

解：(1)按事故发生的频数从大到小的顺序进行排列，计算累计频数、百分比和累计百分比，计算结果如表 5.4 所示。

表 5.4　　　　累计百分比计算结果

事故类别	频数	累计频数	百分比	累计百分比
物体打击	26	26	44.8	44.8
机械伤害	18	44	31	75.9

事故类别	频数	累计频数	百分比	累计百分比
灼烫	6	50	10.3	86.2
触电	3	53	5.1	91.3
超重伤害	2	55	3.5	94.8
高处坠落	2	57	3.5	98.3
火药爆炸	1	58	1.7	100

(2)画出事故类别与事故次数的排列图,如图 5.1 所示。

(3)确定主要、次要及一般因素。

主要因素:物体打击、机械伤害;

次要因素:灼烫;

一般因素:触电、起重伤害、高处坠落、火药爆炸。

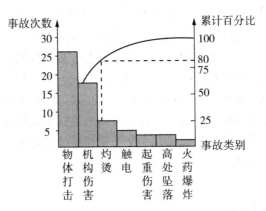

图 5.1 事故类别与事故次数排列图

(二)事故趋势图

事故趋势图又称事故动态图,其横坐标多由时间、年龄或工龄等构成,纵坐标则可根据分析者的需要选用不同的统计指标,如反映工伤事故规模的指标(事故次数、事故伤害总人数、事故损失工作日数、事故经济损失等),反映工伤事故严重程度的指标(伤害严重率、伤害平均严重率等),以及千人死亡率、千人重伤率等其他反映工伤事故相对程度的指标。如图 5.2 所示以时间与负伤频率来反映事故发生趋势。

(三)事故管理图

事故管理图(又称为控制图)是一种有控制界限的趋势变化坐标图,其横坐标为时间;纵坐标为管理因素的特性值,如事故次数、伤亡人数、千人负伤率、事故伤害频率等。控

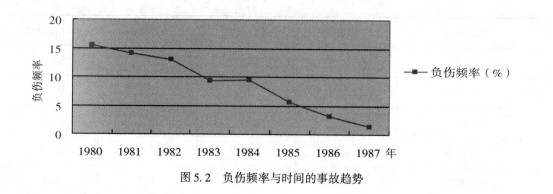

图 5.2 负伤频率与时间的事故趋势

制图不仅可以对过去某一统计时期的事故状况做动态分析，而且可以结合安全目标管理来控制未来的安全生产状态。

伤亡事故是随机事件，一定时期内，伤亡人数、事故次数等随机变量，大致符合二项分布。设事件 A 发生与不发生的概率分别为 P，$1 - P$(二项分布是指每次试验只可能出现两种结果：事件 A 或事件 A′)，独立地进行 n 次试验，则在试验中事件 A 可能出现的次数 M 的概率分布为

$$P(M = k) = C_n^k p^k (1 - p)^{n-k} \qquad (k = 0, 1, \cdots, n)$$

$$期望值 E = np，标准差 \delta = \sqrt{np(1 - p)}$$

当统计样本数足够大时，其二项分布接近于正态分布，根据正态分布的特点，确定出管理目标的波动上下限，即置信区间，当它为 $\mu \pm \delta$ 时，置信度约为 68.27%，当它为 $\mu \pm 2\delta$ 时，其置信度约为 95.44%，当它为 $\mu \pm 3\delta$ 时，其置信度约为 99.74%。由此可看出，δ 前面的系数越大，所统计的样本中取值在置信区间内的样本就越多。考虑到目标管理的要求，管理图中控制线值的置信区间选择 $\mu \pm 2\delta$，从而可以确定伤亡事故管理图的上、中、下控制线值 UCL、CL、LCL。

CL = np

UCL = $np + 2\sqrt{np(1 - p)}$

LCL = $np - 2\sqrt{np(1 - p)}$ (当控制下线值为负数时，取整数值 0)

$p = \dfrac{m}{kn}$

p：统计期内每人每月发生伤亡事故的概率；

m：统计期内的伤亡人(次) 数；

k：统计期内的月份数；

n：统计期内的在册职工人数。

例：某厂共有职工 6300 人，2017 年和 2018 年发生的伤亡事故次数如表 5.5 所示。2018 年，该厂推行安全目标管理要求全年事故率控制在 10‰，按此要求绘制两年的伤亡事故管理图，并根据图做伤亡事故分析(两年在册职工均以 6300 人计)。

表 5.5 **2017 年与 2018 年部分月份事故发生次数**

月份 / 年份	1	2	3	4	5	6	7	8	9	10	11	12
2017	5	4	11	4	14	18	13	15	10	11	12	5
2018	10	5	11	2	3	6	11	14				

解:(1)计算控制线

2017 年:每人每月发生事故概率 $p = \dfrac{m}{nk} = 0.00161$

控制中线:$CL = np = 10.143(次)$

控制上线:$UCL = np + 2\sqrt{np(1-p)} = 16.506(次)$

控制下线:$LCL = np - 2\sqrt{np(1-p)} = 3.78(次)$

2018 年:每人每月发生事故概率 $p = \dfrac{m}{nk} = \dfrac{6300 \times 0.01}{12 \times 6300} = 0.00083$

控制中线:$CL = np = 5.25(次)$

控制上线:$UCL = np + 2\sqrt{np(1-p)} = 9.83(次)$

控制下线:$LCL = np - 2\sqrt{np(1-p)} = 0.67(次)$

(2)画出伤亡事故管理图如图 5.3 所示。

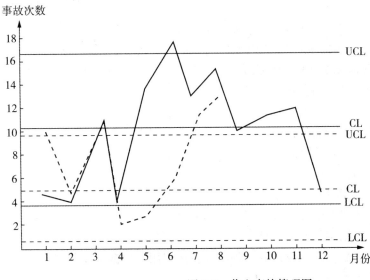

图 5.3 伤亡事故管理图

(3)伤亡事故原因分析

①图中折线超过控制上限时,说明有新的或突出的不安全因素起了作用,如 2017 年

6 月，需立即采取措施进行控制。

②图中折线不断上升，说明不仅存在不安全因素，而且连续起作用，如 2017 年 4—6 月，2018 年 4—8 月。

③有周期性变化时，说明可能有周期性作用的因素，必须改善环境条件。如 2017 年与 2018 年 1—6 月，事故发生趋势完全类似。

④图中折线不断下降，并降到控制下线附近时，说明安全状况良好，可以总结安全管理经验。如 2017 年 2 月与 4 月；2018 年 4 月安全状况相对较好。

三、伤亡事故经济损失的统计计算

事故对社会经济和企业生产的影响是分析安全效益、指导安全定量决策的重要基础性工作。事故损失指意外事件造成的生命与健康丧失、物质或财产毁坏、时间损失、环境破坏等，包括事故直接经济损失，指与事故事件当时的、直接相联系的、能用货币直接估价的损失；事故间接经济损失，指与事故事件间接相联系的、能用货币直接估价的损失；事故直接非经济损失，指与事故事件当时的、直接相联系的、不能用货币直接定价的损失，如事故导致的人的生命与健康、环境的毁坏等无直接价值(只能间接定价)的损失；事故间接非经济损失，指与事故事件间接相联系的、不能用货币直接定价的损失，如事故导致的工效影响、商誉损失、政治安定影响等。

(一)事故经济损失的理论计算法

事故经济损失应该按下式计算：

$$事故经济损失 = 事故直接经济损失(A) + 事故间接经济损失(B)$$

1. 事故直接经济损失的计算：

$$A = L_设 + L_物 + L_资 = L_1 + L_2 + L_物 + L_资$$

式中：$L_设$——设备设施工具等固定资产的损失；

　　　$L_物$——材料产品等流动资产的物质损失；

　　　L_1——原材料损失按账面价值减去残值；

　　　L_2——成品、半成品、在制品按本期成本减去残值；

　　　$L_资$——资源遭受破坏的价值损失；

　　　$L_资$ = 损失量 × 资源的市场价格。

2. 事故间接经济损失的计算

事故间接经济损失的计算主要包括：

①事故现场抢救与处理费用，根据实际开支统计；

②事故事务性开支，根据实际开支统计；

③人员伤亡的丧葬、抚恤、医疗及护理、补助及救济费用，根据实际开支统计；

④事故已经结案但未能结算的医疗费 M；

$$M = M_b + \frac{M_b}{P}D_c$$

式中：M——受伤职工的医疗费，万元；

　　　M_b——事故结案日前的医疗费，万元；

P ——事故发生之日至结案日的天数，日；

D_C ——延续医疗天数，由企业人力资源部、安全、工会等部门按医生诊断意见确定，日；

上述公式只是测算一名受伤职工的医疗费，一次事故中多名受伤职工的医疗费应累计计算。

⑤休工的劳动损失价值 L_E；

劳动损失价值是指受伤害人由于劳动能力一定程度的丧失而少为企业创造的价值。计算方法有如下三种：按工资总额计算、按净产值计算和按企业利税计算。

$$劳动损失价值 L_{E_i} = D_L \frac{P_{E_i}}{NH}, \quad 其中 i = 1, 2, 3$$

式中：D_L ——企业总损失工作日数；

P_{E_1} ——企业全年工资总额；

P_{E_2} ——企业全年净产值；

P_{E_3} ——企业全年利税；

⑥事故罚款、诉讼费及赔偿损失，根据实际开支统计；

⑦减产及停产的损失，可按减少的实际产量价值核算；

⑧补充新职工的培训费。

(二)事故经济损失构成计算方法

我国按照《企业职工伤亡事故经济损失统计标准》(GB6721—1986)统计和计算事故经济损失，该标准将伤亡事故的经济损失分为直接经济损失和间接经济损失两部分。

1. 直接经济损失

直接经济损失包括因事故造成人身伤亡后所支付的费用、善后处理支出费用和财产损失价值。人身伤亡后所支出的费用包括医疗费用(含护理费)、丧葬及抚恤费用、补助及救济费用和歇工工资。善后处理支出费用包括处理事故的事务性费用、现场抢救费用、清理现场费用、事故罚款和赔偿费用。财产损失价值包括固定资产损失价值与流动资产损失价值。

根据中国安全生产科学研究院安全专家张兴凯对"十二五"期间发生的、已经公布的生产安全死亡事故报告进行检索，选择事故调查报告要素比较齐全、具有代表性的生产安全死亡事故 219 起进行直接经济损失统计分析并估算全国年度生产安全死亡事故直接经济损失。估算结果表明，"十二五"期间我国生产安全死亡事故直接经济损失达到 4651 亿元，约占国内生产总值的 0.16%，占全国财政收入的 0.72%，生产安全死亡事故的直接经济损失巨大。

2. 间接经济损失

间接经济损失包括停产、减产损失，工作损失价值，资源损失价值，处理环境污染费用，补充新职工的培训费用，其他损失费用六个方面。

3. 子项目及其计算方法

(1)医疗费用。它是指用于治疗受伤职工所开支的费用，如药费、治疗费、住院费等在卫生部门开支的费用，以及为照顾受伤职工请专人护理所支出的费用。后者由事故发生单位支付，统计时，只需要填入实际费用即可。对那些在事故处理结案后仍需要治疗的被伤害职工的医疗费用，按 GB6721—1986 标准中的测算公式进行统计（详见前述事故经济损失理论计算法中的医疗费计算公式）。

$$M = M_b + \frac{M_b}{P}D_c$$

　　M—— 受伤职工的医疗费，万元；

　　M_b—— 事故结案日前的医疗费，万元；

　　P—— 事故发生之日至结案日的天数，日；

　　D_C—— 延续医疗天数，由企业人力资源部、安全、工会等部门按医生诊断意见确定，日；

　　上述公式只是测算一名受伤职工的医疗费，一次事故中多名受伤职工的医疗费应累计计算。

　　（2）歇工工资。它是指工伤职工自事故之日起的实际歇工期内，用人单位支付给其本人的工资总额。歇工工资无论是在工资基金中开支，还是在保险福利费中开支，都应作为经济损失如实统计上报。当歇工日超过事故结案日时，歇工工资按 GB6721—1986 标准中的测算公式进行统计，即：

$$L = L_q(D_a + D_k)$$

式中：L ——受伤职工的歇工工资，元；

　　　　L_q ——受伤职工日工资，元；

　　　　D_a ——至结案日的歇工天数，日；

　　　　D_k ——延续歇工日数，即事故结案后还需要继续歇工的时间，由企业人力资源部、安全、工会等部门酌情商定，日。

　　（3）处理事故的事务性费用。处理事故的事务性费用包括交通费、差旅费、接待其亲属的费用以及事故调查处理工作中所需要的聘请费、器材费以及尸体处理费用等，此项费用按实际支出如实统计。

　　（4）现场抢救费。现场抢救费指事故发生时，外部人员为了控制和终止灾害、援助受灾人员脱离危险现场的费用，如火灾事故现场救火所需要的费用。救护伤员的费用要列在医疗费中统计。

　　（5）清理现场费用。清理现场费用是指清理事故现场的尘毒污染以及为恢复生产而对事故现场进行整理和清除残留物所支出的费用，如修复管道线路等所需要的费用。

　　（6）事故罚款和赔偿费用。事故罚款是指上级单位依据有关法规对事故单位的罚款，不包括对事故责任者的罚款。赔偿费用是指企业因发生事故不能按期完成合同而引致的对外单位的经济赔偿以及因造成公共设施的损坏而发生的赔偿费用，不包括对个人的赔偿和因造成环境污染的赔偿。

　　（7）固定资产损失价值。固定资产损失价值包括报废的固定资产损失价值和损坏的固定资产损失价值两个部分。前者用固定资产净值减去固定资产残值计算；后者按修复费用统计。

　　（8）流动资产损失价值。流动资产是指在企业生产和流通领域中不断变换形态的物质，如原材料、燃料、辅助材料、半成品、在制品及成品等。原材料、燃料、辅助材料等流动资产的损失价值按账面值减去残留值计算；半成品、在制品及成品等流动资产的损失价值，均以企业实际成本减去残值计算。

（9）工作损失价值计算。事故使受伤职工的劳动能力部分或全部丧失而造成的损失价值称为工作损失价值，用损失工作日来度量。具体可以按下式进行计算：

$$V_W = D_1 \frac{M}{SD}$$

式中：V_W——工作损失价值，万元；

D_1——一起事故的总损失工作日数，死亡一名职工按 6000 个工作日计算，受伤职工视其伤害情况按《企业职工伤亡事故分类标准》的附表确定损失工作日数。

M——企业上年税利（税金加利润），万元；

S——企业上年平均职工人数，人；

D——企业上年法定工作日数，日。

（10）资源损失价值。主要指工伤事故造成的物质资源损失价值。由于物质损失情况比较复杂，可能会出现难以计算其损失价值的情况，因此常常采用商榷或估算的办法。一般是先确定受损的项目，然后逐项计算或估算损失价值，最后将结果求和。

（11）处理环境污染的费用。其中主要包括排污费、赔损费、保护费和治理费。

（12）补充新职工的培训费用。

国外特别是西方国家，伤害的赔偿主要由保险公司承担，于是，把由保险公司支付的费用定义为直接经济损失，而把其他由企业承担的经济损失定义为间接经济损失。

（1）美国海因里希方法。把一起事故的经济损失划分为两类：由生产公司申请、保险公司支付的金额划为"直接经济损失"，把除此以外的财产损失和因停工使公司受到损失的部分作为"间接经济损失"。

（2）美国西蒙兹计算法。把"由保险公司支付的金额"定为直接损失，把"不由保险公司补偿的金额"定为间接损失。以平均值法来计算事故总损失。即提出下述计算公式：

事故总损失 = 保险损失 + A × 停工伤害次数 + B × 住院伤害次数 + C × 急救医疗伤害次数 + D × 无伤害事故次数

式中 A、B、C、D 为不同伤害程度事故的非保险费用平均金额。

4. 事故经济损失间直倍比系数的计算方法

$$E = E_d + E_i$$
$$E_d : E_i = 1 : K$$

式中：E——事故经济损失；

E_d——事故直接经济损失；

E_i——事故间接经济损失；

K——事故经济损失间直倍比系数。

不同的事故类型，如化工行业火灾爆炸事故，或是煤矿的伤亡事故，它们的直接损失和间接损失是有一定的比例规律的，常用"事故经济损失间直倍比系数"来反映这一规律。国际上有许多专家学者长期致力于这一系统规律的研究。

　　(1)1941 年美国的 Heinrich 根据保险公司 5000 余起伤亡事故经济损失的统计分析得出直接经济损失：间接经济损失＝1：4 的结论，即 K 值为 4，这一结论至今仍被国际劳工组织(ILO)采用，作为估算各国伤亡事故经济损失的依据。

　　(2)1949 年法国的 Bouyeur 根据本国事故统计的研究结论也是 4；

　　(3)1962 年法国的 Legras 从产品售价、成本关系方面的研究结论也是 4；

　　(4)1960 年法国的 Jacques 的研究中得出的结论是 2.5；

　　(5)1976 年 Bird 和 Loftus 的研究结论是 5；

　　(6)1979 年法国的 Letoublon 针对人身伤害事故的研究结果是 1.6；

　　(7)1993 年英国的 HSE 发布的研究报告认为是 8~36(因行业而异)。

　　从上可以看出，针对不同行业的事故类型，甚或由于研究的对象不同，其研究结论存在较大差异，但共同的结论都表明间接经济损失高于直接经济损失。

　　由于国内外对伤亡事故直接经济损失和间接经济损失划分不同，直接经济损失与间接经济损失的比例也不同。我国规定的直接经济损失项目中包含一些在国外属于间接经济损失的内容。一般来说，我国的伤亡事故经济损失所占的比例应该较国外大，我国不同行业事故经济损失间直倍比系数如表 5.6 所示。

表 5.6　　　　　　　　　　　我国不同行业事故经济损失间直倍比系数

行业	仪表	机械	化工	综合值
间直比	5.88	3.54	2.14	2.314

5. 经济损失率指标计算及评价

　　伤亡事故的损失后果有两个重要表现形式：一是人员伤亡损失，二是经济损失。因此，在对事故进行全面的综合评价时，也应从两个方面来进行。长期以来，通常仅采用死伤人数、千人负伤率、百万产值伤亡人数等指标，从人员伤亡方面进行事故的评价显然是不够的。我们建议在综合利用事故统计分析所提出的事故后果相对指标时，应着重考虑如下几项经济损失指标来评价企业职工伤亡事故的规模和严重程度，这样可以完善仅从事故后果的一个方面———人员伤亡来评价事故的评价方法，从而对事故做出全面的评价。

　　(1)千人经济损失率按下列公式计算：

$$R_s = \frac{E}{S} \times 10^3$$

　　式中：R_s——千人经济损失率，万元/千人；

　　　　　E——全年内经济损失，万元；

　　　　　S——企业在册职工人数，人。

　　千人经济损失率将事故经济损失和企业的劳动力联系在一起，它表明全部职工中平均每一千职工因事故所发生的经济损失大小，反映了事故给企业全部职工经济利益带来的影响。

（2）百万元产值经济损失率按下列公式计算：

$$R_v = \frac{E}{v} \times 10^2$$

式中：R_v——百万元产值经济损失率，万元/百万元；

　　　E——全年总经济损失，万元；

　　　v——企业全年总产值，万元。

百万元产值经济损失率将事故经济损失和企业的经济效益联系在一起，它表明企业平均每创造一百万元产值因事故所造成的经济损失的大小，反映了事故对企业经济效益造成的经济影响程度。

例：2000年3月9日，某镇煤矿发生瓦斯爆炸事故，事故死亡29人，该煤矿上年产量3万吨，利税60万元，企业上一年平均职工人数为105人，企业上一年工作日数为300天，这次事故因人身伤亡所支出的费用为640万元，善后处理费用为130万元，财产损失价值达到280万元，停产、减产损失价值为20万元，资源损失价值为30万元。则：

（1）这起事故的工作损失价值为（　　）万元。

　　A. 11.4　　B. 55.2　　C. 331.4　　D. 1100　　E. 1740

（2）这起事故造成的直接经济损失是（　　）万元。

　　A. 1050　　B. 1100　　C. 1740　　D. 2000　　E. 2640

（3）这起事故造成的间接经济损失是（　　）万元。

　　A. 30　　B. 50　　C. 55.2　　D. 331.4　　E. 381.4

（4）如果该煤矿上年全年的经济损失是25.6万元，则该煤矿上年的千人经济损失率是（　　）

　　A. 0.24　　B. 13.6　　C. 24.4　　D. 243.8　　E. 381.4

（5）如果该煤矿上年全年的总产值是900万元，则该煤矿上年百万元产值的经济损失率是（　　）

　　A. 2.84　　B. 13.6　　C. 284　　D. 333.4　　E. 1050

6. 生命与健康价值分析

安全最基本的意义是生命与健康得到保障。安全科学技术的目的是保证安全生产、减少人员伤亡和职业病的发生，以及使财产损失和环境危害降低到最小限度。在追求这些目标，以及评价人类这一工作的成效时，需要衡量安全的效益成果，即安全的价值问题。财产、劳务等这些价值因素客观上就是商品，一般来说容易做出定量的评价，而对于生命、健康、环境影响等非价值因素，由于它们不是商品，不能简单直接地用货币来衡量。但是，在实际安全经济活动中，需要对它们做出客观合理的估价，以对安全经济活动做出科学的评价和有效地指导其决策。我国普遍是生命经济赔偿无标准可循。理论上说不清是对人的生命中经济价值损失的赔偿，还是对人的生命本身的赔偿，使得计算方法和模型难以科学地确立，只能按惯例处理。这种情况不能适应社会主义市场经济条件下事故处理、安全管理、事故预防决策等活动的要求。对于生命与健康的价值测算有如下理论。

(1)美国经济学家泰勒对死亡风险较大的一些职业进行了研究,其结果是:由于有生命危险,人们自然要求雇主支付更多的生命保险,在一定的死亡风险水平下,人们接受一定的生命价值水平,并将其换算为解救一个人的生命所付出的费用,70年代大约价值为34万美元。

(2)英国学者利用本国统计数字研究了三种不同行业为防止工伤事故的花费,并从效果成本分析中得出了人生命的内含估值,即为防止一个人员死亡所花费的代价以此来推断人的生命价值。

(3)1977年美国学者布伦魁斯特考察了汽车座位保险带的使用情况。他用人们舍得花一定时间系紧座位安全带的时间价值,推算出人们对安全代价的接受水平,结果是人的生命价值为26万美元。

(4)美国经济学家克尼斯在他1984年出版的《洁净空气和水的费用效益分析》一书中,主张在对环境风险进行分析时,考察每个生命价值可在25万至100万美元之间取值。

(5)国外比较通行的是"延长生命年法",即一个人的生命价值就是他每延长生命一年所能生产的经济价值之和。例如一个6岁孩子的生命价值,就要看他的家庭经济水平,他的功课状况,预期他将接受多少教育及可能从事哪一职业。假设他21岁时将成为会计师,年薪2万美元,由此可用贴现率计算他在6岁时的生命经济价值。

(6)根据诺贝尔经济学奖获得者莫迪利亚尼的生命周期假说,人们在工作赚钱的岁月里(18~65岁)积蓄,以便在他们退休以后进行消费,从而,一个人在不同的年龄段其生命价值的计算方法是不同的。未成年时是以他将来的预期收入计算;退休后是以后的消费水平计算;在业期间则要预测他若干年中的工资收入变动状况。这三种计算方法不仅在计量标准上是不统一的,而且所反映的生命价值含义也是不确定的,有时指的是人的生产贡献,有时又指的是人的消费水平。

(7)我国提出过一种生命价值的近似计算公式:

$$V_h = D_H P_{(v+m)} / (ND)$$

式中:V_h——人的生命价值,万元;

D_H——人的一生平均工作日,可按12000日即40年计算;

$P_{(v+m)}$——企业上年净产值$(V+M)$,万元;

N——企业上年平均职工人数;

D——企业上年法定工作日数。

由上式可知人的生命价值指的是人的一生中所创造的经济价值,它不仅包括事故致人死后少创造的价值而且还包括死者生前已创造的价值。在价值构成上,人的生命价值包括再生产劳动力所必需的生活资料价值和劳动者为社会所创造的价值$(V+M)$,具体项目有工资、福利费、税收金、利润等。如果假设我国职工每个工作日人均净产值为60元,即$P_{(v+m)}/(ND)=60$元,则可算出我国职工的平均人的生命价值是72万元。

四、安全投资与安全效益的关联分析

(一)安全投资的分类(见表5.7)

表5.7　　　　　　　　　　　　　　安全投资分类

安全投资项目	安全投资项目含义
安全技术措施费	包括生产设备和设施的安全防护装置、生产区域安全通道与标志所需费用
工业卫生措施费	包括生产环境有害因素治理及为改善劳动条件所需费用
安全教育费	包括购置编印安全技术、劳动保护书刊、宣传品、设立安全教育室、举办安全展览会、安全教育训练所需费用
劳动保护用品费	为保护职工在生产过程中不受各种伤害所必备的个体防护用品费
日常安全管理费	企业安全管理部门日常办公费及其人工费用

(二)系统关联分析

1. 关联度

关联度是对于两个系统或系统中的两个因素之间随着时间而变化的关联性大小的量度。它定量地描述了系统发展过程中,因素之间相对变化的情况,即变化的大小、方向与速度的相对性。在系统发展过程中,如果两个因素变化的态势基本一致,即同步变化程度较高,则可以认为两者关联度较大;反之,两者关联度就小。其作用在于明确并理顺因素间主次、优劣关系。

2. 关联分析方法

(1)确定母子序列,母序列记为$X_0(t)$,子序列记为$X_i(t)(i=1,2,\cdots,n)$。计算母子序列的绝对差:

$$\Delta_{0i}(t) = \left| X_0(t) - X_i(t) \right|$$

(2)求$X_0(t)$与$X_i(t)$在各时刻的关联系数$L_{0i}(t)$。

$$L_{0i}(t) = \frac{\Delta_{\min} + \rho\Delta_{\max}}{\Delta_{0i}(t) + \rho\Delta_{\max}}$$

$\Delta\max \setminus \Delta\min$分别为所有比较序列在各个时刻绝对差的最大值和最小值;ρ为分辨系数,用来削弱$\Delta\max$数值过大而失真的影响,提高关联系数之间差异的显著性,$\rho \in (0,1)$,一般取$\rho \in [0.1,0.5]$为宜。

(3)求$X_0(t)$与$X_i(t)$序列间的关联度。

$$\gamma_{0i} = \frac{1}{N}\sum_{t=1}^{N} L_{0i}(t)$$

N为两比较序列的长度(数据个数)。

例:现收集国内某化工企业1990—1998年的安全分项投资及事故直接经济损失状况的资料,如表5.8所示。该企业没有专门统计"日常安全管理费"。试通过安全投资方向

与安全投资效益灰色关联分析确定企业安全投资投向的重要性顺序。

表 5.8　　　　　　　　　安全分项投资与事故直接经济损失状况

年份	安全技术投资	工业卫生投资	安全教育投资	劳保用品投资	事故直接损失
1990	88	13.3	4	31.2	7
1991	42.1	16.2	3.4	37.5	10.2
1992	8.8	11.4	1.4	20.1	14.8
1993	30	20.1	2.2	44.6	13.4
1994	19.2	11.5	1.9	32.6	16.9
1995	62.3	18.4	1.4	25.2	15.2
1996	80.4	23.6	1.3	37.1	16.1
1997	75.6	13.9	0.8	54.2	23.8
1998	75.8	25.1	0.7	36.1	23.5

解：根据上表可以得知该化工企业事故的间接经济损失是直接经济损失的 2.14 倍，则总的经济损失是直接经济损失的 3.14 倍。于是，该化工企业从 1990—1998 年的事故总损失额分别估算为：21.98，32.03，46.47，42.08，53.07，47.73，50.55，74.73，73.79。这组数据中最大值为 1997 年的 74.73，用 74.73 依次减各年事故总损失额，可得安全投资效益序列 $X_0(t)$。

$X_0(t)$：(52.75, 42.7, 28.26, 32.65, 21.66, 27, 28.18, 0, 0.94)

上表中安全技术投资、工业卫生投资、安全教育投资、劳保用品投资，各年的数值分别组成了序列：$X_1(t)$、$X_2(t)$、$X_3(t)$、$X_4(t)$。

$X_1(t)$：(88, 42.1, 8.8, 30, 19.2, 62.3, 80.4, 75.6, 75.8)

$X_2(t)$：(13.3, 16.2, 11.4, 20.1, 11.5, 18.4, 23.6, 13.9, 25.1)

$X_3(t)$：(4, 3.4, 1.4, 2.2, 1.9, 1.4, 1.3, 0.8, 0.7)

$X_4(t)$：(31.2, 37.5, 20.1, 44.6, 32.6, 25.2, 37.1, 54.2, 36.1)

对 $X_0(t)$、$X_1(t)$、$X_2(t)$、$X_3(t)$、$X_4(t)$ 进行无量纲化处理(由于原始数据各指标值的量纲不同，数量级相差悬殊，必须对其进行无量纲化处理，使其具有可比性)，用各序列中第一个时刻的值去除序列中各时刻的值，可得变换后的序列值：

$X_0(t)$：(1, 0.809, 0.536, 0.619, 0.411, 0.512, 0.534, 0, 0.018)

$X_1(t)$：(1, 0.478, 0.1, 0.341, 0.218, 0.708, 0.914, 0.859, 0.861)

$X_2(t)$：(1, 1.218, 0.857, 1.511, 0.865, 1.383, 1.774, 1.045, 1.887)

$X_3(t)$：(1, 0.85, 0.35, 0.55, 0.475, 0.35, 0.325, 0.2, 0.175)

$X_4(t)$：(1, 1.202, 0.644, 1.429, 1.045, 0.808, 1.189, 1.737, 1.157)

(1) 根据公式计算母序列 $X_0(t)$ 与子序列 $X_i(t)(i=1, 2, \cdots4)$ 的绝对差：$\Delta_{0i}(t)$

t	1	2	3	4	5	6	7	8	9
$\Delta_{01}(t)$	0	0.331	0.436	0.278	0.192	0.196	0.379	0.859	0.844
$\Delta_{02}(t)$	0	0.408	0.321	0.892	0.454	0.871	1.24	1.045	1.869
$\Delta_{03}(t)$	0	0.04	0.186	0.069	0.064	0.162	0.209	0.2	0.157
$\Delta_{04}(t)$	0	0.392	0.108	0.81	0.634	0.296	0.655	1.737	1.139

$\Delta\max = 1.869$，其值较大，可取 $\rho = 0.1$。

（2）求 $X_0(t)$ 与 $X_i(t)$ 在各时刻的关联系数 $L_{0i}(t)$

t	1	2	3	4	5	6	7	8	9
$L_{01}(t)$	1	0.361	0.30	0.402	0.493	0.488	0.33	0.179	0.181
$L_{02}(t)$	1	0.314	0.368	0.173	0.292	0.177	0.131	0.152	0.091
$L_{03}(t)$	1	0.822	0.502	0.73	0.744	0.536	0.472	0.483	0.543
$L_{04}(t)$	1	0.323	0.633	0.187	0.227	0.387	0.222	0.097	0.141

（3）求母子序列的关联度 γ_{0i}

$$\gamma_{01} = \frac{1}{9} \times (1 + 0.361 + \cdots + 0.181) = 0.415$$

$$\gamma_{02} = 0.30 \quad \gamma_{03} = 0.648 \quad \gamma_{04} = 0.358$$

由此可见，该化工企业的安全分项投资中，安全教育投资额的大小与事故经济损失减少额度关联度最大，所以，该化工企业的安全教育投资因素对安全效益的影响最大，应特别加大安全教育投资的力度，全面提高员工的安全意识。需要强调的是，以上顺序是该企业安全投资投向重要性顺序的依据，而不是各投向投资额所占比重的依据。

第四节　职业病管理

一、职业病的概念与特点

（一）概念

职业病是指劳动者在生产劳动及其他职业活动中，当如工业毒害、生物因素、不良的气象条件、不合理的劳动组织、恶劣的卫生条件等职业性有害因素，作用于人体并造成人体功能性或器质性病变时的疾病。必须满足三个条件才能被认定为职业病：第一，需要有职业接触史，第二，在国家职业病相关法规规定范围内，第三，经国家指定医疗机构确诊。

（二）特点

1. 职业病的起因是由于接触职业性有害因素

职业病的起因是由于劳动者在职业性活动过程中或长期受到来自化学的、物理的、生物的职业性危害因素的侵蚀，或长期受到不良的作业方法、恶劣的作业条件的影响。这些因素及影响可能直接或间接地、个别或共同地发生作用。

2. 职业病属于缓发性伤残

职业病不同于突发的事故或疾病，其病症要经过一个较长的逐渐形成期或潜伏期后才能显现，属于缓发性伤残。

3. 职业病属于不可逆性损伤

职业病多表现为体内生理器官或生理功能的损伤，因而是只见"疾病"，不见"外伤"。职业病具有不可逆性，很少有痊愈的可能。除了促使患者远离致病源自然痊愈之外没有更为积极的治疗方法，因而对职业病预防问题的研究尤为重要。可见，职业病虽然被列入因工伤残的范围，但它同工伤伤残又是有区别的。

4. 职业病表现多样

职业病的发病表现多种多样，有急性的，有慢性的，还有接触职业病危害后经过一段时间缓慢发生的，也有长期潜伏性的。如吸入氯气、氨气等刺激性气体后，立即出现流泪、畏光、结膜充血、流涕、呛咳等不适，严重者可发生喉头痉挛水肿、化学性肺炎。如吸入二氧化碳等刺激性气体后，往往要经过数小时到 24 小时的潜伏期才出现较明显的呼吸系统症状。从事采矿、石英喷砂、地下掘进等接触大量矽尘的作业者，经过数年或十余年后才能发生矽肺病。还有接触石棉、苯氯乙烯等致癌物者，往往在接触 1~20 年后才显示出职业性癌肿。

二、职业病的范围

2013 年 12 月 23 日，国家卫生计生委、人力资源和社会保障部、安全监管总局、全国总工会 4 部门联合印发《职业病分类和目录》。该分类和目录将职业病分为职业性尘肺病及其他呼吸系统疾病、职业性皮肤病、职业性眼病、职业性耳鼻喉口腔疾病、职业性化学中毒、物理因素所致职业病、职业性放射性疾病、职业性传染病、职业性肿瘤、其他职业病 10 类 132 种。《职业病分类和目录》自印发之日起施行。2002 年 4 月 18 日原卫生部和原劳动保障部联合印发的《职业病目录》予以废止。

（一）职业性尘肺病及其他呼吸系统疾病

1. 尘肺病

（1）矽肺

（2）煤工尘肺

（3）石墨尘肺

（4）碳黑尘肺

（5）石棉肺

（6）滑石尘肺

（7）水泥尘肺

(8)云母尘肺

(9)陶工尘肺

(10)铝尘肺

(11)电焊工尘肺

(12)铸工尘肺

(13)根据《尘肺病诊断标准》和《尘肺病理诊断标准》可以诊断的其他尘肺病

2. 其他呼吸系统疾病

(1)过敏性肺炎

(2)棉尘病

(3)哮喘

(4)金属及其化合物粉尘肺沉着病(锡、铁、锑、钡及其化合物等)

(5)刺激性化学物所致慢性阻塞性肺疾病

(6)硬金属肺病

(二)职业性皮肤病

(1)接触性皮炎

(2)光接触性皮炎

(3)电光性皮炎

(4)黑变病

(5)痤疮

(6)溃疡

(7)化学性皮肤灼伤

(8)白斑

(9)根据《职业性皮肤病的诊断总则》可以诊断的其他职业性皮肤病

(三)职业性眼病

(1)化学性眼部灼伤

(2)电光性眼炎

(3)白内障(含放射性白内障、三硝基甲苯白内障)

(四)职业性耳鼻喉口腔疾病

(1)噪声聋

(2)铬鼻病

(3)牙酸蚀病

(4)爆震聋

(五)职业性化学中毒

(1)铅及其化合物中毒(不包括四乙基铅)

(2)汞及其化合物中毒

(3)锰及其化合物中毒

(4)镉及其化合物中毒

(5)铍病

（6）铊及其化合物中毒

（7）钡及其化合物中毒

（8）钒及其化合物中毒

（9）磷及其化合物中毒

（10）砷及其化合物中毒

（11）铀及其化合物中毒

（12）砷化氢中毒

（13）氯气中毒

（14）二氧化硫中毒

（15）光气中毒

（16）氨中毒

（17）偏二甲基肼中毒

（18）氮氧化合物中毒

（19）一氧化碳中毒

（20）二硫化碳中毒

（21）硫化氢中毒

（22）磷化氢、磷化锌、磷化铝中毒

（23）氟及其无机化合物中毒

（24）氰及腈类化合物中毒

（25）四乙基铅中毒

（26）有机锡中毒

（27）羰基镍中毒

（28）苯中毒

（29）甲苯中毒

（30）二甲苯中毒

（31）正己烷中毒

（32）汽油中毒

（33）一甲胺中毒

（34）有机氟聚合物单体及其热裂解物中毒

（35）二氯乙烷中毒

（36）四氯化碳中毒

（37）氯乙烯中毒

（38）三氯乙烯中毒

（39）氯丙烯中毒

（40）氯丁二烯中毒

（41）苯的氨基及硝基化合物（不包括三硝基甲苯）中毒

（42）三硝基甲苯中毒

（43）甲醇中毒

（44）酚中毒

（45）五氯酚（钠）中毒

（46）甲醛中毒

（47）硫酸二甲酯中毒

（48）丙烯酰胺中毒

（49）二甲基甲酰胺中毒

（50）有机磷中毒

（51）氨基甲酸酯类中毒

（52）杀虫脒中毒

（53）溴甲烷中毒

（54）拟除虫菊酯类中毒

（55）铟及其化合物中毒

（56）溴丙烷中毒

（57）碘甲烷中毒

（58）氯乙酸中毒

（59）环氧乙烷中毒

（60）上述条目未提及的与职业有害因素接触之间存在直接因果联系的其他化学中毒

（六）物理因素所致职业病

（1）中暑

（2）减压病

（3）高原病

（4）航空病

（5）手臂振动病

（6）激光所致眼（角膜、晶状体、视网膜）损伤

（7）冻伤

（七）职业性放射性疾病

（1）外照射急性放射病

（2）外照射亚急性放射病

（3）外照射慢性放射病

（4）内照射放射病

（5）放射性皮肤疾病

（6）放射性肿瘤（含矿工高氡暴露所致肺癌）

（7）放射性骨损伤

（8）放射性甲状腺疾病

（9）放射性性腺疾病

（10）放射复合伤

（11）根据《职业性放射性疾病诊断标准（总则)》可以诊断的其他放射性损伤

（八）职业性传染病

（1）炭疽

（2）森林脑炎

（3）布鲁氏菌病

（4）艾滋病（限于医疗卫生人员及人民警察）

（5）莱姆病

（九）职业性肿瘤

（1）石棉所致肺癌、间皮瘤

（2）联苯胺所致膀胱癌

（3）苯所致白血病

（4）氯甲醚、双氯甲醚所致肺癌

（5）砷及其化合物所致肺癌、皮肤癌

（6）氯乙烯所致肝血管肉瘤

（7）焦炉逸散物所致肺癌

（8）六价铬化合物所致肺癌

（9）毛沸石所致肺癌、胸膜间皮瘤

（10）煤焦油、煤焦油沥青、石油沥青所致皮肤癌

（11）β-萘胺所致膀胱癌

（十）其他职业病

（1）金属烟热

（2）滑囊炎（限于井下工人）

（3）股静脉血栓综合征、股动脉闭塞症或淋巴管闭塞症（限于刮研作业人员）

《职业病分类和目录》中新增的职业病情况如表 5.9 所示。

表 5.9　　　　　　　　　　　《职业病分类和目录》中新增的职业病

调整后的分类	疾　　病
职业性尘肺病及其他呼吸系统疾病	金属及其化合物粉尘肺沉着病（锡、铁、锑、钡及其化合物等） 刺激性化学物所致慢性阻塞性肺疾病 硬金属肺病
职业性皮肤病	白斑
职业性耳鼻喉口腔疾病	爆震聋
职业性化学中毒	铟及其化合物中毒 溴丙烷中毒 碘甲烷中毒 氯乙酸中毒 环氧乙烷中毒

调整后的分类	疾 病
物理因素所致职业病	激光所致眼(角膜、晶状体、视网膜)损伤 冻伤
职业性传染病	艾滋病(限于医疗卫生人员及人民警察) 莱姆病
职业性肿瘤	毛沸石所致肺癌、胸膜间皮瘤 煤焦油、煤焦油沥青、石油沥青所致皮肤癌 β-萘胺所致膀胱癌
其他职业病	股静脉血栓综合征、股动脉闭塞症或淋巴管闭塞症(限于刮研作业人员)

三、职业病的预防和管理

企业应根据《中华人民共和国职业病防治法》中第二章前期预防、第三章劳动过程中的防护与管理的相关要求，做好职业病的预防和管理工作。

(一)做好工作场所的前期预防管理工作

(1)职业病危害因素的强度或者浓度符合国家职业卫生标准；

(2)有与职业病危害防护相适应的设施；

(3)生产布局合理，符合有害与无害作业分开的原则；

(4)有配套的更衣间、洗浴间、孕妇休息间等卫生设施；

(5)设备、工具、用具等设施符合保护劳动者生理、心理健康的要求；

(6)法律、行政法规和国务院卫生行政部门关于保护劳动者健康的其他要求。

(二)加强劳动过程中的防护与管理

(1)设置或者指定职业卫生管理机构或者组织，配备专职或者兼职的职业卫生管理人员，负责本单位的职业病防治工作；

(2)制订职业病防治计划和实施方案；

(3)建立、健全职业卫生管理制度和操作规程；

(4)建立、健全职业卫生档案和劳动者健康监护档案。对新入厂人员进行从事岗位工作前的健康检查，根据检查结果，对其从事该岗位工作的适宜性与否作出结论。对从事有害工种作业的职工，其所在单位要定期组织健康检查，并建立健康档案。根据健康检查的结果既能观察职工群体健康指标的变化，又可以对职工个体的健康状况逐一进行评价并对其进行适当的健康指导和治疗。当职工被确认患有职业病后，其所在用人单位应根据职业病诊断机构的意见，安排其医疗和疗养。对在医治和疗养后被确认不宜继续从事原有害工种作业的职工，应在确认之日起的两个月内将其调离原工作岗位，另行安排工作。

(5)建立、健全工作场所职业病危害因素监测及评价制度；

(6)建立、健全职业病危害事故应急救援预案。

四、职业病的统计分析

目前，我国职业病防治形势依然十分严峻，职业病新发病例数居高不下。根据国家卫生计生委发布的全国职业病报告情况，截至 2014 年底，全国累计报告职业病 86.36 万例，其中尘肺病 77.72 万例，占 90.00%，急性职业中毒和慢性职业中毒各占 3.00%，其他职业病占 4.00%。由于职业病危害事故发生企业数量众多，以中小企业为主，劳动者流动性大、自我保护意识薄弱，职业病潜伏期长等多种因素联合作用，我国职业病预防形势比较严峻。

(一) 职业病例数统计

为了反映企业职工患有或发生职业病的规模，应当统计职业病例数。在一般疾病统计中，其计算单位有"病例"和"病人"两种。"病例"是指一个人的每次或者每种患病，一个人患一次(或一种)疾病是一个"病例"，"病人"是以每一个患病的人为单位，"病例"和"病人"是两个不同的概念。

例如，一个病人可以因同时患有两种或两种以上疾病而被当做两个或两个以上的病例。在职业病统计中，一般都是使用"病例"为单位。

职业病例数有发生职业病例数和患有职业病例数两个指标。发生职业病例数是指一定时期内新发生的职业病例数，反映了职工新发生职业病的规模。患有职业病例数是指一定时点上或一定时期内患有职业病的病例数，即不仅包括新发生的病例，还包括过去已经诊断出来的旧病例，反映了患有职业病的总规模。

(二) 常用的职业病统计分析指标

1. 职业病受检率

职业病受检率，是指在职业病普查时实际受检人数占应受检人数的比例。职业病受检率直接关系着职业病例数，即职业病患者规模的可信程度。其计算公式如下：

$$职业病受检率 = \frac{实际受检人数}{应受检人数} \times 100\%$$

2. 某种职业病发病率

某种职业病发病率表示在每百名(或千名)从事某种作业的职工中新发现的某种职业病例数的指标。其计算公式如下：

$$某种职业病发病率 = \frac{某时期内发现某种职业病新病例数}{某时期内某作业职工人数(百人或千人)}$$

3. 某种职业病患病率

某种职业病患病率是指每百名(或千名)职工中患有某种职业病的总病例数。该项计算应在受检率达到 90% 以上的基础上进行，否则就不足以保证统计的可靠性。其计算公式如下：

$$某种职业病患病率 = \frac{某时期内发现某种职业病新旧病例总数}{某时期内某种作业职工人数(百人或千人)}$$

4. 某种职业病受检人患病率

某种职业病受检人患病率是指在一次检查中，受检人中被确认患某种职业病的人数占此次检查的受检人总数的比率。它反映了某一时点上从事某种作业的职工患有某种职业病的程度。其计算公式如下：

$$某种职业病受检人患病率 = \frac{受检人数中患某种职业病的人数}{受检人数}(百人或千人)$$

需要注意的是对"一次检查中"的理解，有时，某种职业病普查涉及的范围广、受检人数多、检查条件限制等客观原因，有可能使对所有受检者的检查在数天、数周甚至数月内才能完成。此时，虽然各部分受检者未在同一时点接受检查，但仍应被作为"一次检查中"的结果予以记录或统计，它与时点患病率具有相同的意义。

5. 某种职业病平均发病工龄

发病工龄是指从职工开始从事某种作业起到被确诊为职业病患者时的工龄。某种职业病平均发病工龄则是某种职业病的患者发生该病时的工龄的一般水平，其计算公式如下：

$$某种职业病平均发病工龄 = \frac{某种职业病患者到确诊时的工龄总和}{某种职业病例数}$$

例：某矿务局尘肺病普查，在检查的 1000 人中，发现尘肺患者及发病时的工龄的相关情况如表 5.10 所示。试问该矿务局尘肺平均发病工龄是多少？

表 5.10 尘肺患者发病工龄及人数

按照发病工龄分组	患病人数	百分比
6 年	1	1.25
8 年	3	3.75
10 年	6	7.50
11 年	8	10.00
15 年	16	20.00
17 年	25	31.25
20 年	13	16.25
25 年	8	10.00
合计	80	100.00

解：

该矿务局尘肺平均发病工龄是：

$$\frac{1×6+3×8+6×10+8×11+16×15+25×17+13×20+8×25}{80} = 16.29(年)$$

这个矿务局，尘肺的发病最低工龄是 6 年，发病最高工龄是 25 年，发病人数较多的是在 15 年至 17 年工龄之间，以 17 年工龄为发病人数的最高峰，占 31.25%。通过计算表明，该矿务局尘肺病的平均工龄是 16.29 年，正好介于 15 年与 17 年之间。工龄为 15 年及 17 年的发病比例较高。

通过职业病发病工龄的统计，可以表明不同职业病发病的最高工龄、最低工龄和发病最多的工龄，借以研究各种职业病的发病规律，分析诸多诱发因素，采取措施，改善劳动条件，改进劳动组织，合理安排作业，防止和减少职业病的发生。

6. 某种职业病死亡率

某种职业病死亡率是指某一时期内，每百名某种职业病患者中，因该种职业病而死亡的人数。它反映了各种职业病对职工生命安全的危害程度，即对劳动力的损害程度。实际上，根据这个指标也可以评价劳动保护工作的状况。其计算公式如下：

$$某种职业病死亡率=\frac{某种职业病死亡人数}{同种职业病患者人数(百人)}$$

练习与案例

一、练习

1. 国内某企业进行安全投资项目与事故经济损失关联分析时的数据如下表所示，试确定初始序列 $X_0(t)$ 与 $X_i(t)$ 的值。

年份	安全教育	安全生产设备	劳动防护用品	直接经济损失
1996	30	10	23	10
1997	25	20	18	28
1998	48	18	15	26
1999	19	48	35	90

2. 某钢铁公司 2008 年平均在籍职工 3 万人，生产钢铁 150 万吨，一年内因工伤事故死亡 1 人，重伤 5 人，轻伤 120 人，按 GB6441—1986 计算，因重伤累计损失工作日 8000 日，轻伤累计损失工作日为 9600 日，试计算伤亡事故统计指标的值。

3. 某企业 2008 年工伤情况如下表所示，试作出年龄与事故次数，工龄与事故次数，事故类别与事故次数的排列图，并作简要分析(注：每一个姓名符号表示一位受伤职工)。

姓名	年龄	工龄	事故类别
A1	21	3	机械伤害
A2	28	6	物体打击
A3	32	11	物体打击

姓名	年龄	工龄	事故类别
A4	35	13	灼烫
A5	41	20	高处坠落
A6	27	5	灼烫
A7	19	1	物体打击
A8	37	20	物体打击
A9	45	25	机械伤害
A10	51	30	触电
A11	31	10	车辆伤害
A12	29	8	机械伤害

4. 某厂 2018 年每月的工伤事故次数及 2019 年部分月份的工伤事故次数如下表所示。2018 年平均在册职工人数为 5390 人，2019 年平均在册职工人数为 5451 人。(1)试绘制伤亡事故次数管理图；(2)若将现有的控制线值降低 10%，试制定 2019 年事故目标值并作图；(3)针对两年的事故发生情况进行简要分析。

月份 年份	1	2	3	4	5	6	7	8	9	10	11	12
	工伤事故次数											
2018	4	3	10	4	13	16	12	14	9	10	11	4
2019	8	4	11	3	4	5	10	13				

5. 某企业在某年度的平均在册职工人数为 4420 人，该年度各月份的伤亡人次数如下表所示。

月份	1	2	3	4	5	6	7	8	9	10	11	12
伤亡数	3	1	6	3	4	3	7	3	1	1	2	2

根据这些数据判断该年度 12 个月中有哪几个月的事故次数超出了控制上线值？哪几个月的事故次数低于控制下线值？

6. 某危险化学品生产企业，有北区、中区和南区等三个生产厂区，北区有库房等，在南区通过氧化反应生产脂溶性剧毒危险化学品 A，中区为办公区。为扩大生产，计划在北区新建工程项目。2007 年 7 月 2 日，北区库房发生爆炸事故，造成作业人员 9 人死亡，

5 人受伤。事故损失包括：医药费 12 万元，丧葬费 5 万元，抚恤赔偿金 180 万元，罚款 45 万元，补充新员工培训费 3 万元，现场抢险费 200 万元，停工损失 800 万元。按照事故经济损失构成计算方法来计算，此次事故造成的直接经济损失是多少？

二、案例

张××，河南省 M 市 L 镇某村村民，2004 年 8 月至 2007 年 10 月在郑州 N 有限公司打工，做过杂工、破碎工，其间接触到大量粉尘。2007 年 8 月开始咳嗽，被当做感冒久治未愈，医院做了胸片检查，发现双肺有阴影，诊断为尘肺病，并被多家医院证实，但职业病法定机构郑州市职业病防治所下的诊断却属于"无尘肺 0+ 期（医学观察）合并肺结核"，即有尘肺表现。

在多方求助无门后，被逼无奈的张××不顾医生劝阻，执着地要求"开胸验肺"，以此证明自己确实患上了"尘肺病"。2009 年 9 月 16 日，张××证实其已获得郑州 N 有限公司各种赔偿共计 615000 元。

1. 突患尘肺

张××第一次出现咳嗽、胸闷的症状是在 2007 年 8 月。起初被当做感冒治了很久，挨不住了，去医院做了胸片检查，发现双肺有阴影。此后，在河南省的许多大医院里，他相继排除了肺癌、肺结核等可能，最终，有医生想到了"尘肺"。张××这才想起，可能是自己工作环境的问题引起的，因为在工厂他做过杂工、破碎工，其间接触到大量粉尘。同村的张某某也曾在该处打工。2006 年 9 月，张某某被诊断为尘肺 2 期，过了不到半年就死掉了。老乡的死当时并没有让张××警觉。他觉得自己还年轻，更何况，早在 2007 年 1 月，自己曾参加单位组织的体检，还到新密市卫生防疫站拍了胸片，后来也没听说有什么问题。

等到肺病严重到工作都吃力了，2009 年 1 月 6 日，张××才来到 M 市防疫站查询。他第一次看到了 2007 年拍的胸片，胸片上有明显的阴影。在当地电视台的采访中，郑州 N 有限公司负责人承认，防疫站要求复检的通知并没通知张××。另一名负责人私下里对张××说："体检是公司出的钱，没有把结果告知个人的义务。"

2. 法定确诊

这个真实的故事令人心碎。张××被迫自救，更像在拿健康甚至生命冒险，赌自己没病（肺结核），而是社会（郑州市职业病防治所）有病（"误诊"）。郑大一附院的诊断也证明张××是对的。不幸的是，由于无权做职业病鉴定，该院的诊断只能作为参考，一切还要看郑州市职业病防治所是否会"持之以恒"地继续"误诊"。据说，在开胸后张××曾找过 M 市信访局，答复是他们只认郑州市职业病防治所的鉴定结论。

为维权求医，近两年来张××花费近 9 万元的医疗费，早已债台高筑。耐人寻味的是，张××自知面对的是一家大企业，"我这是一个人在战斗"！他也深信在那个企业里还有与他有相同遭遇的工友。这种"一个人在战斗"的公民形象，其痛感之深，情何以堪。

3. 开胸验肺

张××不服。几个月后，他拿着本来要做鉴定的 7000 多元在郑州大学第一附属医院做了开胸肺活检。他一度以为，只要把自己的胸膛打开，一切都会一目了然。

2009 年 6 月的一天下午，他异常平静地对麻醉师说："麻烦您转告主刀大夫，把我开了胸之后，要注意我那肺上到底是啥。" 5 个多小时后，在郑州大学第一附属医院的重症监护室里，身上缠着绷带的张××醒来后，絮絮叨叨说了好多话。一名参与手术的大夫第一时间赶来告诉他："我们已经看了，你那就是尘肺。"

一周后，张××给郑州市职业病防治所打电话。"你们误诊了"，他对一名业务科工作人员抱怨。不料电话那头，工作人员冷冷地告诉他，开刀的医院"没有做职业病诊断的资质"。

一个冒着生命危险换来的病理学证据，就这样被轻易地否定了。不过，媒体记者抓住了这个新闻，经过一番渲染，张××的"悲怆之举"，引发了空前关注。

4. 索赔之路

这个内向安静的小伙子觉得自己被企业欺瞒了。这时候，他已经被病痛折磨了两年。他决定先确诊再索赔。不过，当他前往郑州市职业病防治所求诊时，郑州 N 有限公司却拒绝出具有关张××的职业健康监控档案等相关材料。而这些材料是做职业病鉴定所必需的，缺了这些，职业病防治所拒绝作诊断。

无奈之下，张××走上了上访之路。因去的次数太多，"信访办的人看见我，大老远就把玻璃门关了"。到后来，M 市的市委书记先后接访了 3 次，张××也没拿到完备的材料。

张××回忆，最后的结果是，市委书记决定："你也别纠缠了，也别要材料了，单位不会给你出。我先给你想办法，你先去诊断吧。"于是，他终于如愿以偿完成了诊断。

"如果合并成别的，比如肺气肿，我当时就不会有那么大质疑了。"张××回忆说，这两年的求医过程中，他做了大大小小近百次检查，肺结核始终是重点筛查对象，每项结果都显示成阴性，且这些材料都提交给了职业病防治所。此外，他还远赴北京，在北医三院、煤炭总医院这类具有资质的职业病机构做过检查，有时甚至在一个医院挂两个号，就为了"多听听意见"。"到最后，意见都一致了，都说肯定是尘肺。"张××至今仍旧不明白，"为什么明明是尘肺，还要按结核诊治，这不是误诊吗？"

此时的张××知道该如何去争取自己的权利。他早就弄清楚了《职业病防治法》，知道自己可以通过依法申请鉴定对职业病防治所的诊断作出评判。原本，他已经向郑州市卫生局申请鉴定，并且在 2009 年 6 月 9 日上午带着卫生局的文件去找了鉴定委员会。

"职业病防治所的几名工作人员却都劝我放弃鉴定。其中一个人说，想推翻我们那个结论，你是不好办的。"张××说，"我这才发现，鉴定委员会与职业病防治所在同一栋楼里。"不过，郑州市职业病防治所业务科长光某某否认了这个说法，他认为该机构工作人员不可能说这样的话。

5. 孰是孰非

在媒体和公众的关注下，相关医疗机构也被推到了风口浪尖。郑大一附院呼吸内科副主任医生程某一直记挂着她那个年轻的病人。"他的片子一直都刻在我脑子里，双侧阴影。"她说，"说白了，就是两个大疙瘩。"最终开胸手术后取出了两个样本，肺检结果显示："肺组织内大量组织细胞聚集伴炭木沉积并多灶性纤维化。"程医生当时在张××的出院证明上写道"尘肺合并感染"。这 6 个字给她本人带来了麻烦。按照规定，她所在的医院尽管是河南省最好的医院之一，却不具备做尘肺诊断的资质。不过，在有关部门到医院调查了解时，她也曾反问："我仍然给他写肺结核？那岂不超过了作为医生的道德底线？"

职业病防治所则有不同意见。他们更强调资质，面对媒体的采访，被授权的发言人光某某捧出一堆用笔勾画过的材料，向记者们证明：其他医院作出的诊断不合法。"我觉得就张××这个事，是一个向老百姓宣传普及相关知识的好机会。"他说。据光某某介绍，尽管目前张××一事是做鉴定还是复检尚没有定论，但职业病防治所非常重视。这几天，张××当时在职防所内诊断的材料被重新取出，所内专家以及省内专家一起进行了一次内部的会诊。而一份《尘肺病理诊断标准》规定，只有外科肺叶切除标本和人死后的尸体解剖才能作为参考依据，至于张××的"开胸验肺"，被特地注明不作为参考标准。

现在，张××身体上的伤口还没有愈合，关于他的医学诊断也还没有最终结果。尽管他一度以为，只要把自己的胸膛敞开，一切都会一目了然，但现在，他却无奈地发现，整件事情就像他肺部那团阴影一样，一时说不清楚。

6. 前途未卜

得病以前，张××与妻子都在郑州打工，一个月能挣 2000 多元，去掉日常花销，还有余力把女儿送到郑州市区的双语幼儿园上学，好日子才刚开始。

而现在，他已经没法去劳动，闻见怪味，咳嗽就止不住，整个家庭的重担落在妻子身上，因为借了债，有时候老乡面对面都不打招呼。女儿也不得不离开幼儿园的伙伴们，回到老家。

在妻子王某某眼中，得了这个病之后，丈夫也变得和以前不同，以前说话声音可小了，特温柔，现在却经常控制不住自己的情绪。2009 年 3 月份病重时，镇里曾给他批下一笔困难补助，后来跑了 4 个月，直到 7 月 8 日，300 元才拿到手。而在媒体集中报道后不久，7 月 17 日晚上，一位副镇长揣着信封走进张家。村支书进门就说："镇领导看了相关报道拍案而起，很气愤，也很伤感。说镇里先拿 1 万块钱给张××，先看着病，维持生活。"

现在的张××正颓然地躺在自家那间旧瓦房里。为了凑够这次的手术费，刚收的小麦当天就卖了，父亲把 12 只绵羊也都卖了，然后又四处借钱。因为承担不起每天数百元的医疗费用，手术后一周，他就不得不回到没有空调的家里养伤，每天让村卫生所的大夫输几瓶相对便宜的消炎药。那条 15 厘米长的刀口暂时没有感染，却长满了痱子。

7. 获得赔偿

河南省 M 市 L 镇农民工张××"开胸验肺"事件引起社会各界的广泛关注。张××在 2009 年 9 月 16 日向媒体证实其已与郑州 N 有限公司签订了赔偿协议：赔偿包括医疗费、护理费、住院期间伙食补偿费、停工留薪期工资、一次性伤残补助金、一次性伤残津贴及各项工伤保险待遇共计 615000 元，他自己也与郑州 N 有限公司终止了劳动关系。

◎ 思考：

张××事件反映了职业病防治中存在的主要问题是什么？主要原因是什么？

第六章 工伤保险

◎ **学习目标：**

了解工伤的认定条件、流程及法规中工伤认定条款，工伤保险的概念及实施原则，国内外工伤保险的发展概况。掌握工伤保险条例中工伤保险待遇相关计算内容。

第一节 工伤保险的概念及实施原则

据国际劳工组织(ILO)的报告，全球职业伤害导致的经济损失占全球 GDP 的 4%。职业安全健康与国家竞争力密切相关。

社会保障，作为由国家为处于生活困境的社会成员提供生活保障的一种制度，是指当社会成员陷于生活贫困或当劳动者因年老、患病、工伤、生育等永久地或暂时地、完全地或部分地丧失劳动能力，或者因失业而丧失工作机会、丧失收入来源时，由国家和社会对其提供经济上的援助或补偿。它是由政府负责，通过国家立法形式，集众多的经济力量，配合政府的财力，共同分担少数人因遭受意外事件所致的收入中断或减少，通过国民收入再分配而形成的一种分配关系。经过几十年的发展，社会保障已成为各国政府社会经济政策中不可缺少的一个组成部分。我国加入了 WTO，有否规范的工伤保险制度将直接影响我国与其他 WTO 成员之间的贸易往来。1994 年 11 月 25 日原劳动部在印发的《社会保障法(草案)》中进一步明确了我国社会保险的"五大保险"和"三大津贴"，即养老保险、失业保险、工伤保险、医疗保险、生育保险和疾病、伤残、遗属津贴的制度体系。综上所述，社会保障体系的核心是社会保险，工伤保险是社会保险制度的一个组成部分。工伤保险是世界上普遍实施的一项社会保险制度，目前，全世界有 66% 的国家和地区实行了工伤社会保险。

实行工伤保险的基本目的，在于预防工伤事故，补偿职业伤害带来的经济损失，保障工伤职工及其家属的基本生活水准，减轻企业负担，同时保证社会经济秩序的稳定。

一、工伤保险的概念

工伤保险又称为职业伤害保险，是对劳动过程中遭受人身伤害(包括事故伤残和职业病以及因这两种情况造成的死亡)的职工、遗属提供经济补偿的一种社会保险制度。

二、工伤保险的实施原则

(一)强制性实施原则

强制性实施原则是指由国家通过法律法规强制企业实行工伤赔偿，并依照法定的项目、标准和方式支付待遇，依照法定的标准和时间缴纳保险费，对于违反有关规定的，要依法追究法律责任。

为什么工伤保险要实行强制性原则？原因有两个方面：(1)普通的劳动者大都以工资收入为主要生活来源，如果遭遇了有损健康的事故以致不能劳动，则将丧失部分或全部工资收入；(2)由于工伤事故具有突发性和不可逆转性，因此其造成的损失也难以挽回，对遭遇工伤事故或患职业病的个人则有可能带来终身痛苦。如果再雪上加霜不能保证他们顺利地得到经济补偿，必将使其生活陷入困境。

(二)无责任赔偿原则

无责任赔偿原则是指劳动者在生产过程中遭遇工伤事故后，无论其是否对意外事故负有责任，均应依法按照规定享受工伤保险待遇。

这是因为，在正常情况下，劳动者不会认为负伤对自己有利而甘愿遭受事故痛苦，而劳动者受到事故伤害即使有个人原因，往往同时也有劳动条件不完备、劳动组织不合理等非劳动者个人的原因(职业危害的客观存在)。在这种情况下，若追究工伤劳动者的责任，减少补偿及至完全中断其经济来源，只会酿成不良的社会后果，既不能体现社会保险的作用，又不利于职工队伍的稳定和社会安定。到目前为止，几乎所有的工业化国家都将无责任补偿写进国家的工伤保险法规。

当然，实行无责任补偿，并不是不追究工伤事故的责任，这是另一个范畴的工作和职责。实际上，《工伤保险条例》规定对故意自残、自杀或故意犯罪、醉酒、吸毒导致的伤亡，是不予认定工伤的，同时也是得不到补偿的。

(三)个人不缴费原则

个人不缴费原则是指无论是直接支付保险待遇或者缴费投保，全部费用由用人单位负担，劳动者个人不缴费。工伤事故属于职业性伤害，伤害成本被认为是一种制造成本，工伤保险待遇属于企业生产成本的特殊部分。因此，按照国际惯例，工伤保险不实行职工和企业分担制，而是由企业全部负担。

(四)损失补偿与事故预防及职业康复相结合的原则

一方面，工伤保险的社会化管理有利于使工伤事故的预防，即劳动安全管理工作形成合理的社会制约机制；待遇给付的社会化可促使劳动者重视自身的工伤保险权利，积极监督企业履行职责，防止以往存在的隐瞒工伤不报的现象，从而使企业重视事故隐患的治理，力防事故的发生。另一方面，工伤保险基金的建立，也使工伤康复事业在资金来源上有所保证。

三、工伤保险与人身意外伤害险的比较

(一)目的不同

工伤保险不以营利为目的，而人身意外伤害险属于商业保险，商业保险以营利为目的，寻求利润最大化。

(二)实施方式不同

工伤保险是用人单位必须参加，人身意外伤害险是自愿参加(投保人与保险人)。

（三）保险项目与水平不同

工伤保险既有一次性待遇，又有长期待遇，人身意外伤害险的保险金额由保险人和投保人双方约定，当发生保险事故时，保险人按合同规定金额一次性赔付。

（四）管理体制不同

工伤保险由劳动社会保障部门（社会保险机构）管理，人身意外伤害险是一种商业行为，由金融单位的商业保险公司管理。

例：某职工发生工伤事故，经认定为工伤后，工伤保险经办机构按规定支付了工伤保险待遇，对不符合工伤保险基金支付范围的 2000 多元费用没有支付。该职工同时投保了 3 份意外伤害保险，每份 30 元，获赔额为 300 倍。为此，家属凭 3 份保险合约到保险公司办理理赔。但保险公司却认为该职工的工伤治疗费已被工伤保险经办机构报销，故只同意赔付该职工住院期间的实际费用与社保机构支付部分费用的差额部分，即工伤保险经办机构没有报销的 2000 多元。受伤职工能否要求保险公司全额支付保险金？

分析：工伤保险是社会保险的一种，是政府的强制行为，是从业人员因工负伤获得医疗救治和经济补偿的保证。而人身意外保险，是商业保险范围，是人们自愿参加，参保人在保险期间内发生事故后，按合约规定的金额获得赔偿。工伤保险的赔偿，只能按照工伤法规的规定；而人身意外伤害保险的赔付，主要是按照双方签订的保险合同（合约）进行。人身意外伤害保险中的赔付，并非一定是按照支出费用来赔偿的。如某人实际医疗费用为 1 万元，购买 1 份保险的保险金为 1 万元；如果购买了 10 份保险，就可以获得 10 万元的赔偿。因此保险公司以部分医疗待遇已被工伤保险机构报销，而不予支付该部分费用的主张是不成立的。在法律上，保险金的赔付应当严格按保险合同的约定进行。而保险合同上并无在此种情形下，免除保险公司赔付责任的规定。因此，保险公司应当全额支付保险金，除非在保险合同上专门约定，只报销工伤保险赔付后剩余的部分。

第二节　我国工伤保险的发展概况

我国的工伤保险制度的发展经历了具有代表性意义的三个阶段，第一阶段，1951 年 2 月 26 日的《中华人民共和国劳动保险条例》的颁布结束了中国没有法定工伤保险制度的历史；第二阶段，1996 年 8 月 12 日颁布，1996 年 10 月 1 日试行的《企业职工工伤保险试行办法》宣告了计划经济体制下，工伤保险制度的结束。第三阶段，2003 年 4 月 27 日颁布，2004 年 1 月 1 日实施的《工伤保险条例》体现了全面建设小康社会的时代要求。2011 年，《工伤保险条例》的内容进行了多方面的修改与完善，更加体现了国家对广大职工的关心，体现了和谐社会的要求。

一、《中华人民共和国劳动保险条例》的颁布

我国的工伤保险制度始于 20 世纪 50 年代初。与其他国家和地区不同的是，它不是以单独的法规形式出现，而是被包含在 1951 年 2 月 26 日原政务院颁布实施的《中华人民共和国劳动保险条例》之中。这一标志着我国社会保险制度正式创立的法规，对工伤保险制

度的构成做了原则性规定，适用于国营、公私合营、合作经营、私营等类企业及其职工。1953 年国家又对该条例作了修订，明确了实施细节。对于国家机关和事业单位人员的社会保险，国家也从 20 世纪 50 年代起，公布了一系列的单行法规，建立了养老、工伤、医疗等保险制度。到了 1957 年末，我国的社会保险制度基本完成了在项目、水平、管理体制等方面立法工作。这些法规和规定是我国 20 世纪 50 年代工伤保险制度确立的基础。

自从 1951 年《中华人民共和国劳动保险条例》颁布以后，我国的工伤保险制度开始发挥作用。其内容主要包括：工伤保险待遇的享受条件和资格，各项工伤保险待遇（伤残待遇、职业病待遇和死亡待遇），保险基金，不同身份的劳动者（学徒工、临时工、合同制工等）的工伤保险待遇。这个时期工伤保险实行统一费率，即不考虑行业与企业实际工伤风险差别的前提下，所有企业按照统一的费率标准缴纳工伤保险费。它在保障劳动者合法权益，解除职工的后顾之忧、促进企业的安全生产、提高职工生产和工作积极性、维护社会稳定方面都起到了重要作用。遗憾的是，到了 1969 年，保险基金由国家统筹管理被改为企业在"营业外列支"，且工伤保险全部由企业负担，于是这一社会保险制度变成了"企业自我保险"。由于其实施范围过窄，待遇标准过低，缺乏社会共济和分散风险的功能，没有科学的工伤评残标准及健全的劳动鉴定制度，并且缺乏强制性，我国工伤保险制度的发展受到极大制约。

20 世纪 80 年代以后，我国实行了改革开放的政策，引入了市场经济的机制，其结果是采用了劳动合同制，出现了私营企业及外资企业等多种所有制形态。与之相适应，国务院、劳动部在新制定的一系列劳动法规中，对劳动合同工、外资企业职工的劳动保险问题作出了规定，但是至此仍没有独立的工伤保险法规。

在 1992 年召开的党的十四届三中全会上，建立社会主义市场经济体制被作为基本方针确定下来。基于经济体制的变化，1994 年 7 月中华人民共和国成立后第一部《劳动法》公布，自 1995 年 1 月 1 日开始实施。该法第九章"社会保险和福利"对工伤保险制度的确立作出了原则规定。《劳动法》的公布加速了工伤保险制度的改革，特别是使制定规范性、指导性的工伤保险制度成为迫在眉睫的问题。《企业职工工伤保险试行办法》和工伤评价基准就是在这样的背景下被制定和公布实施的。

二、《企业职工工伤保险试行办法》的颁布

1996 年 8 月 12 日，原劳动部根据《劳动法》的有关规定颁布了《企业职工工伤保险试行办法》，基本确立了工伤保险制度的框架，并在全国逐步推广，该办法于 1996 年 10 月 1 日试行。《企业职工工伤保险试行办法》的颁布实施宣告了计划经济体制下，工伤保险制度的结束。

原劳动部在发布《企业职工工伤保险试行办法》的同时，提出了工伤保险制度改革的四项任务：第一，实行社会统筹，变"企业保险"为"社会保险"，在全社会范围内分散工伤事故风险；第二，扩大实施范围，把工伤保险的覆盖面扩大到各类企业及全体职工，全面维护劳动者的合法权益；第三，实行工伤保险与安全生产相结合，建立工伤预防机制，其中最重要的是工伤保险费的缴纳实行行业差别费率和企业浮动费率；第四，规范待遇项目和标准，使工伤处理有章可循。截至 2003 年底，全国有 4775 万职工参加了工伤保险，对 18.82 万人支付了工伤保险待遇，我国工伤保险覆盖率已达到了 42%。

这个时期，工伤保险的费率改变了以往的统一费率制，实行行业差别费率与企业浮动费率。行业差别费率是指按国民经济各行业的伤亡事故风险和职业病危害程度的类别而实行不同的收费率。企业浮动费率是指在差别费率的基础上由工伤保险管理部门定期对每个企业的安全卫生状况和工伤保险费用的支出情况进行评估，并根据评估结果和控制指标的规定适当提高或降低费率。

三、《工伤保险条例》的颁布

随着用工形式的多样化，《企业职工工伤保险试行办法》已不适应市场经济发展的要求，因此，2003 年 4 月 27 日国务院颁布了《工伤保险条例》（第 375 号令）。实施《工伤保险条例》的目的是保障因工作遭受事故伤害或者患职业病的职工获得医疗救治和经济补偿，促进工伤预防和职业康复，分散用人单位的工伤风险。该条例于 2004 年 1 月 1 日实施，它的实施体现了全面建设小康社会的时代要求。该条例规定，中华人民共和国境内的各类企业的职工和个体工商户的雇工，即与用人单位存在劳动关系的各种用工形式、各种用工期限的劳动者，均有依照条例的规定享受工伤保险待遇的权利；各类企业、有雇工的个体工商户都应当依照条例为本单位的全部职工或者雇工缴纳工伤保险费。

2003 年 10 月发布的《关于工伤保险费率问题的通知》将行业分为三个类别：(1)风险较小行业：银行、证券等。(2)中等风险行业：房地产、铁路运输等。(3)风险较大行业：石油、煤炭等。三类行业基准费率分别控制在用人单位工资总额的 0.5%、1%，2% 左右。用人单位属于 1 类行业的，按行业基准费率缴费，不实行浮动费率。用人单位属于 2、3 类行业的，费率实行浮动，用人单位初次缴费费率按行业基准费率确定，以后可以上下浮动两档：上浮第一档到本行业基准费率的 120%，第二档为 150%；下浮第一档为行业基准费率的 80%，第二档为 50%，每 1~3 年浮动一次。行业类别及名称如表 6.1 所示。如根据商业、机械加工、化工、冶炼、矿山行业的不同工伤风险程度，分别将其费率确定为 0.3%、0.5%、0.8%、1.1%、1.5%。以商业为例，该行业的费率档次以 0.3% 为基准档次，设计 0.25%、0.3% 及 0.35% 三个档次。当前，《工伤保险条例》不再强调浮动费率，而是由工伤保险机构根据事故发生及工伤保险支出情况，确定企业缴费费率。

表 6.1　　　　　　　　　　　　　行业类别及名称

行业类别	行业名称
一	银行业，证券业，保险业，其他金融活动业，居民服务业，其他服务业，租赁业，商务服务业，住宿业，餐饮业，批发业，零售业，仓储业，邮政业，电信和其他传输服务业，计算机服务业，软件业，卫生，社会保障业，社会福利业，新闻出版业，广播、电视、电影和音像业，文化艺术业，教育，研究与试验发展，专业技术业，科技交流和推广服务业，城市公共交通业

续表

行业类别	行业名称
二	房地产业，体育，娱乐业，水利管理业，环境管理业，公共设施管理业，农副食品加工业，食品制造业，饮料制造业，烟草制品业，纺织业，纺织服装、鞋、帽制造业，皮革、毛皮、羽绒及其制品业，林业，农业，畜牧业，渔业、农、林、牧、渔服务业，木材加工及木、竹、藤、草制品业，家具制造业，造纸及纸制品业，印刷业和记录媒介的复制，文教体育用品制造业，化学纤维制造业，医药制造业，通用机械制造业，专用机械制造业，交通运输设备制造业，电气机械及器材制造业，仪器仪表及文化、办公用机械制造业，非金属矿物制品业，金属制品业，橡胶制品业，塑料制品业，通信设备，计算机及其他电子设备制造业，工艺品及其他制造业，废弃资源和废旧材料回收加工业，电力、热力的生产和供应业，燃气生产和供应业，水的生产和供应业，房屋和土木工程建筑业，建筑安装业，建筑装饰业，其他建筑业，地质勘查业，铁路运输业，道路运输业，水上运输业，航空运输业，管道运输业，装卸搬运和其他运输服务业
三	石油加工、炼焦及核心燃料加工业，化学原料及化学制品制造业，黑色金属冶炼及压延加工业、有色金属冶炼及压延加工业、石油和天然气开采业，黑色金属矿采选业，有色金属矿采选业，非金属矿采选业，煤炭开采和洗选业，其他采矿业

2005 年末，全国参加工伤保险人数为 8478 万人，全年享受工伤保险待遇人数为 65 万人；2006 年末全国参加工伤保险人数为 10268 万人，比 2005 年末增加 1790 万人，全年享受工伤保险待遇人数为 78 万人，比 2005 年增加 13 万人。到 2007 年底，全国参加工伤保险的人数为 12155 万人，比 2006 年增加 1887 万人。到 2009 年底，达到 1.4 亿人以上，2010 年底，达到 1.6 亿人以上。2011 年 1 月 1 日后实施修改后的《工伤保险条例》。

《工伤保险条例》自 2004 年 1 月 1 日实施以来，对维护工伤职工的合法权益，分散用人单位的工伤风险，规范和推进工伤保险工作，发挥了积极作用。全国参加工伤保险的职工由条例实施前的 4575 万人增至 2010 年底的 16161 万人，其中农民工 6131 万人；条例实施至 2009 年底，认定工伤 420 万人，享受工伤医疗待遇 1080 万人次，享受伤残津贴和工亡抚恤待遇 434 万人。条例实施至 2010 年 9 月，工伤保险基金累计收入 1089 亿元，累计支出 649 亿元，累计结余 440 亿元。随着我国社会经济的快速发展，《工伤保险条例》面临一些新情况、新问题，例如：事业单位、社会团体、民办非企业单位等组织的职工工伤政策不明确；工伤认定范围不够合理；工伤认定、鉴定和争议处理程序复杂、时间冗长；一次性工亡补助金和一次性伤残补助金补助标准偏低等，这些问题都需要从制度层面加以解决、完善。于是，国务院对《工伤保险条例》进行了修改，《国务院关于修改〈工伤保险条例〉的决定》于 2010 年 12 月 8 日在国务院第 136 次常务会议上通过，于 2011 年 1 月 1 日实施。条例的修改符合经济社会的发展要求，有利于解决工伤保险制度面临的一些新情况与新问题。近几年，《工伤保险条例》在保障受伤职工利益方面发挥了较大的保障作用。2014 年，全国参加工伤保险的人数达到 20639 万人，农民工 7369 万人；2015 年，全国参加工伤保险的人数达到 21432 万人，农民工 7489 万人；2016 年，全国参加工伤保险的人数达到 21889 万人，农民工 7510 万人；2017 年，全国参加工伤保险的人数达到 22724 万人，农民工 7807 万人，如图 6.1 所示。

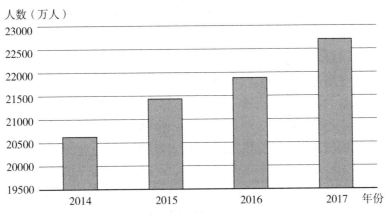

图 6.1　2014—2017 年我国参加工伤保险的人数

第三节　美日德工伤保险的发展概况

世界各国均根据自己国家的情况，建立了不同的工伤事故保险模式，实行了不同的保险政策、法规和政府管制措施。在当今世界各国不同的事故保险模式中，最具有典型性的莫过于美国模式、日本模式及欧洲的德国模式。

一、美国模式——费率管制

相比于德国事故保险的行业自治模式，美国在工伤事故保险发展过程中更充分展现了政府的管制职能。特别值得注意的是政府的管制模式在工伤事故保险不同发展阶段的变迁，反映了政府管制和市场自我调节在不同经济发展时期的此消彼长，最终在费率定价上较充分地体现了美国工伤事故保险的发展模式。

（一）工伤事故保险的政府管制

工伤保险的政府管制是由具有相应法律地位的、独立的政府管制者或机构，依照一定的法规对事故保险的有关各方所采取的一系列行政管理与监督行为，它是现代政府向社会提供的一种特殊的公共产品，来满足社会和民众对工作条件和生活质量保证的需求。它主要表现为一系列的法律制度和规则等。

美国没有全国统一的工伤保险制度，而是由各州自行制定推行，总的立法原则是联邦政府立法不能抵触宪法，州立法不能抵触联邦政府立法。自 1910 年纽约州第一个通过工伤保险法，到 1948 年密西西比州作为最后一个州也制定了相关法律，美国全国性的工伤保险法规体系逐步形成，一直到 20 世纪 70 年代设立职业安全与卫生管理局等政府管制机构，为预防工伤事故和职业病，颁布了《劳动基本法》《劳动安全基准法》《劳动安全卫生法》等，美国工伤保险领域的政府管制模式才趋于完善。

（二）工伤保险政府管制的核心——费率管制

美国各州政府对工伤保险的管理主要通过费率管制来实施。1914 年美国高级法院明确规定了保险业管制的基本原理。各州政府干预的主要内容包括费率厘定、费率批准、收益水平、司法程序和财务差错等项目，其中最主要的内容是费率厘定。

用管制的定价方法来确定工伤事故保险费率，就要求在每个州设立一个确定费率的机构，该机构的任务是通过收集相关数据确定保险基准费率，再将确定的基准费率报到州保险委员会备案，未经州保险委员会通过，费率不允许执行。如果州保险委员会认为所确定的费率过大、过小或不公正时，他们有权否定或进行修改。每个工伤事故保险承保机构必须归属于确定费率的机构，向其提供数据，执行保险委员会通过的基准费率。

在基于政府厘定的保险费率的条件下，所有承保机构从统一基准费率出发，再根据情形可做不同的调整，如：大企业雇主的保险费要打折扣，对大中型企业基于过去的被保经历进行经验费率调整等等。但所有承保机构必须遵守既定的公式或常数来调整费率，而且要在承保之初就定好不变；或是对包括投保方在内的分红只在保单结束时才能进行。

总的来说，费率管制使得承保机构在着手签订保单时基本没有机会进行价格竞争，改善了行业秩序，消除了事故保险费率的恶性竞争，较好地保护了工伤保险客户的利益。

（三）工伤保险管制放松的新变化

直到 20 世纪 80 年代，美国工伤事故保险一直实行高度管制，很多州一直到 90 年代才开始放松管制。从经济发达国家的政府管制实践看，放松或解除管制的主要动因是出于对政府管制与市场机制的利弊权衡和取舍。近些年，美国州政府在制定保险费率方面起的作用逐渐减少，而允许市场需求和产品质量影响保险产品的价格。放松管制的类型主要是引入"竞争费率"，即允许各承保机构偏离基准费率和自行制定费率，使得各机构在签订保单之初就能通过修改费率进行竞争。

可见，在信息不对称的情形下，虽然政府力图使工伤事故保险的承保方和投保方的利益都得到兼顾，尤其是给投保者以更高的权重，但由于政府仍然难以把握管理机制的尺度，可能低估了保险成本而导致承保机构亏损。在风险变化日益复杂难测，保险成本变化难以观察的情况下，将政府完全管制转向与市场自然调节相结合就成为可能的理性选择之一。

二、日本模式——完备的工伤管理系统

日本作为亚洲经济最为发达的国家之一，拥有 38 万平方公里的国土面积和 1.2 亿人口以及高度发达的工业体系。目前，日本的就业人口为 6500 万左右，由于具有出色的工伤管理系统，工伤发生率非常低。2010 年工伤死伤人数为 105718 人（包括死亡及工伤导致休假 4 天以上者），其中死亡人数 1075 人，从统计报表来看，这一数字每年都在递减，日本的工伤管理系统起到了很好的预防事故的作用。日本的工伤被称为劳动灾害，简称"劳灾"。日本的劳动灾害补偿保险制度简称劳灾保险，由厚生劳动省主管。

(一)日本劳动灾害补偿保险制度的历史

日本的工伤补偿制度出现在 20 世纪初,主要以工厂及矿山的劳动者为主要补偿对象。其后,随着日本工业和社会的发展,劳灾制度日益完善。1931 年,日本政府颁布《劳动灾害扶助法》和《劳动者灾害扶助保险法》,将保险范围扩大到大部分室外作业的职业种类。1946 年颁布的《劳动基准法》是日本劳动法律的基础。1947 年颁布的《工伤事故补偿保险法》即日本的工伤保险条例,明确指出"对工人因业务上的事由或者因伤病造成负伤、生病、残疾或死亡者,予以迅速且公正的保护,实行必要的保险赔付。同时,谋求促进这些因业务上的事由或上班而病残的工人重返社会,救援该工人及其遗属,确保工人的劳动条件,致力于工人福利的改善"。

其后,日本政府对以上法律进行了一系列修订。1960 年 4 月,建立了伤残和职业病长期待遇给付制度,同时建立了 1 至 3 级伤残补偿年金,替代了一次性补偿制度;1973 年 12 月,完善了上下班途中伤害保险制度;1975 年 4 月,将工伤保险的覆盖范围扩大到了几乎所有行业;1990 年 10 月,确定了长期疗养职工补偿待遇;1996 年 4 月,建立家庭护理赔偿支付制度。

(二)日本工伤保险制度的基本框架

目前,日本的工伤体系主要由三部法律构建,包括《劳动基准法》《劳动者灾害补偿保险法》《劳动安全卫生法》。其中后面两部法律皆源自《劳动基准法》,系将其中的条例分出并细化为独立的法律条文。《劳动者灾害补偿保险法》主要规定工伤事故认定、工伤保险管理等内容;《劳动安全卫生法》主要涉及对工作场所中工伤的预防和对工人的保护等具体细则。日本政府还颁布了《雇佣保险法》《劳动保险审查官及劳动保险审查会法》《独立行政法人劳动者健康福利法》等一系列相关法律,进一步完善了工伤保险预防和补偿的法律保障体系。

2001 年,日本厚生省与劳动省合并,成立厚生劳动省,对劳灾进行全面管理。合并后的厚生劳动省将安全生产与职业病防治结合起来,其中,劳动基准局主要负责劳动安全卫生事宜。劳灾保险由厚生劳动省劳动基准局劳灾补偿部管辖,并在全国 47 个都道府县设置了派出机构,即都道府县的劳动基准局,下设劳动基准署,全国联网。

日本非常重视工伤事故的预防工作,建立了全国性的组织———中央劳灾预防协会,简称"中灾防",由厚生劳动省领导,主要任务是改善劳动者的工作环境,为职工创造安全舒适的工作环境。

(三)日本的劳灾补偿保险

日本实行国家强制性的工伤保险制度,由政府进行管理,适用于全部行业及雇用工人。但雇员不足五人的农业、林业和渔业企业的雇员不在此范围内,这些企业的员工可以自愿参加劳灾保险。中小企业雇主与一般雇员同等看待。同时,公务员及船员也不适用该法。日本也有私营保险机构提供的工伤保险,包括雇主责任险和补充赔偿保险,作为国家劳灾保险的补充。

日本的工伤保险赔付包括业务灾害(工作伤害)和通勤灾害(上下班途中伤害)两种。日本政府认为通勤伤害不是在劳动过程中产生,雇主责任较少,故两者区别对待。业务灾害的费用由劳灾保险全额赔付，但通勤灾害需要受伤工人支付一部分负担金。

1. 业务灾害

业务灾害是由于工作而发生的伤害，指在具有劳动契约关系的使用者的支配下，工作过程中发生的灾害。工作时间或加班时间内，有如下条件即可认为是业务灾害：

(1)工作过程中；

(2)与工作相伴随的附带行为的过程中；

(3)作业的准备，事后处理过程中，待命过程中；

(4)在企业设施休息的过程中(包括在企业食堂就餐等)；

(5)发生天灾、火灾等不可抗力的紧急过程中；

(6)因公司需要外出从事相关业务；

(7)上班途中利用单位通勤专用交通工具过程中(此处与通勤灾害有区别)；

(8)满足以下三个条件，原则上可认定职业病：第一，劳动场所存在有害因素；第二，暴露于可引起健康伤害的有害因素中；第三，发病的经过及病态与有害因素相关。

2. 通勤灾害

通勤灾害是指起因于工人通勤的负伤、疾病、伤残或死亡。通勤即工人为实现工作目的，按合理的路线和方法往返于住地与工作单位之间，如果不带有工作性质，偏离正常往返途径或中断该途径的，这种中断和偏离及其后的往返不被视为通勤。但对于一般工人来说，是因为迫不得已的事由而进行的日常生活的必需行为，且在最小限度范围内活动的情况下，除去该偏离或中断过程恢复到合理的途径后，仍可被认定为通勤。

3. 劳灾保险的给付

劳灾发生后，劳灾保险将支付全部费用(通勤灾害需受害者补交费用)，雇主不再承担费用。但当雇主存在重大过错或雇主未购买劳灾保险时，需雇主独立承担部分或全部费用。即在特定情况下不完全免除雇主的责任。受伤工人可以同时要求劳灾补偿和提起诉讼，并自由就医和要求补偿医疗费。

保险给付包括两个方面，一方面是面向受伤工人的给付。法律规定伤残等级 14 级，1~7 级是部分或全部丧失劳动能力的，这样就必须按时发给工伤保险年金。8~14 级是不影响劳动能力的，只发给一次性赔付。伤残等级认定要待治疗终了和症状固定后才能认定，如表 6.2 所示。另一方面是针对劳动福利事业的给付。

针对劳动福利事业的给付种类较多，包括：

(1)设置并运营管理有关疗养、康复的设施，开展其他促进受伤工人顺利实现社会康复必需的事业。

(2)对受伤工人的疗养生活、遗属升学、受伤工人及其遗属必需的资金借贷提供援助，开展对受伤工人及其遗属所提供的救援必需的事业。

(3)对防止工作灾害的活动提供援助，设置并运营有关健康诊断设施，开展其他确保工人安全及卫生所必需的事业。

(4)确保工资支付，对雇主进行有关劳动条件管理方面的指导和援助，开展其他确保合理劳动条件所必需的事业。

表 6.2   面向受伤工人的保险给付项目及内容

项目	医疗补偿金	病假补偿金	残疾补偿金	遗属补偿金	丧葬补偿金	伤病补偿金	护理补偿金	二次健康诊断金
面向工人给付	1. 指定医院进行实物支付(由保险支付医疗康复费用) 2. 非指定医院进行现金支付,通过认定后支付给工人,工人支付给医院	1. 病假头三天由雇主支付原平均日工资的60% 2. 病假第四天由保险支付原平均日工资的60%	1. 残疾1~7级支付一定金额的年金 2. 残疾8~14级支付一次性赔偿金 3. 每个等级都有一次性赔偿金	根据遗属人数支付	支付给遗属或在无遗属时,支付给举办葬礼者	劳灾发生并治疗1年6个月后,针对持续伤病支付	根据伤残等级程度支付	根据《劳动基准法》规定的健康检查后,劳动者提出对脑血管病和心脏病进行检查

4. 劳灾保险的募集

日本的劳灾保险向行业、企业征集保险费,入不敷出时由国库补贴,但已多年未出现入不敷出的现象。雇主缴纳的工伤保险费,根据社会保险机构规定的行业保险费率和企业工资总额进行核算。每个企业根据其前三年的费率推算后三年的费率。劳动者个人无须缴费,无实名制。日本具有专门的征集法律,劳灾保险费率实行行业费率和浮动费率。

日本的劳灾保险费率根据行业划分为8大产业53个行业,最高如水电建设业为12.9%,最低如供水等为0.5%,费率相差的25倍。具体费率如表6.3所示。行业费率是由厚生劳动省根据各行业参保人数、支付水平和事故发生情况确定的,每三年调整一次。在行业基础上,企业再被分为工厂、商店等的"连续事业"和工程等"有期限事业"两种,从而确定缴费绝对额。

为了促进企业的安全生产意识,预防并减少工伤,日本政府实行浮动费率制度。政府根据企业前三年支取保险金所占缴纳保险金的比例划档,收支率在75%以下的降低费率,75%~85%不变,85%以上要提高费率。

表 6.3   部分行业劳灾保险费率

序列	企业	费率(%)
1	水力发电设施和水道等建设企业	12.9
2	金属矿业与非金属矿业(石灰石矿采掘业除外)	8.7
3	采石业	6.9

续表

序列	企业	费率(%)
4	林业	5.9
5	石灰石矿采掘业	5.3
6	海面渔业	5.2
7	海洋养殖业等	4.0
8	其他矿业	3.2
9	港湾装卸业等	3.1
10	铁道建设事业	3.0
……		
53	烟草、钟表、仓库、供水等行业	0.5

三、德国模式——职业保险协会

德国是世界上第一个以社会立法实施社会保障制度的国家，1881年《社会保障法》的颁布标志着德国社会保障制度的确立。德国也是世界上第一个建立社会工伤保险制度的国家，它于1884年颁布了世界上第一部工伤社会保险法——《工伤事故保险法》，该法的诞生开启了世界工伤社会保险的先河，自颁布以来，为预防工伤事故和职业病起到了积极作用。随后德国将《工伤事故保险法》和另外两部社会保险法(《医疗保险法》和《伤残和养老保险法》)合并为《帝国保障法》。在西欧各国中，德国预防工伤事故和职业病的活动与成果最好，其核心内容是通过建立各级劳动保护的有效机制——职业保险协会来预防工伤事故和职业病。职业保险协会又被称为同业工会，行使职业安全卫生的行业管理职能，它负责事故预防、职业康复和工伤补偿三方面的管理工作，以工伤事故保险作为管理支柱。

(一)职业保险协会的建立

德国的职业保险协会按工业门类组建。这种体系的优点在于：由于在各自的管理领域同工业实践紧密结合，可寻求最好的事故预防和卫生防护方案。这些方案与工作区域的实际风险愈吻合，所采用的每个措施就愈有效。目前，德国的工商业有35个职业保险协会，覆盖280万家企业，4200万雇员。根据劳动保护有关法律的规定，德国的所有企业都必须参加本产业系统或所在地的职业保险协会。任何企业不得以借口拒绝参加该协会，也不得以缴纳过劳动保险费为理由拒绝参加该协会的活动和承担有关义务。所有职工，不分年龄、性别、家庭状况、民族和收入状况，也不论是正式工还是临时工，都有权享受预防工伤和职业病保险。法律要求企业为所有雇员缴纳工伤保险费，若有不缴者，将承担高额罚款，甚至承担法律责任。

(二)职业保险协会的经费及支出

职业保险协会的经费主要来自会员企业缴纳的保险费，职工无须缴纳任何费用。企业缴纳保险费的数额由国家劳动部门根据企业生产过程的危险程度、企业劳动工资基金的总额、企业发生工伤事故的频率和严重程度等指标予以确定。近年来，这项缴费一般不超过企业工资总额的 1.5%。德国工伤保险基金的支出比例：安全返还费占 7%，管理费占 10%，预防费用占 8%，康复费占 27%，养老及现金支出占 48%。

(三)职业保险协会的职能

根据相关法律的规定，职业保险协会必须遵守以下三原则：一是依法办事原则，二是非营利原则，三是坚持预防为主的原则。它的基本职能是：预防工伤事故和职业病，帮助受工伤或患职业病职工恢复劳动能力和康复，按规定对他们支付赔偿和补贴等等。根据上述职能的要求，职业保险协会主要是通过其设立的劳动保护技术监督服务中心来开展活动。主要包括参与制定安全技术标准，对企业执行安全条例的情况进行监督，组织劳动保护知识技能培训与教育等。职业保险协会组织构成如图 6.2 所示。

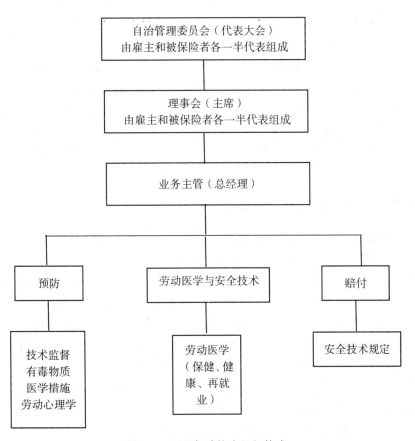

图 6.2 职业保险协会组织构成

(四)工伤保险赔付流程

德国工伤保险的首要任务是事故预防，其次是医疗康复，最后才是赔付。同业公会遵循"先防、后疗，先治、后赔"原则管理工伤和职业病的预防、康复、赔偿工作。职业保险协会在对工伤事故或职业病进行登记和调查后，对符合条件者给予工伤事故和职业病的赔偿，对因患职业病而收入减少或由此而造成经济损失的予以补助。除给伤病者临时补助外，职业保险协会还应承担其因伤病而丧失劳动能力的赔偿费用，其金额数量视劳动能力丧失程度而定。职业病按工伤来赔偿，一旦雇员发生工伤事故或罹患职业病，其费用均由职业保险协会赔付，企业与雇员间不存在直接赔偿关系。此外，职业保险协会设立的职业病医院对伤病者进行治疗并帮助其康复，以便伤病者恢复工作和生活能力。如果雇员患有职业病名单中未做规定的疾病，若有充足的证据证明该疾病与其长期从事的工作有关，则可得到相应的赔偿。职业保险协会除向职业病伤病者支付上述费用外，在收到职业病诊断报告后，还应向报告医生支付一定数额的报告费。

多年来，德国职业保险协会制度获得了明显的成果，协会得到了较大的发展，德国工伤事故发生率、受工伤者和患职业病的职工人数总体上呈现逐年减少的趋势。例如近年来遭受严重工伤事故的全日制工人每年约 1000 人，这在职业保险协会所覆盖的 4000 多万职工中所占比例是很小的。

综上所述，德国职业保险协会和以其为主建立的国家安全生产机制对于预防工伤事故和职业病具有较高的效率，其积极意义在于：首先，职业保险协会的建立使工伤事故保险事业从国家行为转变为企业组成的行业协会行为，实际上是把事故预防与企业和职工的具体利益直接联系起来，使得事故的预防、处置、赔偿以及安全投入的资金来源都有了组织保证。其次，使企业摆脱了事故保险业务的负担，减少了劳动争议，提高了企业的竞争力。最后，职业保险协会与企业间分工合作，共同推动了劳动保护事业发展，减少了事故，提高了企业经营成果，取得了良好的社会效果。

四、国外事故保险发展模式对我国的启示

通过对国外典型工伤事故管理模式的比较研究，可以得出以下结论：

（一）工伤事故保险的具体运作模式要符合各国的国情

虽然美国、日本、德国作为资本主义发达国家，都具有完善的市场经济调节机制，但是工伤保险作为一种强制性的社会保险项目，与各国的政治体制、地域特色、市场情况、立法惯例密切相关，选择适合本国安全生产实际的事故保险发展模式是顺利解决工伤事故与安全生产问题的基本前提。德国事故保险的迅速发展离不开"铁血宰相"俾斯麦的强制推行，美国各州政府的费率管制政策也是建立在各州自治的基础上的。所以，构建我国的事故保险模式不可能照搬任何一国的先进经验，要在借鉴国际经验的基础上，根据我国现阶段的安全生产实际情况，建立适合我国国情的工伤事故保险模式。

（二）工伤事故保险的发展是政府管制的产物

工伤保险从诞生之时起就与政府行为紧密相关。众所周知，各国的工伤事故保险都是通过政府立法来加以强制执行的。对于工伤保险主要的三大任务：预防、补偿和康复，各国政府都用相关法律法规明确了其主要内容。工伤事故预防法规是政府部门通过立法和执法手段来管理的；对工伤医疗补偿和康复有管制医疗；就连工伤保险评定、工伤评级、争议和仲裁等相关行为也无一不与政府政策相关。可以说，当代各国的工伤保险实践凸显了

政府管制对社会保险加以管理和调控的指导思想和方式方法，工伤保险的发展反映了政府管制方式的变迁。

（三）工伤事故保险模式与各国事故风险水平紧密相关

考察发达国家工伤事故保险发展史，不难发现，政府对工伤保险管制力度的强弱随着事故风险水平高低、风险复杂程度的变化而变化。20 年多来，随着发达国家社会保险体系的完善，工伤事故死亡率大幅降低，各国对工伤保险的政府管制呈现放松趋向，强调依赖市场自我调节来管理事故风险，工伤事故保险立法在国际劳工局的推动下在全球得到广泛支持。

相对于发达国家的事故风险率降低，发展中国家随着经济恢复和高速发展，工伤事故风险日渐升高，尤其我国在由计划经济向市场经济转轨过程中，工伤事故保险、劳动安全卫生等各方面的法律法规亟待完善，煤矿等行业安全生产形势较严峻，重特大安全生产事故一再发生。因此，探索适合我国现阶段的工伤事故保险模式对尽快解决我国煤矿建筑等行业严峻的安全生产形势尤为重要。

五、构建我国工伤保险模式的建议

（一）加强工伤事故保险法律建设

《工伤保险条例》仅是国务院签发的政府规章，应尽快建立工伤保险基准法，在此基础上，制定相应的规范性文件，增加工伤与职业病认定、劳动能力鉴定、工伤保险待遇支付等各方面的具体规定，增强法律的可操作性。

（二）建立重点行业工伤事故保险协会

设立行业性互助保险机构，例如设立煤炭行业保险协会，增加承保机构，制定相应政策及扶持措施，确保有针对性地改变高危行业的安全生产状况。

（三）调整工伤事故保险的政府管制机制

设立覆盖工伤事故预防、职业病防治与康复的政府管制机构，设立社会统筹事故保险基金，保证安全投入资金的来源。建立健全工伤保险基金的监督管理制度，依法实施对基金的预决算、基金征缴、支出、节余和运营的全程监督。加强工伤保险行政监督、社会监督和管理机构的内部监控，保证各项法规、政策的贯彻实施。

（四）完善工伤保险费率浮动机制与差别机制

加强政府对工伤保险的经济管制职能。管理机构要担负起费率定价的职能，制定科学可行的差别费率与浮动费率。要严格执行高风险、高费率，低风险、低费率的原则，还应根据各个行业的安全绩效和费用支出情况，制定差别费率浮动方法。在一定时期内低风险行业也要为高风险行业适当分担风险。我国目前工伤保险覆盖面较过去增长很快，但与日本的全国全行业覆盖显然相差很远，并且由于行业费率的细化及浮动费率发展仍未完善，需要向日本借鉴的地方较多。同时，日本除向工伤职工直接支付保险赔偿外，还具有非常丰富的劳动福利事业，较好地全面地保障了受伤职工在工伤后的生活。加拿大的受伤工人要取得工伤保险金，企业主必须按规定缴纳保险基金，缴费额度以每个工人的收入为依据，而且通常有一个最低限和一个最高限的缴费率，缴费率取决于行业危险等级。如在加拿大的安大略省，缴费率变化范围为：危险程度最低的行业，缴费率为可保险收入的1%；而危险程度最高的行业，其缴费率高达可保险收入的25%；其他行业的缴费率，平均为可保险收入的3%。与保险原则相一致，几乎所有的省、地区以及联邦的立法中，均有一些条款对那些工伤事故和职业病发生相对较少的企业进行奖励，如降低缴费率标准，而对那些具有不良记录的企业给予惩罚。

要改变现行的工伤保险制度中重补偿、轻预防的片面性，运用工伤事故保险费率的经济杠杆作用和强化奖惩机制，促进高危行业企业安全生产和职业病的预防。参照发达国家工伤保险的发展经验，结合我国现阶段的实际国情，建议我国早日构建起以政府费率管制为主、重点行业推行保险自治模式为辅助的工伤事故保险发展模式。将煤矿、化工、建筑等高危行业作为建立行业保险互助协会的试点，依据改革成本最小化和平稳过渡的原则，建立起覆盖我国所有企业职工、兼顾国家、企业和职工三方利益的工伤事故保险发展模式。

第四节　我国工伤保险的相关法规

从中华人民共和国成立初期到现在，我国工伤保险的相关法规主要以《中华人民共和国劳动保险条例》《企业职工工伤保险试行办法》及《工伤保险条例》为代表。各省依据《工伤保险条例》均制定了适合本省情况的工伤保险实施办法。考虑到法规的时效性及应用性，本节主要介绍《企业职工工伤保险试行办法》及《工伤保险条例》相关内容。

一、工伤保险实施范围

《企业职工工伤保险试行办法》中工伤保险实施范围是我国境内的企业及其职工。国家公务员、事业单位的职员除外。

《工伤保险条例》中工伤保险实施范围是我国境内的各类企业、有雇工的个体工商户。此外对国家机关、事业单位、社会团体和民办非企业单位以及对有违法用工和非法使用童工的用人单位，在工伤保险待遇上做了相应规定。《工伤保险条例》中所称的职工是指与用人单位存在劳动关系（包括事实劳动关系）的各种用工形式、各种用工期限的劳动者，是用人单位中的所有职工，不管其是正式工还是临时工，也不管其是本地户口还是外地户口，城镇户口还是农村户口。个体工商户是指在工商行政管理部门登记、雇佣7人以下、开展工商业活动的自然人。

事实劳动关系的特征就是用人单位与劳动者虽然没有签订书面劳动合同，但已成为用人单位的成员，接受用人单位的管理，从事用人单位指定的工作，得到劳动保护，并获取劳动报酬。除了没有订立书面的劳动合同以外，事实劳动关系具有劳动关系的全部特征。劳动和社会保障部2005年5月25日颁布的《关于确立劳动关系有关事项的通知》除了对事实劳动关系的认定加以明确外，还从举证角度对如何确认劳动关系做了规定。如在第2条规定："用人单位未与劳动者签订劳动合同，认定双方存在劳动关系时可参照下列凭证：一是工资支付凭证或记录（职工工资发放花名册）、缴纳各项社会保险费的记录；二是用人单位向劳动者发放的"工作证""服务证"等能够证明身份的证件；三是劳动者填写的用人单位招工招聘"登记表""报名表"等招用记录；四是考勤记录；五是其他劳动者的证言。其中，一、三、四项的有关凭证由用人单位负举证责任。"

二、享受工伤保险待遇的资格条件

（一）关于工伤认定的资格条件
根据不同时期的工伤保险相关法规内容进行确定。
（二）关于职业病认定的资格条件
指职工因受到职业性有害因素的影响引起的，由国家以法规形式规定并经国家指定的医疗机构确诊的疾病。
（三）关于因工致残认定的资格条件
对于在医疗期满未能痊愈的，要由劳动能力鉴定委员会进行伤残等级鉴定。根据伤情的不同鉴定出的工伤等级以及职业病残疾等级均有不同，视具体情况而定。具体伤残等级，可参考《劳动能力鉴定职工工伤与职业病致残等级》（GB/T16180—2014），该标准详细地、规范地对伤残等级做了明确的分类及认定。

三、工伤保险待遇的给付

《企业职工工伤保险试行办法》中待遇给付如图6.3所示，《工伤保险条例》中待遇给付如图6.4所示。

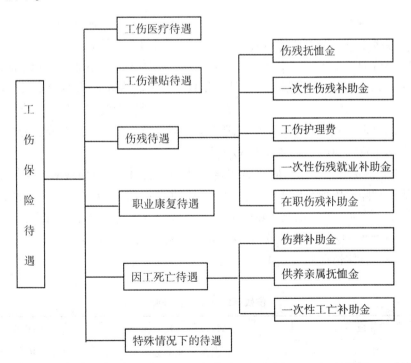

图6.3 《企业职工工伤保险试行办法》中工伤保险待遇给付

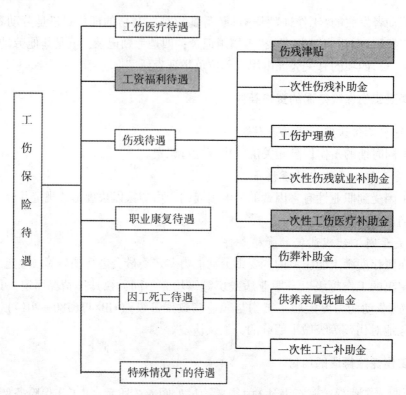

图 6.4　《工伤保险条例》中工伤保险待遇给付

《工伤保险条例》第二十二条规定："劳动能力鉴定是指劳动功能障碍程度和生活自理障碍程度的等级鉴定。劳动功能障碍分为十个伤残等级，最重的为一级，最轻的为十级。生活自理障碍分为三个等级：生活完全不能自理、生活大部分不能自理和生活部分不能自理。"第三十二条规定："工伤职工已经评定伤残等级并经劳动能力鉴定委员会确认需要生活护理的，从工伤保险基金按月支付生活护理费。生活护理费按照生活完全不能自理、生活大部分不能自理或者生活部分不能自理 3 个不同等级支付，其标准分别为统筹地区上年度职工月平均工资的 50%、40% 或者 30%。"

《劳动能力鉴定职工工伤与职业病致残等级》表明：1～5 级伤残对应不同的生活自理障碍。生活自理障碍体现在以下五个方面：(1) 进食；(2) 翻身；(3) 大小便；(4) 穿衣、洗漱；(5) 自主行动。当满足上述障碍中的 5 项时表示生活完全不能自理，当满足上述 5 项障碍中 3～4 项时表示生活大部分不能自理，当满足上述 5 项障碍中 1～2 项时表示生活部分不能自理。具体情况如表 6.4 所示。

表 6.4　　　　　　　　　　　伤残等级与生活自理障碍

伤残等级	生活自理障碍	生活护理费
一级	完全或大部分或部分	30%、40%、50%

续表

伤残等级	生活自理障碍	生活护理费
二级	大部分或部分	30%、40%
三级	部分	30%
四级	部分或无	0 或 30%
五级~十级	无	0

　　根据《工伤保险条例》相关条款的规定，不同的工伤保险待遇，分别由工伤保险基金与用人单位支付的项目不同，具体情况如表 6.5 所示。

表 6.5　　　　　　　　　**不同的工伤保险待遇支付比较**

工伤保险基金支付待遇	用人单位支付待遇
医药费	
住院伙食补助费	
统筹地区以外就医交通、食宿费	
康复性治疗费	
伤残辅助器具安装配置费	停工留薪期间工资福利
一次性伤残补助金	停工留薪期间护理费
评定伤残等级后生活护理费	
1~4 级伤残津贴	5、6 级伤残津贴
5~10 级一次性工伤医疗补助金	5~10 级一次性伤残就业补助金
因工死亡待遇：丧葬补助金、供养亲属抚恤金、一次性工亡补助金	
因工外出或抢险救灾中下落不明期间 3 个月后的待遇	因工外出或抢险救灾中下落不明期间前 3 个月工资

　　具体工伤保险法规《企业职工工伤保险试行办法》及《工伤保险条例》见附录。

第五节　工 伤 认 定

一、工伤的认定

(一) 工伤认定的前提条件

　　工伤认定的前提条件是职工与用人单位之间建立了劳动关系。这里，用人单位指中华人民共和国境内的一切生产经营单位、个体经营组织。劳动关系的建立应当以订立合同为确立标准。但考虑到目前仍存在因用工不规范行为而导致的事实上的劳动关系，因此可根据以下特征来确定：

《劳动合同法》(2007年6月29日颁布，2008年1月1日实施)第7条关于劳动关系的规定：用人单位自用工之日起即与劳动者建立劳动关系。用人单位应当建立职工名册备查。这里有两个要点：(1)明确了劳动关系的成立从用人单位用工之日起即成立，这就克服了劳动关系认定的麻烦；(2)建立劳动关系应建立职工名册备查。做出这一规定就是为了便于确认用人单位与劳动之间的劳动关系，避免劳动者因为无法提供有关证据陷入窘境。

《劳动合同法》第10条规定："建立劳动关系，应当订立书面劳动合同。已建立劳动关系，未同时订立书面劳动合同的，应当自用工之日起一个月内订立书面劳动合同。用人单位与劳动者在用工前订立劳动合同的，劳动关系自用工之日起建立。"

《劳动合同法》第82条第1款规定了不订立书面劳动合同的责任：用人单位自用工之日起超过一个月但不满一年未与劳动者订立书面劳动合同的，应当向劳动者每月支付二倍的工资。

（二）工伤认定参照的法律法规

（1）1996年10月1日以前的工伤认定按照《中华人民共和国劳动保险条例》执行。

（2）1996年10月1日—2003年12月31日的工伤认定按照《企业职工工伤保险试行办法》执行。

（3）2004年1月1日以后的工伤认定按照《工伤保险条例》《工伤认定办法》执行。

（三）工伤与视同工伤的比较

视同工伤是指劳动者从事与单位工作有一定关联的活动而发生意外事故，致使身体某组织器官或生理功能受到损伤，并按工伤待遇给予劳动者伤残经济补偿。与工伤相比较，两者的共同点是：第一，都引起身体组织器官和生理功能损害；第二，都享受工伤待遇。但是，两者是有明显区别的：第一，工伤与工作有直接关联，而视同工伤只有间接关联；第二，报告途径不同，生产性事故的工伤需要按安全生产监督管理规定进行登记、统计和向安全生产监督部门报告，同时需要向人力资源与社会保障部门报告；而视同工伤则只需要向人力资源与社会保障部门报告即可，其主要目的是确认能否享受工伤待遇，也就是说视同工伤不占伤亡事故统计指标。

（四）工伤认定流程

工伤了应该先做工伤认定，可以由用人单位提出，也可由工伤职工或者其直系亲属、工会组织提出。申请人不同，申请的先后顺序也不同，具体如图6.5所示。

（五）对《工伤保险条例》中有关条款的理解

1. 工伤认定中，对于"在工作时间和工作场所内，因工作原因受到事故伤害的"条款，应当怎样更加准确地理解？

工作时间：是指劳动合同约定的工作时间、用人单位规定的工作时间、加班加点工作的时间以及完成用人单位临时指派工作的时间。这里包含时间、空间、因果关系三个条件。对于工作时间的理解，有两种不同的概念：合法与合理的时间、既不合法又不合理的

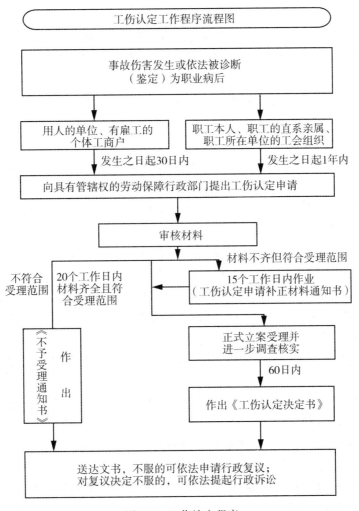

图 6.5　工伤认定程序

时间。合法与合理的时间是指符合法律规定的加班时间、紧急处理工务时间以及生产设备的抢修时间。既不合法又不合理的时间是指不按照国家法律规定，雇主运用自己的影响力，使雇工超时工作的时间。

工作场所：是指用人单位能够对其日常生产经营活动进行有效管理的区域和职工为完成其特定工作所涉及的相关区域以及自然延伸的合理区域。如果职工有多个工作场所的，职工来往于多个工作场所之间的必经区域，应当认定为工作场所。对于工作场所的理解，是指职工从事职业活动的实际区域，它分为固定区域和不固定区域。固定区域是指职工日常工作区域，包括单位所在地、单位附属地以及户外经常性固定区域，如邮递员、送票员所在工作区域等。不固定区域则是指修理工、电工、船员、新闻工作者日常不确定的工作区域。对于工作原因的理解，是指虽然是在工作时间、工作场所内，但从事的是与本职工作无关的活动，这种情况不能作为工伤处理。

事故伤害：主要是指职工在工作过程中发生的人身伤害和急性中毒等事故。

2. 工伤认定中，"在工作时间前后在工作场所内，从事与工作有关的预备性或者收尾性工作受到事故伤害的"条款中，预备性或者收尾性工作指的是什么？

"预备性或者收尾性工作"指与作业规程上下一致，或与雇主要求接近的工作，如运输、备料、准备工具开机预热、清理、安全储存、收拾工具和衣物等活动。

3. 工伤认定中，"在工作时间和工作场所内，因履行工作职责受到暴力等意外伤害的"条款，怎样与斗殴、互殴区分？

"因履行工作职责受到暴力等意外伤害的"，有两层含义：第一，职工因履行工作职责，使某些人的不合理的或违法的目的没有达到，这些人出于报复而对该职工进行的暴力人身伤害；第二，在工作时间和工作场所内，职工因履行工作职责受到的意外伤害，诸如地震、厂区失火、车间房屋倒塌以及由于单位其他设施不安全而造成的伤害等。需要注意的是，因履行工作职责受到的暴力伤害要与履行工作职责之间有因果关系。

4. 工伤认定中，"患职业病"的条款，有什么具体要求？

此处所指的职业病是指企业、事业单位和个体经济组织的劳动者在职业活动中，因接触粉尘、放射物质或其他有毒、有害物质等因素而引起的疾病，必须是国家公布的职业病分类和目录所列的职业病。职工须有与用人单位职业接触史，且经卫生机构诊断，确认为职业病的，方可认定为工伤。

5. 工伤认定中，"因工外出期间，由于工作原因受到伤害或者发生事故下落不明的"如何理解？

"因工外出"是指职工不在本单位的工作范围内，由于工作需要被领导指派到本单位以外工作，或者为了更好地完成工作，自己到本单位以外从事与本职工作有关的工作。此处的"外出"包括两层含义：一是指本单位以外，但是在本地范围内；二是指不仅离开了本单位，并且是外地。

"由于工作原因受到伤害"是指由于工作原因直接或者间接造成的伤害，包括事故伤害、暴力伤害和其他形式的伤害。

"事故"包括安全事故、意外事故以及自然灾害等各种形式的事故。出于工作需要，到本单位以外去工作，如果由于工作原因受到事故伤害，也应该认定为工伤。

6. 工伤认定中，"在上下班途中，受到非本人主要责任的交通事故或者城市轨道交通、客运轮渡、火车事故伤害的"条款中，对于"上下班途中"怎样理解和把握？

"上下班途中"包括职工按正常时间上下班的途中，以及职工加班加点后上下班的途中。此处应该注意的是，本条对"上下班途中"是否限定在必经路线上没有规定。

"受到非本人主要责任的交通事故或者城市轨道交通、客运轮渡、火车事故伤害的"，强调：职工在上下班途中，无论是驾驶机动车发生事故造成自身伤害的，还是没有驾驶机动车而被机动车撞伤的，注重责任的认定，如果认定为非本人主要责任，都应该认定为工伤；但如果是无证驾驶、偷盗他人机动车驾驶、醉酒驾驶导致的受伤则不能够认定为工伤。本条例关于"上下班途中事故"的规定仅限于"非本人主要责任的交通事故或者城市轨道交通、客运轮渡、火车事故伤害"，而未将上下班途中发生的其他事故纳入工伤范围。

职工在上下班途中受到其他事故伤害的，可以通过民事途径向责任人索赔。

7. 工伤认定中规定"职工在工作时间和工作岗位，突发疾病死亡或者在 48 小时之内经抢救无效死亡的，视同工伤"，如何理解？

这里"突发疾病"包括各类疾病。"48 小时"的起算时间，以医疗机构的初次诊断时间作为突发疾病的起算时间。如果超过 48 小时，则不能视同工伤。

8. 工伤认定中，为什么要把"在抢险救灾等维护国家利益和公共利益活动中受到伤害"视同工伤？

这是国际社会的通行做法，也是我国的一贯政策，其基本思想是弘扬正义，树立良好的社会风气。因此，当职工在政府有关部门做出确认的在抢险救灾活动中见义勇为受到伤害时，应将其视同工伤处理。

9.《工伤保险条例》将《企业职工工伤保险试行办法》中不认定工伤的"蓄意违章"条款删除，这是为什么？

删除不认定工伤中"蓄意违章"的条款，是为了向企业明确"赔偿不问原因"。今后企业不得以职工在工作中因违章受到伤害为理由，而不为职工申请工伤认定。

10. 对非法用工单位的事故伤害能否认定工伤？

2004 年 5 月，张某在一个村子里租用了几间平房，成立了一家食品厂（未经工商注册、登记），招用了几名民工从事食品生产。一名职工在工作中被压面机压断一条胳膊。该职工能否申请工伤认定？

《工伤保险条例》第 66 条规定："无营业执照或者未经依法登记、备案的单位以及被依法吊销营业执照或者撤销登记、备案的单位的职工受到事故伤害或者患职业病的，由该单位向伤残职工或者死亡职工的近亲属给予一次性赔偿，赔偿标准不得低于本条例规定的工伤保险待遇。"该条只要求非法用工单位对伤残、死亡的劳动者进行赔偿，而未讲必须先进行工伤认定，由此进一步说明，对非法用工单位的工伤性事故，是不应进行工伤认定的。但非法单位非法招用工人这一行为并不影响其"用人"和承担"工伤待遇"责任的本质。

二、相关案例分析

案例一

2004 年 6 月 18 日，李某经他人介绍进入某印刷公司，在装订组从事搬运、打捆等工作，试用期 3 个月，每个月的工资为 500 元，没有签订劳动合同。2004 年 9 月 2 日，按车间主任安排，李某像往常一样从事搬运打捆工作，上午 11 时左右，李某在切纸工停机上厕所期间，因对切纸感到新奇，不顾切纸工助手的劝阻，在明知不懂切纸机操作会导致危险的情况下，擅自动用切纸机，将自己的手指切伤，经医院诊断为右手食指末节毁损伤。

李某经救治出院后，要求公司申报工伤。公司提出申请后，当地劳动保障行政部门经调查，认为其为非工作原因所致伤害，没有认定为工伤。李某不服，向行政复议机关申请复议。复议机关审理后认为：(1) 王某的工作岗位是流动的，不是固定的。切纸机切纸岗位虽然不属于王某的工作岗位，但属于王某的工作区域。王某违章操作造成事故虽应负有责任但也不能排除用人单位的责任。(2)王某的工作区域有机电设备，存在不安全因素。(3)用人单位用工不规范和不安全因素导致的伤害事故是由王某对安全知识的无知引发的，对此用人单位应负有责任。复议机关认为不认定为工伤的法律法规依据不充分。而在法院行政诉讼阶段，一、二审法院均维持了不予认定为工伤的决定。李某的受伤是否属于工作原因所致？该用人单位未对李某进行安全教育和培训，用人单位的工作场所是否存在安全隐患？李某能否认定为工伤？

案例解析：

首先看李某操作切纸机是否属于其工作，从而判断其受伤是否为工作原因所致。用人单位虽然没有和李某签订劳动合同，没有对包括工作岗位、职责和内容在内的劳动权利和义务进行约定，但并非不能确定工作内容。一方面，在李某工作之初，公司是安排其从事打捆和搬运工作，在事故发生之日，领导也是安排其从事该项工作，因此应认为这就是他的工作内容和职责；另一方面，在李某私自操作切纸机时，切纸工助手曾劝阻其不要操作，这表明了公司不予安排其从事此项工作的明确态度，因此，其私自操作切纸机的行为，不能认为是进行工作或履行工作职责，其所受伤害不是工作原因所致。

其次看李某是否为了本单位利益而受伤。由于在李某私自操作切纸机时，切纸工助手曾劝阻其不要操作(只能是口头劝阻，而无权限制其人身自由)，即表明公司拒绝或禁止他操作切纸机，在此种情况下，其私自操作切纸机的行为，不应认为是为了用人单位的利益，不符合《工伤保险条例》第15条第2项"在抢险救灾等维护国家利益、公共利益活动中受到伤害的"的规定，不应认定为视同工伤。再看李某受伤是否为不安全因素所致。虽然该用人单位在李某上岗前未对其进行安全教育，但在李某私自操作切纸机时，切纸工的助手已经劝阻其不要这么做，就该事故而言，用人单位已经尽到了防范义务，不存在安全隐患。因此，李某所受伤害不能认定为工伤。

需要注意的是，用人单位将切纸机放在公众(普通职工)所能接触到的地方，应当预见到其他非切纸机操作工有可能因好奇而自行操作，从而发生危险。如果用人单位既未对职工进行安全教育，又无人看护切纸机，并在非切纸机操作工擅自操作切纸机时未进行劝阻，则应认为用人单位的工作场所存在安全隐患，对因此而造成的伤害，按照《工伤保险条例》第14条第1项"在工作时间和工作场所内，因工作原因受到事故伤害的"的规定，认定为工伤。

案例二

金某系某镇农民工。2004年8月6日经熟人介绍到该镇某不锈钢制品厂(以下简称钢厂)上班，厂方与之口头约定先试用一个星期，如合适了再与之订立劳动合同。不料，金某上班第二天，不慎被突然断裂的不锈钢钢丝击中右眼，先后在本地和外地医院救治，最终被诊断为右眼外伤性视网膜脱落。厂方未给金某办理参加工伤保险手续，也不想承认他为工伤，一直未向劳动保障行政部门申报。金某在得不到任何赔偿的情况下，自己申请工伤认定。2004年12月26日，某市劳动保障行政部门认定金某为工伤。2005年1月15日，经当地劳动能力鉴定委员会鉴定，金某为6级伤残。钢厂不服，于2005年2月向省劳动能力鉴定委员会申请重新鉴定，2005 年 4 月，重新鉴定结论仍为 6 级伤残。

双方因赔偿事宜一直存在争议，为此，金某向某市劳动争议仲裁委员会申请仲裁，要求钢厂一次性给予其工伤待遇十余万元。

仲裁委员会最后裁决钢厂支付金某交通费、医疗费、医疗期内的工伤津贴、一次性伤残补助金等，双方保持劳动关系及工伤保险关系，订立书面劳动合同，并由钢厂为金某安排适当工作。劳动保障行政部门的认定结论和仲裁委的裁决正确吗？

案例解析：

是否签订劳动合同及是否处于试用期，与工伤认定及工伤待遇并无直接关系。根据《工伤保险条例》等有关工伤保险法规规定，职工由于工作原因受伤，符合规定的情形，只要不具备排除工伤事由，就应当认定为工伤。《工伤保险条例》第 61 条规定，"本条例所称职工，是指与用人单位存在劳动关系（包括事实劳动关系）的各种用工形式、各种用工期限的劳动者。"金某是在工作的第 2 天，在试用期阶段受伤的，这对工伤认定并无根本影响。上班 2 天与上班 2 年只是时间长短的区别，与用人单位的关系性质并无不同。只要劳动者与用人单位之间已经形成劳动关系，如果符合工伤的情形，就可以认定为工伤。所以，本案例中，金某应该认定为工伤。

案例三

2004 年 7 月 5 日，某公司职工刘某在公司所属的一个站点上班，中午休息时突发疾病，单位紧急将其送往医院进行救治，经抢救无效于当日死亡。刘某所在企业属国企。由于特殊的工作性质，在远离企业总部的地点设立了一些工作站点（长期），站点必须 24 小时有人值守，设有临时休息场所。职工居住地全部集中在企业总部所在地，上下班实行大倒班制（有劳动组织文件），即在工作站点工作 7 天，然后回基地休班 7 天，并规定在站点工作期间不得离站，离站按缺勤处理。由于该企业依法向当地劳动和社会保障部门缴纳了本单位全部职工的工伤保险费，因此发生此事后，单位作为申请人在法定的时间内，依法向当地劳动和社会保障部门提出了"视同工伤"的认定请求。这也符合死者家属的意愿。当地劳动和社会保障部门受理了此案，依照《工伤保险条例》展开调查核实和认定工作。2005 年 2 月，当地劳动和社会保障部门向该企业送达了第一份《工伤事故认定书》，认定结论为：非因工死亡。理由是：《工伤保险条例》第十五条明确规定在工作时间和工作岗位，突发疾病死亡或者在 48 小时之内经抢救无效死亡的才可以"视同工伤"，其中"工作时间""工作岗位"和"突发疾病死亡或在 48 小时内经抢救无效死亡"这三个要件缺一不可。刘某未在工作时间（休息时）、工作岗位（在宿舍）突发疾病，所以认定为"非因工死亡"。你认为李某的受伤能否认定为工伤？为什么？

案例解析：

认定为视同工伤。案例的认定难度主要是对工作时间和工作岗位的认同。由于《工伤保险条例》对工作时间和工作岗位没有详细的解释，所以劳动和社会保障部门只能根据自己对《工伤保险条例》的理解进行。他们认为：本案职工是在休息时、宿舍内发病，属于工作时间之外和非工作岗位，当然认定为"非因工死亡"。而家属和政府法制部门则认为，职工刘某因工出发到站点执行公务，在上班到下班的 7 天期间，均应视为工作时间；站点为职工提供的宿舍是职工工作间隙的休息场所，而非其生活居所，因公在外执行公务的职工刘某所在的工作、休息区域范围均应视为工作岗位，应对该职工认定为"视同工伤"。几方争执的焦点就在对工作时间和工作岗位的确认，当地劳动和社会保障部门在前两次认定中，坚持认为刘某发病时不在工作岗位和工作时间内，申请方则持反对意见。所以对一些情况比较模糊的案件，为了体现公平公正原则，只要是在不违背立法精神的前提下，有关部门可以根据出现的现实情况做出合情合理的司法解释或由执行机构根据司法实践进行确定。

案例四

张某是某纺织厂的司机。1995 年初，因纺织厂的经济效益不太好，经厂领导批准，张某办理了停薪留职手续，停薪留职后，张某到一私营企业做货车司机。2004 年初，张某在驾驶车辆运输时发生交通事故，造成双腿粉碎性骨折。应如何认定张某的受伤？

蒋某是某房地产公司的木工，2008 年 2 月，经公司同意，蒋某被借调到关联公司某装饰装潢公司工作。在装饰装潢公司工作期间，蒋某在操作切割机时，不小心将一根指头切断。蒋某要求装饰装潢公司按照工伤保险有关规定处理，但该公司以其不是本单位职工为由拒绝承担医疗及其他相关待遇。蒋某遂向劳动保障行政部门申请工伤认定。劳动保障行政部门调查后认定，蒋某受伤为某房地产公司的工伤。劳动保障行政部门的认定正确吗？

案例解析：

对于第一个问题，停薪留职一般涉及三方当事人：原用人单位(停薪留职职工劳动关系所在的单位)、实际用人单位、劳动者。对停薪留职有关的权利义务，主要通过劳动者与原用人单位之间的停薪留职协议进行约定。

《工伤保险条例》未对停薪留职者的工伤问题作出特别规定，但根据劳动及工伤法规的规定，可以对类似张某的问题进行处理。

张某的劳动关系仍在原用人单位即纺织厂，仍然属于纺织厂的职工。但其受伤并非因为从事纺织厂的日常工作或临时安排的工作而造成的，其受伤与纺织厂没有任何关系，因此不应该认定为纺织厂的工伤，纺织厂也无须支付工伤保险待遇。

张某实际在某私营企业工作，由于我国不承认双重或多重劳动关系，因此其与某私营企业的工作关系属于劳务关系而非劳动关系，由于工伤是以劳动关系为前提的，因此严格来说，也不能认定为某私营企业的工伤。

根据《最高人民法院关于审理人身损害赔偿案件适用法律若干问题的解释》第 11 条规定，"雇员在从事雇佣活动中遭受人身损害，雇主应当承担赔偿责任"，张某可以直接向人民法院起诉，要求某私营企业承担赔偿责任，赔偿标准可以参照工伤保险待遇规定。

对于第二个问题，职工借调期间由于工作原因受到伤害或者患职业病，《工伤保险条例》第 41 条第 3 款做了明确规定，"职工被借调期间受到工伤事故伤害的，由原用人单位承担工伤保险责任，但原用人单位与借调单位可以约定补偿办法"。

之所以应由原用人单位承担工伤责任，首先，被借调职工与原用人单位之间仍具有劳动关系，而与借调单位之间并没有劳动关系；其次，被借调职工之所以去借调单位工作，通常是被借调单位指派的，至少也是得到被指派单位同意的，其去借调单位工作可以视为是被借调单位的工作安排，是履行被借调单位的工作，因此其在借调单位因工作受伤符合一般工伤的条件；最后，被借调职工与工伤保险相关的很多资料均在原用人单位，由原单位承担工伤责任，便于劳动者举证。

根据《工伤保险条例》的规定，原用人单位与借调单位可以约定工伤补偿办法。这种约定既可以在工伤事故发生前达成，也可以在工伤事故发生后达成，但显然在工伤事故发生前特别是借调时更容易协商。

案例五

2005年，某私营毛衫有限公司整体(连同设备和职工)被老板承包给其他人经营。在该公司承包经营期间，一职工在编织羊毛衫时，被电动缝纫机扎伤手指，该职工能否认定为工伤？应认定为谁的工伤？承包人承包该公司后自己招用的职工发生伤亡事故又如何认定工伤？

案例解析：

根据《工伤保险条例》第14条第1款规定："在工作时间和工作场所内，因工作原因受到事故伤害的"应当认定为工伤。案例中职工在从事编织工作时被扎伤，符合该规定，一般情况下应当认定为该毛衫有限公司的工伤。

承包人对该毛衫有限公司享有经营管理权，但并未改变毛衫有限公司的法律性质，毛衫有限公司仍然是与劳动者相对应的法律主体。虽然承包人对该公司原有职工以及是否聘用新职工享有用人权，但在法律上其并不能以个人名义来行使这种权利，而只能以毛衫有限公司的名义。与劳动者履行劳动权利义务的用人单位仍然是毛衫有限公司，而非承包人，因此不管受伤职工是原来的老职工，还是承包人新招用的职工，一般情况下可认定为原毛衫有限公司的工伤。

但也有例外的情形。如果承包人并非个人，而是另外一家单位，该单位承包毛衫有限公司后，派遣了部分该单位的职工到毛衫有限公司工作，或者以该单位的名义为毛衫有限公司招用新职工，那么这些新职工，其法律上的用人单位并非毛衫有限公司，而是该单位，则这些职工因从事工作而受到伤害的，应认定为该单位的工伤，而不应认定为毛衫有限公司的工伤。

案例六

金某长期务农，后在当地一企业从事门卫工作。某日夜里小偷盗窃单位财物时被金某发现并阻拦，小偷打倒金某后逃跑，金某受伤。此时金某年龄已有64岁。有人认为金某已过退休年龄，不能认定为工伤，对吗？

案例解析：

60周岁是我国法规规定的男子的退休年龄，符合退休条件的，届时应当办理退休手续；不能办理退休手续的，到达此年龄后，通常也认为丧失了劳动能力而需要人供养。但"认为"并不等于必然，我国法律未禁止满 60 岁以后的人不能劳动。而事实上年过 60 岁，有一定劳动能力并继续劳动的大有人在，特别是广大的农村。已经退休的人员，如前所述，其继续工作一般称为"返聘"，被返聘者不能再次成为返聘单位的职工，其与返聘单位之间不存在劳动关系，只是劳务关系，其在返聘工作中受伤，不宜认定为工伤，而应按一般雇佣人身损害处理。

而没有办理退休的人员，不具有退休人员身份，可以与用人单位建立劳动关系。即退休年龄并不是区分劳动关系是否成立的依据。金某作为一个农民，没有退休，从事门卫工作，虽已年过 60，但与企业仍存在劳动关系，其为了保护单位财产与小偷作斗争而受伤，应当认定为工伤。

案例七

1999 年 3 月，原告王某在被告青海省某宾馆(以下简称某宾馆)培训中心开始学习烹调技术。期满后经实习，于同年 7 月 25 日经人介绍，被某宾馆安排到宾馆餐厅做厨师工作，每月工资为 340 元，但双方之间未签订劳动合同。1999 年 9 月 30 日晚 8 时许，因餐厅的柴油灶火力不足，餐厅负责人指派王某到柴油库查看油罐中的储油量。由于柴油库无照明设备和警示标志，王某进油库后便打开打火机照明，不料导致油库起火，致使王某头面部和四肢被烧伤。餐厅其他工作人员当即将王某送到青海某医学院附属医院进行治疗。经治疗诊断结论为：(1)热烧伤 24%，特殊部位：面、双手。(2)烧伤休克(轻度)。(3)吸入性损伤(轻度)。王某经 72 天的住院治疗，头面部、双上肢及双下肢烧伤创面全部封闭，眼周、鼻周及口周呈屈曲状畸形，功能障碍，双下肢创面增生性瘢痕。某宾馆共支付了王某的医药费、护理费、生活费等 41286.59 元。2000 年 8 月 14 日，王某向西宁市劳动争议仲裁委员会申请仲裁。同年 8 月 21 日，该仲裁委员会以争议双方不存在劳动关系，争议不属劳动仲裁范围为由，通知王某不予受理。王某不服该结果，于 2000 年 9 月 26 日向西宁市中级人民法院起诉，要求委托劳动行政机关做工伤认定和伤残等级鉴定，享受工伤保险待遇，由被告某宾馆给付一次性伤残补助金、一次性就业补助金及今后治疗费 25 万元，精神损害抚慰金 10 万元。经西宁市中级人民法院委托青海省劳动和社会保障厅医疗保险处、青海省劳动鉴定委员会鉴定，上述两单位于 2001 年 2 月 19 日分别以青劳社字(2001)001 号职工因工伤亡认定书认定王某为因工负伤；以(2000)001 号鉴定书鉴定王某受伤后致残等级为九级，属于部分丧失劳动能力。被告某宾馆答辩称：原告王某到柴油库查看油罐中的油量时，严重违反安全操作规程，是导致其烧伤的直接原因，原告由此受到的损害应由原告自负责任。试问该职工能否认定为工伤？能否享受一次性伤残补助金，标准应为多少？能否享受一次性就业补助金？

案例解析：

(1)事实劳动关系的认定：根据《劳动法》第 16 条第 2 款"建立劳动关系应当订立劳动合同"及第 19 条第 1 款"劳动合同应当以书面形式订立"之规定，劳动者与用人单位确立劳动关系，应当用书面形式订立合同。在本案例中，无论原告与被告某宾馆之间是否签订了书面劳动合同，只要两者之间构成了事实劳动关系，即应适用劳动法进行调整，他们之间的争议也就属于劳动争议。事实劳动关系的特征就是用人单位与劳动者虽然没有签订书面劳动合同，但已成为用人单位的成员，从事用人单位指定的工作，得到劳动保护，并获取劳动报酬。除了没有订立书面的劳动合同以外，事实劳动关系具有劳动关系的全部特征。从本案例看：①原告王某在某宾馆培训中心学习烹调技术期满并经实习后，经人介绍，成为某宾馆餐厅的一名厨师；②虽未订立劳动合同，但却明确了每月工资为340元；③在餐厅工作期间，作为餐厅的厨师，必须接受某宾馆的管理与指派，并享有必要的劳动保护。由此可见，原告王某与被告某宾馆之间虽然没有签订书面劳动合同，但是却形成了事实上的劳动关系。

（2）对原告王某的法律保护。根据以上分析，王某与某宾馆之间的纠纷属于劳动关系无疑。《劳动法》第73条规定，劳动者在因工伤残的情况下，依法享受社会保险待遇。根据《工伤保险条例》第14条第1项的规定，"职工在工作时间和工作场所内，因工作原因受到事故伤害的"，应当认定为工伤。因此案发生在1999年，法院的审判依据为《企业职工工伤保险试行办法》（以下简称《试行办法》），根据《试行办法》第8条第1项的规定，职工由于从事本单位日常生产、工作或者本单位负责人临时指定的工作而负伤、致残、死亡的，应当认定为工伤。本案中，原告王某是在接受并执行某宾馆餐厅负责人指派的工作时不慎被烧伤的，这种情况即属《试行办法》所认定的工伤范围。《试行办法》规定劳动者伤残后可享受一次性伤残补助金。王某月工资为340元，九级伤残发放8个月的标准，应为2720元。另外，《试行办法》第5项规定，伤残程度被评为7至10级，职工本人愿自谋职业并经企业同意的，或者劳动合同期满终止劳动合同后本人另行择业的，可以发给一次性伤残就业补助金，具体标准由省、自治区、直辖市劳动行政部门根据实际情况确定。法院对王某的一次性伤残就业补助金的补偿标准应该参照青海省的具体规定，即5100元。

案例八

2005年3月11日，上海市某广告公司（以下简称广告公司）安排职工王某等三人到上海市南京路附近一街道从事几个广告灯箱的制作安装工作。安装完毕，已经晚上10时，于是王某等人没有再回公司，而是向公司主管请示之后直接回家。当晚10时30分，王某在开车回家途中与一辆桑塔纳轿车相撞，王某被撞成重伤，经抢救无效，于同月22日死亡。为此，广告公司先后支付给王某家属医药费2万余元。2005年4月19日，死者妻子孙某向广告公司注册地上海某区劳动和社会保障局提出工伤认定，获得了支持。2005年7月，孙某又向劳动争议仲裁委员会申请劳动仲裁，要求广告公司支付医疗费、丧葬补助金、因工死亡补助金和供养亲属抚恤金以及工资等费用，该申请要求绝大部分得到仲裁委员会的认可。但广告公司认为死者王某工作完毕离开现场后，酒后违章驾车，所发生事故不是工作原因，认为死亡不能被认定为工伤，但广告公司没有提供王某酒后驾车的证据，死者家属认为广告公司没有替死者王某缴纳外来从业人员工伤保险，重申应按工伤对待。

试问用人单位是否应为外地劳动者缴纳工伤保险？该职工的受伤能否认定为工伤？

案例解析：

根据《工伤保险条例》第 2 条的规定，中华人民共和国境内的各类企业、有雇工的个体工商户应当依照规定参加工伤保险，为本单位全部职工或者雇工缴纳工伤保险费。为劳动者依法缴纳工伤保险费，是用人单位的法定义务，不分本地人还是外地人。第 10 条规定，用人单位应当按时缴纳工伤保险费，职工个人不缴纳工伤保险费。第 61 条规定，条例中所指的职工是指与用人单位存在劳动关系(包括事实劳动关系)的各种用工形式、各种用工期限的劳动者。

本案例中，王某在完成广告公司安排的工作任务后开车回家，在路上被撞成重伤，经抢救无效而死亡。按照《工伤保险条例》第 14 条第 6 项的规定：劳动者在上下班途中，受到机动车事故伤害的，应当认定为工伤。本案广告公司声称王某属于酒后违章驾车，按照《工伤保险条例》第 19 条的规定"职工或者其直系亲属认为是工伤，用人单位不认为是工伤的，由用人单位承担举证责任"，本案例中广告公司却没有提供王某酒后驾车的证据，故应对王某的死亡认定为工伤。第 60 条规定，用人单位依照条例规定应当参加工伤保险而未参加的，由劳动保障行政部门责令改正；未参加工伤保险期间用人单位职工发生工伤的，由该用人单位按照本条例规定的工伤保险待遇项目和标准支付费用。因此，无论用人单位是否参加了工伤保险，劳动者的权益都应该受到保护。

案例九

2008 年，某四级伤残的工伤职工，在工作时，用人单位按每月 780 元的工资缴纳工伤保险费，而其本人实际月工资为 1400 元。工伤发生后，其工伤保险待遇应该如何计算？工伤保险基金与用人单位分别如何支付？

案例解析：

(1)该用人单位没有按照职工的实际工资申报社保缴费基数，属于瞒报缴费基数，偷逃社保费，已经违反了相关法律规定，劳动保障监察部门应予调查处理。

(2)如果 780 元本人工资低于统筹地区职工平均工资 60%的，按照统筹地区职工平均工资的 60%计算；否则工伤保险经办机构以 780 元计算工伤保险待遇。

(3)该职工工伤保险待遇的损失部分由用人单位承担赔偿责任，因为此损失是用人单位少缴纳社会保险费造成的。

练习与案例

一、练习

(一)单项选择题

1.《工伤保险条例》的正式实施日期为(　　)。

A. 2003 年 4 月 27 日

B. 2004 年 1 月 1 日

C. 2003 年 10 月 1 日

2.《工伤保险条例》的适用范围是( )。

　A. 中华人民共和国境内的各类企业和有雇工的个体工商户

　B. 城镇企业

　C. 个体工商户

3. 受《工伤保险条例》保护的职工是指( )。

　A. 正式职工

　B. 临时工、农民工

　C. 各类企业全部职工和有雇工的个体商户的全部雇工

4. 参加工伤保险由谁缴费( )？

　A. 单位缴费，职工个人不缴费

　B. 职工缴费

　C. 单位和职工共同缴费

5. 工伤保险实行下述哪种费率( )？

　A. 统一费率

　B. 行业差别费率和企业浮动费率

　C. 协商费率

6. 用人单位不参加工伤保险的应该如何处理( )？

　A. 由劳动保障行政部门责令改正

　B. 由当地人民政府责令改正

　C. 由企业主管部门批评改正

7. 工伤事故中，如果职工也有责任，职工能否获得工伤补偿( )？

　A. 能

　B. 不能

　C. 视职工承担责任程度而定

8. 国家《职业病分类和目录》里共包括多少种职业病( )？

　A. 110 种　　　　　B. 115 种　　　　　C. 132 种

9. 职工应该到哪种医疗卫生机构进行职业病诊断( )？

　A. 任何一家卫生医疗机构都可以

　B. 用人单位所在地或者本人居住地、经省级以上人民政府卫生行政部门批准的具
　　有职业病诊断资格的医疗卫生机构

　C. 用人单位所在地或者本人居住地、经省级以上人民政府卫生行政部门批准的医
　　疗卫生机构

10. 职工发生事故伤害或者职业病的该怎么办( )？

　A. 找企业负责人私了

　B. 向劳动保障行政部门提出工伤认定申请

C. 自认倒霉

11. 用人单位未在规定的时限内提出工伤认定申请的，在此期间，由用人单位负担工伤职工下列哪种费用（　　）？

A. 符合《工伤保险条例》规定的工伤待遇等费用

B. 工资福利费用

C. 生活费用

12. 职工或者直系亲属认为是工伤，用人单位不认为是工伤的，由谁承担举证责任（　　）。

A. 职工或者直系亲属

B. 劳动保障行政部门

C. 用人单位

13. 用人单位未参加工伤保险，职工发生工伤能否申请工伤认定（　　）？

A. 不能申请，只有参加工伤保险才可以

B. 只有其所在单位是国有企业的才可以申请

C. 只要其所在单位是《工伤保险条例》覆盖范围内的企业和有雇工的个体工商户的都可以申请

14. 职工发生工伤，在什么情况下需要进行劳动能力鉴定（　　）？

A. 只要发生工伤就要进行劳动能力鉴定

B. 一发生工伤就应当立即进行劳动能力鉴定

C. 发生工伤，经治疗伤情相对稳定后存在残疾、影响劳动能力的，应当进行劳动能力鉴定

15. 已经劳动能力鉴定过的工伤职工，认为伤残情况发生变化的，在劳动能力鉴定结论作出多久后可以向劳动能力鉴定委员会提出复查鉴定申请（　　）？

A. 半年　　　　　　B. 一年　　　　　　C. 两年

16. 工伤职工停工留薪期一般不超过多久（　　）？

A. 10 个月　　　　B. 12 个月　　　　C. 24 个月

17. 生活不能自理的工伤职工在停工留薪期需要护理的，由谁负责（　　）？

A. 职工个人或直系亲属

B. 社保经办部门

C. 用人单位

（二）多项选择题

1.《工伤保险条例》的立法宗旨是（　　）。

A. 维护工伤职工的医疗救治权和经济补偿权

B. 促进工伤预防和职业康复

C. 分散用人单位的工伤风险

2. 职工受到事故伤害后，应由谁在工伤事故发生之日或被诊断、鉴定为职业病之日起多长时间内，向统筹地区劳动保障行政部门提出工伤认定申请（　　）？

A. 由所在单位在 30 日之内提出申请

B. 由工伤职工或者直系亲属、工会组织在 30 日内提出申请

C. 由工伤职工或者直系亲属、工会组织在一年内提出申请

3. 提出工伤认定申请的时候应该提交的资料有(　　)。

A. 工伤认定申请表

B. 与用人单位存在劳动关系包括事实劳动关系的证明材料

C. 医疗诊断证明或者职业病诊断鉴定书

4. 职工受到事故伤害或者被诊断、鉴定为职业病后,用人单位的义务有(　　)。

A. 及时救治受伤职工

B. 及时进行工伤认定申请

C. 支付应由用人单位支付的相关费用

5. 劳动保障行政部门受理工伤认定申请的条件是(　　)。

A. 工伤认定申请人提供的申请材料完整

B. 属于劳动保障行政部门管辖范围且在受理时效内

C. 只要企业或者职工提出申请均应当受理

6. 工伤职工享受的工伤待遇主要有(　　)。

A. 医疗康复待遇

B. 停工留薪期待遇

C. 伤残待遇和工亡待遇

7. 职工治疗工伤,应该在(　　)就医。

A. 任何一家医疗机构

B. 与社保经办机构签订服务协议的医疗机构

C. 急救时,可到就近的医疗机构

二、案例

案例一

王某是某纸盒厂的职工。2011 年 1 月 16 日,因所操作的压盒机出现问题,为尽快修复机器,其受车间主任指派到另一车间拿维修工具。在返回工作岗位的途中不慎摔倒,致使其右脚骨折,后经当地劳动能力鉴定委员会鉴定为 5 级伤残,该职工在平时的工作中,用人单位按每月 1500 元的工资为他缴纳工伤保险费,而其本人实际月工资一直为 2400元。该职工所在的统筹地区 2010 年度的月平均工资为 2800 元。

◎ 思考:

试问该职工的受伤能否认定为工伤?为什么?该职工可以享受一次性伤残补助金和伤残津贴吗?如果可以,具体由谁支付,金额是多少?

案例二

马某于 2001 年 4 月 5 日到河北省廊坊市 A 公司参加工作,每月工资为 921 元,但 A公司至今未与其签订劳动合同。工作期间,该公司多次停工歇业,导致马某无工可做,A

公司既未给申请人发工资，也没有发生活费，且数月以低于廊坊市最低工资标准发放工资，并多次没有当月发放工资。另外，A 公司至今也没有为申请人缴纳社会保险。

2008 年 12 月 6 日，马某在工作过程中手指被刀具切断，经廊坊市劳动和社会保障局认定为工伤。2009 年 3 月 6 日，廊坊市劳动能力鉴定委员会确认为十级伤残。马某拿着工伤认定决定书和伤残鉴定结论继续找 A 公司索赔，双方口头达成协议赔偿两万元，但是单位迟迟没有兑现。2009 年 4 月 2 日，马某委托律师提起劳动仲裁，律师接受委托后，向廊坊市经济技术开发区劳动争议仲裁委员会申请劳动仲裁，提出了解除劳动关系并支付经济补偿金、工伤保险待遇以及工伤停工留薪期间的工资等仲裁请求。

2009 年 9 月 30 日，廊坊市经济技术开发区劳动仲裁委员会依法进行了开庭审理。在认定事实的基础上，仲裁裁决基本支持了马某的全部仲裁请求。A 公司不服又于 2009 年 10 月 13 日向开发区人民法院提起诉讼，法院在双方当事人自愿的基础上进行了调解，A 公司同意一次性赔偿马某 50000 元，双方解除劳动关系。即日，廊坊市开发区人民法院制作了调解书，双方当事人当庭签收。三日后，公司一次性支付了马某 50000 元现金。统筹地区 2008 年度职工月平均工资为 2386 元。

◎ **思考：**

试问，A 公司依法支付马某的待遇应该有哪些？请根据劳动法、劳动合同法及工伤保险条例相关内容进行分析计算。

案例三

李某，男，汉族，1988 年 1 月 2 日出生，于 2007 年 1 月 18 日开始进入西安某汽车有限公司，并签订了书面劳动合同，具体从事冲压工作。2008 年 1 月 5 日 13 时 25 分左右，某汽车有限公司的铲车在转运成品入库时，适逢李某经过，当时由于铲车紧急刹车，致使铲车上料框从车上滑出，正好将李某撞倒并压伤，事故发生以后，李某被及时送往医院进行救治。李某因公受伤后，西安市劳动和社会保障局于 2008 年 5 月 9 日做出市劳工通 [2008] 537 号工伤认定书，2008 年 12 月 11 日，李某经西安市劳动能力鉴定委员会鉴定为九级伤残，确认停工留薪期为 9 个月。

公司为李某办理了工伤保险。李某住院共 63 天，李某自己付 540 元钱找人陪护 15 天。李某受伤前 12 个月平均工资 1200 元。该公司因公出差伙食补助标准 30 元/天，2007 年度统筹地区职工月平均工资 2479.1 元。李某为治疗工伤支付交通费 363.8 元。按照《工伤保险条例》及《陕西省实施〈工伤保险条例〉办法》的相关规定，一次性工伤医疗补助金和伤残就业补助金以解除或终止劳动关系时本市上年度职工月平均工资为基数。一次性工伤医疗补助金的标准分别为：七级 15 个月，八级 12 个月，九级 9 个月，十级 6 个月；一次性伤残就业补助金的标准为：七级 15 个月，八级 12 个月，九级 9 个月，十级 6 个月。2008 年 12 月 25 日，李某与某汽车有限公司终止劳动合同关系。

◎ **思考：**

根据相关法律规定李某可以享受哪些工伤保险待遇？如何计算？

案例四

2008 年，某单位职工在工伤事故发生前的一个月的全部工资收入为 3000 元，其中基本工资为 1000 元，交通电话补贴为 500 元，业绩奖金为 1500 元。受伤前两个月的全部工资收入为 1900 元，其中业绩奖金仅为 200 元，其他工资收入保持不变。

◎ **思考：**

工伤事故发生后，在停工留薪期内，其工资福利待遇该如何发放？

第七章　职业安全与卫生管理手段和方法

◎ 学习目标：

　　了解职业安全与卫生教育的重要性；掌握安全目标管理的内容，运用安全目标管理的理念分析企业安全目标的制定问题；掌握职业安全与卫生教育及安全检查的内容、方法，安全文化的内涵及建设与评价。

第一节　安全目标管理

一、目标管理

（一）目标管理的概念

　　目标管理是根据企业目标控制企业生产经营活动的全过程，对企业实行全面综合管理的科学方法，简称 MBO。目标管理的思想是美国管理学家彼得·德鲁克 1954 年在《管理实践》首先提出来的，他预言：一切组织都要用目标进行管理，即企业的目的和任务必须转化为目标，由于这种思想体现了现代管理的基本理论和原则，适应社会化大生产客观要求，因此得到了许多管理学者和企业家的广泛重视，并很快成为世界流行的企业管理方法。他认为，目标管理就是一个组织中的上级和下级一起制定共同的目标，在工作中实行"自我控制"并努力完成工作目标的一种管理制度或方法。

（二）目标管理的特点

　　（1）共同参与。目标管理是参与管理，上级与下级共同确定目标，目标的实现者同时也是目标的制定者。

　　（2）系统导向。目标管理用总目标指导分目标，用分目标保证总目标，形成一个"目标—手段"链。

　　（3）自我控制。目标管强调自我控制，通过对动机的控制达到对行为的控制。

　　（4）授权导向。目标管理促使下放过程管理的权力。

　　（5）结果导向。目标管理注重成果第一的方针。

　　上级每年给下属制定一个具体目标，最后以完成的百分比来衡量他们的绩效，这是目标管理吗？准确地说，这是结果管理，一级一级定目标，下达指令目标，不能称为目标管理。目标管理是制定目标、过程管理、结果评估与反馈全过程的管理，制定的目标是上下级主动沟通的结果，结果管理既没有制定目标这一环，也没有过程管理这一环，不能称为目标管理。

(三)目标管理的实施

1. 制定目标

目标是控制企业生产经营活动的重要依据。建立一套完整的目标体系是从企业的最高主管部门开始的，然后由上而下地逐级确定目标。上下级的目标之间通常是一种"目的——手段"的关系，某一级的目标需要用一定的手段来实现，而这个实现的履行者往往就是这一级人员的下属部门。目标体系应与组织结构相吻合，从而使每个部门都有明确的目标，每个目标都有人明确负责。这种明确负责现象的出现，很有可能导致对组织结构的调整。从这个意义上说，目标管理还有搞清组织结构的作用。

1953年耶鲁大学有一个非常著名的25年跟踪调查：对象是一群智力、学历、环境都差不多的年轻人，调查发现：27%的人没有目标，60%目标模糊，10%有清晰但较短期的目标，3%有清晰且长期的目标。25年后调查发现：27%的人没有目标，他们处于社会的最底层，抱怨整个世界；60%目标模糊，他们在社会的中下层面安稳地生活与工作；10%有清晰但较短期的目标，他们成为各行业的专业人士；3%有清晰且长期的目标，他们成为社会各界的顶尖人士。所以，目标制定的好坏关系到一个人或一个组织未来的发展。

目标制定必须遵守SMART原则：

S(specific)——具体、明确。具体原则指的是在进行目标内容设计时要针对特定的工作任务，尽量做到具体，不能笼统模糊。

M(measurable)——可衡量。可衡量原则指的是目标内容必须是可以被衡量，验证这些目标的数据或信息是可以获得的。

A(attainable)——可达到。可达到原则指的是目标必须是员工经过努力在适当时间内可以达到的，而不是遥不可及的。

R(realistic)——现实可行。现实可行原则指的是目标必须是切合实际的，能够被观察和证明的。如果有些目标很难观察得到或是得到的成本很大，那就不符合现实原则。

T(time bounded)——有时间限制。有时间限制原则指的是目标的实现必须有明确的时间表。

例：某部门以"减少部门办公浪费支出"作为目标内容，请问按SMART原则如何改进？

解析：将目标内容设定为：该部门在2019年全年办公用品成本比2018年下降10%。

2. 实施目标

实施目标是落实保证措施，促成各层目标实现并保证总目标完成的过程，是MBO的中心环节。目标既定，主管人员就应放手把权力交给下级人员，而自己去抓重点的综合性管理。完成目标主要靠执行者的自我控制。上级的管理应主要体现在指导、协助、提出问题，提供情报以及创造良好的工作环境方面。

3. 评价目标

评价目标是为了总结教训，纠正不足，为下一期MBO打好基础。对各级目标的完成情况，要事先规定出期限，定期进行检查。检查的方法可灵活地采用自检、互检和责成专门的部门进行检查。检查的依据是事先确定的目标。对于最终结果，应当根据目标进行评价,并根据评价结果进行奖罚。

    4. 确定新的目标,重新开始循环

    目标管理实施的主要工具是目标管理卡和目标跟踪卡(如表 7.1 和表 7.2 所示),通过领导与员工之间的目标沟通填写目标管理卡,同时按照目标管理卡的要求和一定的进度对目标完成情况进行检查,并填写目标跟踪卡。通过目标跟踪卡,检查目标完成的情况,并找到未能完成目标的原因,同时寻求解决办法。对于设置不合理的目标,在目标跟踪卡中进行及时的修正。

表 7.1 目标管理卡

顺序	目标	要项	权重	月份	工作进展(100%)												达成率	外部条件	存在问题	得分
					1	2	3	4	5	6	7	8	9	10	11	12				
1				当月	计划															
					实绩															
2				当月	计划															
					实绩															
3				当月	计划															
					实绩															

表 7.2 目标跟踪卡

原定目标	原定工作计划	原定进度(月)%											
		1	2	3	4	5	6	7	8	9	10	11	12
修正目标	修正工作计划	修正进度(月)%											
		1	2	3	4	5	6	7	8	9	10	11	12
修正原因													
审核													

二、安全目标管理

（一）概念

安全目标管理是根据企业安全工作总目标，确定各级机构、人员的分目标，通过分目标的制定、实施和评价来保证实现总目标的一种方法。

（二）特点

以安全目标为中心，形成目标连锁体系，强调系统管理，注重管理成果，强调目标执行者的自觉性、主动性和责任感，使管理水平逐渐提高。

（三）实施过程及方法

1. 确定安全目标

企业安全目标是指一定时期内企业安全生产管理工作预期要实现的成果。

（1）安全目标的特点。①可行性：企业安全目标水平不能太低，也不宜太高，要通过员工的努力可以达到。②综合性：企业安全目标能综合反映对企业安全生产有决定性影响的各种因素要求。③阶段性：企业安全目标是某个时期或某一阶段企业安全工作努力的方向。④可比性：企业安全目标应该是一个明确的计量目标。⑤可分性：企业安全目标能在多层次上，以多种形式被分解为各部门、多方面的具体安全分目标，如图7.1所示。

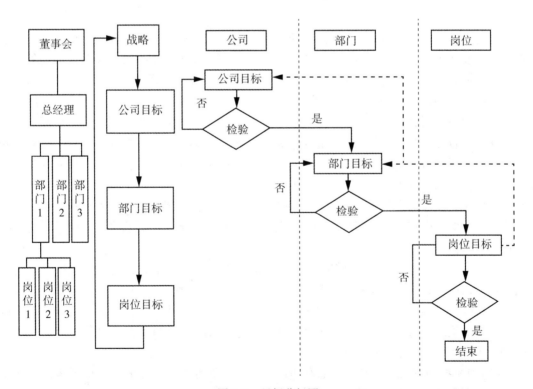

图 7.1　目标分解图

目标分解图的作用：能直观、形象、简要地显示安全目标及对策，使各级人员及部门明确自己的目标及责任；便于企业经营者对众多安全目标进行整体协调平衡，有效控制安全目标管理活动；显示各目标之间的关系，有利于部门间的协调与合作。

例：某钢铁公司 2018 年的经营目标为宽厚钢板产品继续保持国内领先优势，出口国外发达国家产品具有较强竞争力，采取销售保客户，与客户共兴共荣的营销策略，重视创新型人才的引进培养与激励，在安全上强调抓好安全生产事故预防，搞好本质安全，死亡事故率为零。试根据公司目标内容确定一轧钢厂及一轧钢厂一车间的目标内容。

解析：

一轧钢厂目标内容：第一，产品合格率达到 100%；第二，重伤事故 0 起；第三，引进钢铁冶金人才 2 人；第四，客户满意度达到良好等级以上。

一轧钢厂一车间目标内容：第一，产品优良率达到 100%；第二，轻伤事故 0 起；第三，引进钢铁冶金人才 1 人；第四，客户满意度达到优秀等级以上。

（2）安全目标分类。安全目标可以分为静态目标和动态目标两类。静态目标：指系统在某一规定时期内需达到的阶段性指标，这段时期内目标值是固定不变的，如死亡率、重伤率。动态目标：指对系统在运行过程中进行控制的指标，这种控制具有随机性特点，因此往往不是极限值指标，而是一种综合状态指标，如违章违纪率、隐患整改率、设施完好率。

2. 实施安全目标

这是具体落实安全目标，将预期的安全目标付诸实现的过程，是安全目标管理的决定性环节。在实施安全目标阶段，既要坚持按照安全目标要求组织执行，又要依据内外部条件的变化搞好调节平衡；既要充分发挥各安全目标责任者自主管理和自我控制的作用，又不能忽视上级的监督检查与指导协调，以防止因失控而影响企业整体安全目标的完成。

在此阶段，要做好实施安全目标前的准备工作：第一，要加强对安全目标管理方法的广泛深入的宣传；第二，加强对干部职工的安全教育；第三，抓设备准备工作。在实施安全目标中要层层落实责任：第一，建立以行政一把手为企业安全目标第一责任人的安全生产责任制；第二，各单位要强调安全目标责任者对安全目标实施情况进行定期的自我检查与自我控制，以及安全目标责任者之间的相互沟通与协作；第三，作为安全目标责任者的上级一定要对下属实施安全目标的情况进行监督检查和指导，为下属完成安全目标提供各种资源和条件。

（1）目标控制形式。自我控制：是目标实施中的主要控制形式，通过自我检查、纠偏达到目标的有效实施。逐级控制：使发现的问题及时得到解决，并创造必要的外部条件。关键点控制：关键点是指对实现安全总目标有决定意义和重大影响的因素。可以是重点目标、重点措施或重点单位(根据子母标与母目标的关联度分析结果，选取关联度较大的前4 个指标作为管理子目标的关键点)。

（2）目标控制方法。控制图：如有伤亡率指标，则可根据目标值确定控制线值；如没有则根据实际事故发生情况确定控制线的值进行控制。

3. 评价安全目标

（1）遵循原则。第一，考评要公开、公正。第二，以目标成果为考评依据。第三，考评标准要简化、优化：以同行业较好企业的发展状况作为标准。第四，逐级考评，保证考评的准确性。

（2）评价小组：建立厂部、车间、班组三级安全目标成果评价小组。任务：提出和审定评价标准；根据实际情况对各分目标的完成结果做出评价；仲裁评价中发生的各种分歧意见。根据评价结果，采取不同的处理措施，首先要按照安全目标责任合同的规定进行奖罚兑现。各部门要认真总结这一期安全目标管理活动的经验教训，同时，将本期安全目标管理活动的资料整理存档。

第二节　安全教育

一、安全教育的必要性

（一）增强职工安全生产意识和知识水平的主要手段

生产中存在各种不安全、不卫生因素，有发生工伤事故和职业病的可能。人的不安全行为和物的不安全状态是酿成职业危害的主要原因。在构成职业危害的三因素人、机、环境中，人是最活跃的因素，同时人又是操作机器、改变环境的主体。在职业危害统计分析中发现人的不安全行为是构成职业危害最主要的原因。要使劳动者遵章守纪，就要通过教育，使广大企业经营者和职工明白一条最基本的道理：只有真正做到"安全第一、预防为主、综合治理"，真正掌握基本的劳动安全卫生知识，遵章守纪，才能保证职工的安全与健康。

事故本身具有潜在性和隐藏性，在发生前难以察觉，因此，预测事故的可能性，预防事故的发生是安全卫生管理的主要内容，这需要我们准确掌握已发生事故的时间、地点、原因等，拟订防止事故的措施，并把这些材料作为安全教育的资料，普及推广这些措施，避免事故的重复发生。因此，安全教育可起到避免事故发生的积极作用。

（二）适应企业发展、弘扬企业安全文化的需要

随着我国科学技术突飞猛进地发展和经济体制改革的进一步深入，一些企业更新、引进新设备、新技术和新工艺，新设备的复杂程度、自动化程度愈来愈高，以及新技术新工艺的推广应用都对职工的安全素质、安全操作水平提出了更高的要求；一些企业因资金短缺，在技术改造上的投入减少，设备、设施的老化日趋严重，安全性大大降低，性能不稳定，这也要求以提高职工的安全素质来保证安全生产。现代生产条件下，生产的发展带来了新的安全问题，就要求相应的安全技术同时满足生产需要，而安全技术及相应知识的普及需要安全教育。

安全管理主要是人的管理，人的管理的最好方法是运用安全文化的潜移默化的影响。要使安全文化成为职工安全生产的思维框架、价值体系和行为准则，使人们在自觉自律中舒畅地按正确的方式行事，规范人们在生产中的安全行为。安全文化的发展主要依靠宣传和教育。

（三）适应企业人员结构变化的要求

随着企业用工制度的改革，企业职工的构成日趋多样化年轻化。一些年轻员工安全意

识淡薄，缺乏必要的安全知识，冒险蛮干现象也比较普遍。青年人思维方式、人生观、价值观与老一辈工人有较大差异，他们思想活跃，兴趣广泛而不稳定，自我保护意识和应变能力较差，技术素质、安全素质有所下降。因此，在企业加强安全教育是一项长期而繁重的工作。

通过安全教育，使职工真正成为"有安全意识、懂安全知识、会安全技能"的人，从而从"被动安全"向"主动安全"转化。

二、安全教育的内容

(一)安全生产思想教育

1. 安全思想意识教育

通过安全教育提高企业领导和广大职工对安全生产重要性及其社会意义、经济意义的认识，从思想上和理论上搞清加强劳动保护、搞好安全生产与促进经济发展和企业生产发展的关系，奠定"安全第一"的思想基础。

通过安全教育提高各级管理人员和职工的安全意识。安全意识是人们在日常生活、生产活动中对自身安全作出的反应和控制，并通过思想、情感、习惯和信念等表现出来。可以说，安全意识是安全的思想方法论，是人们对安全问题认识的心理体验的总和。安全意识是在生产劳动中产生的，这种意识的加深和提高也是安全生产劳动实践的结果。由于人们实践活动经验的不同和自身素质的差异，人们对安全的认识程度不同，其安全意识就会出现差别，安全意识的高低将直接影响着安全效果。具有较高安全意识的人，有较强的安全自觉性，就会积极主动地对各种不安全因素进行改善；反之，安全意识较低的人，对自己从事的活动领域的各种危害认识不足或察觉不到，当出现各种危害时，就会反应迟钝。以安全教育为手段，加强职工对安全的认识并逐步深化，有利于职工形成科学的安全观。

2. 方针政策教育

安全生产方针政策教育是指对企业的各级领导和广大职工进行党和政府有关安全生产的方针、政策、法令、法规、制度的宣传教育。安全生产法律、法规是方针政策的具体化和法律化。不论是实施安全生产的技术措施，还是组织措施，都是在贯彻安全生产的方针政策。只有安全生产的方针、政策、法规被各级领导和职工群众理解和掌握，并得到贯彻执行，安全生产才有保证。

3. 劳动纪律教育

劳动纪律是劳动者进行共同劳动时必须遵守的规则和程序。遵守劳动纪律是职工的义务也是国家法律对职工的基本要求。企业根据有关规定，结合本单位具体情况制定的企业内部劳动规则，是企业开展劳动纪律教育的具体内容。

加强劳动纪律教育，不仅是提高企业管理水平，合理组织劳动，提高劳动生产率的主要保证，也是减少或避免伤亡事故和职业危害、保证安全生产的必要前提。

通过安全生产思想教育，有利于企业形成一种安全文化氛围，增加职工安全意识。

(二)安全知识教育

1. 一般生产技术知识教育

主要包括：企业的基本生产概况，生产技术过程，作业方式或工艺流程，与生产技术过程和作业方法相适应的各种机器设备的性能和有关知识，工人在生产中积累的生产操作技能和经验及产品的构造、性能、质量和规格等。

2. 一般安全技术知识教育

一般安全技术知识教育企业所有职工都必须具备的安全技术知识。主要包括：企业内危险设备的区域及其安全防护的基本知识和注意事项，有关电气设备的基本安全知识，起重机械和厂内运输的有关安全知识，生产中使用的有毒有害原材料或可能散发的有毒有害物质的安全防护基本知识，企业中一般消防制度和规划，个人防护用品的正确使用以及伤亡事故报告办法等。

3. 专业安全技术知识教育

专业安全技术知识教育是指某一作业的职工必须具备的专业安全技术知识。专业安全技术知识教育比较专门和深入，其中包括：安全技术知识，工业卫生技术知识，以及根据这些技术知识和经验制定的各种安全操作技术规程等的教育。其内容涉及锅炉、受压容器、起重机械、电气、焊接、防爆、防尘、防毒和噪声控制等。

通过安全知识教育，主要解决"应知"的安全问题，使职工懂得安全知识。

（三）安全技能教育

主要包括：安全操作技能、安全防护技能、安全应急技能、安全避险技能、安全救护技能等方面的教育，通过安全技能教育，主要解决员工"应会"的问题，一般采用"现场教学"的方式来进行。

三、安全教育的形式

（一）三级安全教育

1. 概念

三级安全教育是指厂级、车间、班组分别对新进厂人员进行的安全教育活动，又称为"安全启蒙教育"。新进厂的人员指新调入的工人、干部、学徒工、临时工、合同工、代培人员和实习人员。

2. 内容

三级安全教育的时间不得少于 40 学时，其中班组教育时间应不少于 24 学时，在厂级、车间、班组教育中，班组教育最为重要。

厂级安全教育内容是国家安全生产方针、政策及主要法规标准、各项安全生产规章制度及劳动纪律、本企业安全生产状况、企业危险作业场所安全要求和有关防灾救护知识及其他有关应知应会的内容。厂级安全教育由厂安全技术部门会同教育部门组织进行。

车间安全教育主要内容是本车间生产性质、特点及基本安全要求、生产工艺流程、危险部位及有关防灾救护知识、车间安全管理制度和劳动纪律、同类车间工伤事故等内容，主要由车间主任会同安全技术人员进行。

班组安全教育主要内容是班组工作任务、性质及基本安全要求、有关设备、设施的性能、安全特点及防护装置的作用与完好要求、岗位安全生产责任制度和安全操作规程、同类岗位工伤事故介绍、有关个体防护用品使用要求及保管知识、工作场所清洁卫生要求、其他应知应会的安全内容。

3. 过程(见图 7.2)

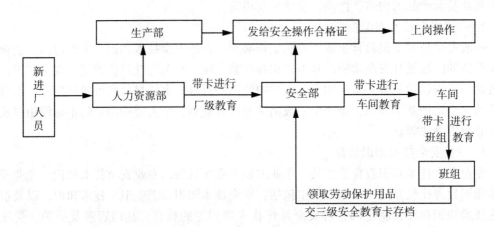

图 7.2 新进厂人员三级安全教育过程

(二)特种作业人员的安全教育

特种作业指生产过程中容易发生伤亡事故,对操作者本人,尤其是对他人及周围设施的安全有重大危害的作业。如:电工作业、锅炉司炉、压力容器操作、起重机械作业、爆破作业、金属焊接(气割)作业、煤井矿下瓦斯检验、机动车辆驾驶、机动船舶驾驶和轮机操作、建筑登高架设作业以及符合特种作业基本定义的其他作业。特种作业人员的安全教育主要针对这些人员进行专门教育和训练。可由所在单位或单位的主管部门培训,也可由考核发证部门或由考核发证部门指定的培训单位培训。

(三)经常性的安全教育

经常性的安全教育包括中层以上干部安全教育、班组长安全教育、工人安全复训教育。主要形式有:第一,在每天的班前、班后会上说明安全注意事项,讲评安全生产情况;第二,开展安全活动日,进行安全教育、安全检查;第三,经常召开安全生产会议,布置、检查、总结、评比安全工作;第四,组织员工参加安全技术交流,观看安全生产展览与劳动安全卫生电影、电视、网络视频等。

(四)转岗及复工复训安全教育

当员工转岗、变换工种,或者由于生产的需要而引入新工艺、新材料、新设备,以及投产新的产品(全称为"四新")时,就需要对员工实行转岗、变换工种和"四新"安全教育。

复工教育是指职工离岗三个月以上(含三个月)和工伤后上岗前的安全教育。教育内容及方法和车间、班组教育相同。复训教育的对象是特种作业人员,按照国家规定,每隔两年要进行一次。

四、搞好安全教育的方法

(一)重视企业安全领导力建设,从领导层面重视安全教育

企业安全领导力一般是指企业高层管理者(个人或团队)在企业安全管理方面存在的

影响力、号召力以及执行力；企业安全领导力是企业安全管理建设工作展开的重要关键因素，有着不可代替，无法授权的重要性，不仅决定着企业整体安全管理建设水平，在某种意义上更是决定着企业的命运。首先，安全领导力可以保障企业安全管理水平。安全领导力基本行为准则要求企业领导层应重视关注安全，将安全作为一切工作进行的前提。企业领导层重视安全，关注安全，进而要求制定更加规范、更加科学的安全管理实施办法和实施细则，才能有效保障安全管理水平的高质量。其次，安全领导力可以保障安全管理工作的顺利实施。安全领导力基本行为准则要求企业领导层应以身作则，积极参与企业安全管理活动。企业领导层的支持、配合与理解在一定程度上减少了企业安全管理工作实施的阻力，有效地保障了安全管理工作的顺利实施。最后，安全领导力有利于促进企业安全文化的形成。安全领导力基本行为准则将有效地助力企业领导层更加深入地融入员工内部，加深领导层与员工之间的沟通和交流，有效地调动员工的积极性，促进企业安全文化的形成。企业安全领导力的建设，使领导能够真正重视安全，从而形成重视安全教育的良好氛围。

（二）安全教育必须讲究实效

在安全教育中，重视效果是安全管理的重点。要重视实践操作和理论教育的结合，在安全教育中应注意以下几点：

1. 教育形式要多样化

安全教育形式要因地制宜、因人而异、灵活多样，采取符合人们认知特点的、感兴趣的、易于接受的方法。可采用板报、讲演、广播、录像、现场会等形式，也可采取实地演习、模拟演示等形式，使职工感到身临其境，使大家全身心投入实践活动中。

2. 教育内容要规范化

安全教育的教学大纲、教学计划、教学内容及教材要规范化，使受教育者受到系统、全面的安全教育，避免由于任务紧张等原因在安全教育实施中走过场。

3. 安全教育要有针对性

企业不同时期安全隐患不同，安全教育的重点也应有所不同。要针对不同年龄、不同工种、不同作业时间、不同工作环境、不同季节、不同气候进行预防性教育，及时掌握现场环境和机械设备状态及职工的思想动态，分析事故苗头，及时、有效地处理，避免问题累积扩大。

4. 安全教育要强调实践性

安全生产大量的问题在现场，只有把教育培训的内容与生产现场的实际需要紧密结合，促进现场问题的解决，才是最好的教育培训形式。把教育培训的课堂搬到生产现场去，送教到一线、到岗位，立足于岗位生产实际，开展手把手的教育培训，学中干、干中学，手脑并用、教学相长，加快教育培训成果向现实安全生产需要的转化。

5. 安全教育要强调强制性

要把员工参与安全教育培训当成硬标准来执行，建立健全并严格执行教育培训规章制度和考核奖惩机制，对每一个岗位与工种都要制定具体的教育培训内容与学习时数，实行强制性考核鉴定。

（三）安全教育考核采用"关键题否决总分型"，加强实践操作的考核

安全培训课程结束后的考核应该不同于一般培训课程结束后的考核，可以考虑利用"关键题否决总分型"的方式来决定考核结果，不能简单地按照 60 分就算考核合格的方式进行，如果安全考核中的与操作者岗位关联度比较高的关键题不会做的话，即使考核总分合格，考核结果也不能被视为合格，需要重新进行培训，直到关键题能够很好地完成为止，同时在实践操作上对关键题涉及的内容进行考核，直到职工在实践操作中也能够正确完成为止。

（四）变"线下式"为"在线式"培训

通过开发安全教育培训公众号、设立微信群、QQ 群，在企业局域网内开发安全教育培训远程课堂等，把线下教育培训搬到线上去，让员工随时随地可以根据自己的实际需要点击学习，根据自己的兴趣参与互动交流，分享经验体会、学习心得，实现教育培训工作的全面性渗透。

第三节 安全检查

安全检查是指企业根据生产特点，对生产过程中的安全进行经常性的、突击性的或者专业性的检查活动。通过安全检查，可以对劳动保护方针、政策、法规的执行情况进行监督，使其真正得到贯彻落实；可以发现隐患并进行处理，有效地防止或减少工伤事故和职业病的发生；有利于开展安全评价工作和了解企业安全生产状态，并分析安全生产形势。

一、安全检查的内容和形式

（一）内容

（1）查思想：检查各级管理人员对安全生产方针、政策和法规的理解和执行情况。

（2）查管理：检查管理工作的实施情况。

（3）查隐患：检查人的不安全行为和设备的不安全状态。

（4）查整改：检查对已经发现的隐患，是否已经采取了措施以及效果如何。

（二）形式

（1）经常性检查：企业内部进行的日常生产中的安全检查。

（2）定期性检查：分为每隔一定时间内进行的全厂性检查和节假日前后的检查。

（3）专业性检查：针对某一特殊工种、某种专项设备或某一专业范围开展的检查。

（4）群众性检查：指发动群众普遍进行的安全检查。

二、安全检查表

（一）概念

安全检查表是人们进行安全检查时，为了系统全面地检查某一系统或设备的安全状况而事先拟定的包括检查内容、标准和结果在内的明细表。

（二）类型

1. 设计审查用安全检查表

设计审查用安全检查表主要是设计人员和安全监察人员及安全评价人员对企业生产性建设和技改工程项目进行设计审核时使用，也可将其作为"三同时"的安全预评价审核的依据。主要内容包括：平面布置，装置、设备、设施工艺流程的安全性，机械设备、设施的可靠性，主要安全装置与设备、设施布置及操作的安全性，消防设施与消防器材，防尘防毒设施的安全性，危险物质的储存、运输及使用，通风、照明、安全通道等方面。

2. 厂级安全检查表

主要用于全厂性安全检查和安全生产动态的检查，为安全监察部门进行日常安全检查和 24 小时安全巡回检查时使用。主要内容包括：各生产设备、设施装置装备的安全可靠性，各个系统的重点不安全部位和不安全源，主要安全设备、装置与设施的灵敏性、可靠性，危险物质的储存与使用，消防和防护设施的完整可靠性，作业职工操作管理及遵章守纪等。

3. 车间安全检查表

供车间进行定期安全检查或预防性检查时使用。主要内容包括：工艺安装、设备布置、安全通道、通风照明、噪声振动、消防设施、安全操作管理等。

4. 工段及岗位安全检查表

其内容根据岗位防灾与工艺要点确定。要求内容具体、易行，也可直接使用岗位安全操作法，不另行编制安全检查表。

5. 专业安全检查表

由专业机构和职能部门编制，主要用于定期的专业性或季节性检查，如电气设备安全检查、锅炉压力容器安全检查等。

三、有关建筑用安全检查表的计算

(一)检查评定分项项目

住房与城乡建设部颁发的《建筑施工安全检查标准 JGJ59—2011》共分 5 章 23 条，一份汇总表，七个分项检查评分表。检查评定项目中，对施工人员生命、设备及环境安全起关键性作用的项目称为保证项目。检查评定项目中，除保证项目以外的其他项目称为一般项目。检查评定分项项目包括：

1. 安全管理

保证项目包括：安全生产责任制、施工组织设计及专项施工方案、安全技术交底、安全检查、安全教育、应急救援。一般项目包括：分包单位安全管理、持证上岗、生产安全事故处理、安全标志。汇总表是对七个分项检查结果的汇总，利用汇总表的得分来确定总体系统的安全生产工作情况，进行安全评价。

2. 文明施工

保证项目包括：现场围挡、封闭管理、施工场地、材料管理、现场办公与住宿、现场防火。一般项目包括：综合治理、公示标牌、生活设施、社区服务。

3. 扣件式钢管脚手架

保证项目包括：施工方案、立杆基础、架体与建筑物结构拉结、杆件间距与剪刀撑、脚手板与防护栏杆、交底与验收。一般项目包括：横向水平杆设置、杆件搭接、架体防护、脚手架材质、通道。

4. 悬挑式脚手架

保证项目包括：施工方案、悬挑钢梁、架体稳定、脚手板、荷载、交底与验收。一般项目包括：杆件间距、架体防护、层间防护、脚手架材质。

5. 门式钢管脚手架

保证项目包括：施工方案、架体基础、架体稳定、杆件锁件、脚手板、交底与验收。一般项目包括：架体防护、材质、荷载、通道。

6. 碗扣式钢管脚手架

保证项目包括：施工方案、架体基础、架体稳定、杆件锁件、脚手板、交底与防护验收。一般项目包括：架体防护、材质、荷载、通道。

7. 附着式升降脚手架

保证项目包括：施工方案、安全装置、架体构造、附着支架、架体安装、架体升降。一般项目包括：检查验收、脚手板、防护、操作。

8. 承插型盘扣式钢管支架

保证项目包括：施工方案、架体基础、架体稳定、杆件、脚手板、交底与防护验收。一般项目包括：架体防护、杆件接长、架体内封闭、材质、通道。

9. 高处作业吊篮

保证项目包括：施工方案、安全装置、悬挂机构、钢丝绳、安装、升降操作。一般项目包括：交底与验收、防护、吊篮稳定、荷载。

10. 满堂式脚手架

保证项目包括：施工方案、架体基础、架体稳定、杆件锁件、脚手板、交底与验收。一般项目包括：架体防护、材质、荷载、通道。

11. 基坑支护、土方作业

保证项目包括：施工方案、临边防护、基坑支护及支撑拆除、基坑降排水、坑边荷载。一般项目包括：上下通道、土方开挖、基坑工程监测、作业环境。

12. 模板支架

保证项目包括：施工方案、立杆基础、支架稳定、施工荷载、交底与验收。一般项目包括：立杆设置、水平杆设置、支架拆除、支架材质。

13. "三宝、四口"及临边防护

评定项目包括：安全帽、安全带、安全网、临边防护、洞口防护、通道口防护、攀登作业、悬空作业、移动式操作平台、物料平台、悬挑式钢平台。

14. 施工用电

保证项目包括：外电防护、接地与接零保护系统、配电线路、配电箱与开关箱。一般项目包括：配电室与配电装置、现场照明、用电档案。

15. 物料提升机

保证项目包括：安全装置、防护设施、附墙架与缆风绳、钢丝绳、安拆、验收与使用。一般项目包括：基础与导轨架、动力与传动、通信装置、卷扬机操作棚、避雷装置。

16. 施工升降机

保证项目包括：安全装置、限位装置、防护设施、附墙架、钢丝绳、滑轮与对重、安拆、验收与使用。一般项目包括：导轨架、基础、电气安全、通信装置。

17. 塔式起重机

保证项目包括：载荷限制装置、行程限位装置、保护装置、吊钩、滑轮、卷筒与钢丝绳、多塔作业、安拆、验收与使用。一般项目包括：附着、基础与轨道、结构设施、电气安全。

18. 起重吊装

保证项目包括：施工方案、起重机械、钢丝绳与地锚、索具、作业环境、作业人员。一般项目包括：起重吊装、高处作业、构件码放、警戒监护。

19. 施工机具

检查评定项目包括：平刨、圆盘锯、手持电动工具、钢筋机械、电焊机、搅拌机、气瓶、翻斗车、潜水泵、振捣器、桩工机械。

检查评分表分为安全管理、文明施工、脚手架、基坑工程、模板支架、高处作业、施工用电、物料提升机与施工升降机、塔式起重机与起重吊装、施工机具十个分项检查评分表。分项检查评分表和检查评分汇总表的满分分值均应为100分。评分表的实得分应为各检查项目所得分值之和。十个分项检查分表在汇总表中所占的分数值(比例)不同，共分三大类：

(1)分数值为5分的分检查表有：《施工机具检查评分表》。

(2)分数值为10分的分检查表有：《安全管理检查评分表》《脚手架检查评分表》《基坑工程检查评分表》《模板支架检查评分表》《高处作业检查评分表》《施工用电检查评分表》《物料提升机与施工升降机检查评分表》《塔式起重机与起重吊装检查评分表》。

(3)分数值为15分的分检查表有：《文明施工检查评分表》。

(二)汇总表的计算

(1)各分项检查评分表实得分换算成汇总表中实得分

$$=\frac{汇总表中该分项应得满分值 \times 该分项检查评分表实得分数}{100}$$

例：《安全管理检查评分表》实得76分，《脚手架检查评分表》实得分82分，换算成汇总表中安全管理和脚手架项目实得分各为多少？

解：汇总表中安全管理实得分$=\dfrac{10 \times 76}{100}=7.6$

汇总表中脚手架实得分$=\dfrac{10 \times 82}{100}=8.2$

(2)汇总表中遇到分表缺项时汇总表得分

$$=\frac{实查的各分表得分换算成汇总表中得分的分值之和}{实查的各分表在汇总表应得分的分值之和} \times 100$$

分表中缺项，合计分数换算成得分率与"汇总表"缺项计算方法相同。

例：如《施工用电检查评分表》中"接地与接零保护系统"缺项(该项应得满分值为20分)，其他各项目检查的得分为64分，该分表得分为多少？换算到汇总表中应为多少分？

解：该分表得分 $= \dfrac{64}{100-20} \times 100 = 80$

换算到汇总表中得分 $= \dfrac{10 \times 80}{100} = 8$

(3)当按分项检查评分表评分时，保证项目中有一项未得分或保证项目小计得分不足40分，此分项检查评分表不应得分。

例：如《施工用电检查评分表》中"接地与接零保护系统"（该项应得满分值为20分）检查得分为0分，其他各项目检查的得分为64分，该分表得分为多少？

解：因为"接地与接零保护系统"属于施工用电检查分表中的保证项目，因此项得分为0分，即使其他各项目检查得分为64分，此分表得分也为0分。

(4)脚手架、物料提升机与施工升降机、塔式起重机与起重吊装项目的实得分值，应为所对应专业的分项检查评分表得分值的算术平均值。

(5)检查评定等级。①应按汇总表的总得分和分项检查评分表的得分，将建筑施工安全检查评定划分为优良、合格、不合格三个等级。

②建筑施工安全检查评定的等级划分应符合下列规定：优良：分项检查评分表无零分，汇总表得分值在80分(含80分)以上；合格：分项检查评分表无零分，汇总表得分值应在80分以下，70分及以上；不合格：汇总表得分值在70分以下时；有一个分表得零分时。

例：试根据各工地安全检查表的数据（如表7.3所示），对A、B、C、D、E五个工地的安全等级作一评价。

表 7.3   工地安全检查表

工地	各分表检查评分结果									
	安全管理	脚手架	高处作业	施工用电	模板支架	塔式起重机与起重吊装	施工机具	物料提升机与施工升降机	基坑工程	文明施工
A	76	82	90	70	68	60	50	70	75	90
B	80	80	85	80	70	缺项	80	60	70	85
C	70	80	90	85	75	0	80		75	80
D	80	92	90	80	78	0	80	0	80	90
E	60	缺项	75	45	缺项	60	60	70	60	70

解：

A 工地评分 $= \dfrac{10 \times 76 + 10 \times 82 + 10 \times 90 + 10 \times 70 + 10 \times 68 + 10 \times 60 + 5 \times 50 + 10 \times 70 + 10 \times 75 + 15 \times 90}{100}$

$= 75.1$

评价等级为合格。

$$B 工地评分 = \frac{10\times80+10\times80+10\times85+10\times80+10\times70+5\times80+10\times60+10\times70+15\times85}{100-10} = 76.9$$

评价等级为合格。

C 工地因为有两项分表评分为 0 分，所以评价等级为不合格。

D 工地因为有两项分表评分为 0 分，所以评价等级为不合格。

$$E 工地评分 = \frac{10\times60+10\times75+10\times45+10\times60+5\times60+10\times70+10\times60+15\times70}{100-10-10} = 63.1$$

评价等级为不合格。

第四节 安 全 文 化

一、安全文化的概念

安全文化源于安全氛围(1980 年 ZOHAR 首次使用并定义安全氛围)，但安全文化作为学术概念，国际原子能机构(IAEA)于 1986 年才首次正式提出，并于 1991 年首次提出安全文化的定义。

按照国际核安全咨询组织(IAEA：INSAG)的定义，安全文化是指"单位和个人所具有的有关安全素质和态度的总和"。安全文化就是人们可接受行为的价值、标准、道德和准则的统一体，体现为个人和群体对安全的态度、思维程度及采取的行动方式。它建立一种超出一切之上的观念，即核电厂的安全问题由于它的重要性而要保证得到应有的重视。英国健康与安全委员会核设施安全咨询委员会(HSC：ACSNI)认为一个单位的安全文化是个人和集体的价值观、态度、认知、能力和行为方式的综合产物。它确定在健康和安全管理上的承诺、工作作风和精通程度。这是狭义的安全文化。

针对这种狭义的说法，我国有人提出了所谓广泛意义上的安全文化，罗云(2004)认为安全文化是人类安全活动所创造的安全生产、安全生活的精神、观念、行为与物态的总和。毛海峰(2002)认为企业安全文化是被企业的员工群体所共享的安全价值观、态度、道德和行为规范组成的统一体。他将安全文化定义为"人类在生产生活的实践过程中，为保障身心健康安全而创造的一切安全物质财富和安全精神财富的总和"。

从理论上进行研究和探讨、提出广义安全文化的观点是应该的，也是合理的。但是对于促进实际的安全工作来说，则不宜使用广义安全文化的概念，而应该使用狭义安全文化的概念。因此，安全文化的内涵是指，安全文化是人类在存在过程中为维护人类安全(包括健康)的生存和发展所创造出来的关于人与自然、人与社会、人与人之间的各种关系的有形无形的安全成果。

二、安全文化的层次结构

广义的安全文化的层次结构，由表及里包括安全物质文化、安全制度文化和安全精神文化三个方面，如图7.3所示。

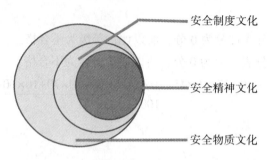

图7.3　安全文化的构成

（1）表层：安全物质文化。安全物质文化是社会生产、生活、文化、娱乐各方面的安全环境、安全条件、安全设施等物质要素的总和。它居于安全文化的表层，是安全文化的物质载体，是安全文化的基础、实质和根本。

（2）核心层：安全精神文化。安全精神文化是指为社会成员所共同遵守的，用于指导和支配人们行为的意识观念，诸如理想信念、价值观念、法律意识、道德规范、心理行为习惯等多种意识形态。它是安全文化的核心，是所有社会成员安全理念、安全价值观念和价值取向的灵魂和源泉，在文化体系中起主导作用。

（3）中介层：安全制度文化。安全制度文化是协调生产关系、规范组织和个体行为的各项法规和制度。它介于安全文化的核心层和表层之间，是安全物质文化和精神文化的载体。在体系中发挥着协调、保障、制约和促进的作用。

三、企业安全文化建设

（一）企业安全文化建设的现状及问题

1. 理论研究上的局限性

由于安全文化是最近几十年才形成的企业文化的范畴之一，因此我国对此还处于探索和研究的阶段，其研究的深度和广度有限，并未形成比较完整的、内容丰富的理论体系。虽然国家有关部门对此给予了高度重视和大力的支持，但科研院所对企业安全文化理论的研究较少，理论研究不够深入，只从企业表面的现象如员工素质不够高、领导不重视等方面研究，而没有深入地研究出现这些现象的原因是什么，给出具体方案的也不多。

2. 推广应用上的局限性

从20世纪90年代中期我国提出实施企业安全文化建设至今，其推广面不大，只在一些大中型企业进行试点和推广，仍有一些企业没有将企业安全文化建设纳入安全生产工作的重要内容，个别企业至今在企业安全文化建设方面还是个盲点。

3. 干部员工思想认识上的局限性

企业安全文化建设是一项系统工程，需要从企业领导到一线职工的重视，这样职能部门各负其责，员工共同参与，企业安全文化才能顺利推进。据了解，部分企业没有设立相应的领导机构，以推进安全文化建设的发展；没有制订具体的实施计划，以保证安全文化建设目标的实现；没有及时总结经验，以丰富企业安全文化建设的内涵；没有广泛发动员工积极参与，以全面推动企业安全文化建设；没有把企业安全文化建设纳入企业文化建设的重要范畴来抓，以形成有特色的企业安全文化。

4. 激励和约束机制上的局限性

安全文化建设需要由人的因素来进行推进，并在实践中不断加以完善和提高，这要求建立一套能推进其发展的激励机制和严格的考核制度。目前大多数已经在开展企业安全文化建设的企业尚没有建立有效的激励和约束机制。职工参与企业安全文化建设的热情和积极性不高，而且，企业实施了文化宣传、安全教育等推进安全文化建设的措施之后，没有一套有效的评价体系来对安全文化建议的效果进行评价，不利于企业了解自身安全文化建设的现状，不利于以后的动态调整以及优化。

(二)企业安全文化评价指标体系的构建

设计企业安全文化评价指标一般应遵循以下几方面的原则：第一，适合国际安全文化发展趋势；第二，符合《国家十三五发展规划纲要》及《中华人民共和国安全生产法》中颁布的政策原则；第三，符合中国企业发展现状与目标；第四，定性分析与定量分析相结合；第五，依照"以人为本"的企业管理理念。

(三)企业安全文化评价体系的构成

可以初步设置6个评价指标共同构成企业安全文化评价指标体系(如图7.4所示)。

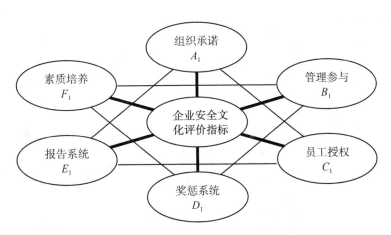

图7.4　安全文化评价指标体系

1. 指标内涵

(1)安全文化中的组织承诺是指组织中高层管理者对安全所持的态度。

(2)安全文化中的管理参与是指高层和中层管理者亲自参与组织内部的关键性安全活动。

(3)安全文化中的员工授权是指组织将高层管理者的职责和权力,用下级员工的个人行为、态度表现出来,并确信员工在改进安全方面所起的关键作用。

(4)安全文化中的奖惩系统是指组织需要建立一个公正的员工安全行为评价和奖惩系统,以促进安全行为,抑制或改正不安全行为。

(5)安全文化中的报告系统是指组织内建立的、能够有效地使安全管理上存在的薄弱环节在事故发生之前就被识别并由员工向管理者报告的系统。

(6)安全文化中的素质培养不仅仅包括传统的安全管理所强调的安全教育培训的内容和形式,更包括安全教育培训在企业受重视的程度,员工参与的主动性和广泛性,以及员工在工作中通过传帮带自觉传递安全知识和技能的状况。

2. 具体内容及分指标(如表 7.4 所示)

表 7.4 安全文化评价指标体系总表

评价指标	评价项目	评价内容	评价目标
组织承诺 (A_1)	烟尘治理 (C_1)	治烟、治尘、治毒	通过采用各种新技术、新方法,实现物的本质安全化
	现场控制 (C_2)	对生产现场的重要位置进行整体重点控制	很好地控制危险性和危害性严重的生产作业点
	全天候管理 (C_3)	全员、全面、全过程、全天候	人人、处处、事事、时时把安全放在首位
	清洁生产 (C_4)	整理、整顿、清扫、清洁、态度	改变工作环境,使物态环境隐患得以消除
	特殊建设 (C_5)	针对特殊岗位进行全方位(人机环境)安全建设	提高特殊岗位的事故防范能力
管理参与 (B_1)	系统管理 (C_6)	企业内的人员、设备、环境的安全性分析与对策	提出问题、分析对策、确定措施
	程序管理 (C_7)	对岗位和职工工序的标准管理	控制人的不安全行为状态,使行为失误减少或不再发生
	安全整改管理(C_8)	对生产过程中的隐患进行整改消除隐患	消除隐患,保证安全
	目标化管理(C_9)	在安全教育、安技推广和安措经费等方面的目标化管理	使管理有目标、有计划、有步骤、有措施、有资金
	人机界面管理(C_{10})	对企业内部的人机界面进行研究、分析	提高各种条件下的人机界面安全性,改善本质安全

评价指标	评价项目	评价内容	评价目标
员工授权 (C_1)	群体管理 (C_{11})	在安全生产中推行群体解决问题，运用群体的力量	创造全方位的科学管理，使安全责任得以落实
	"四查"工程 (C_{12})	查思想、查制度、查设施、查隐患	使安全管理规范化，岗位设施能够安全运行
	安全竞赛 (C_{13})	进行全员安全竞赛	强化员工安全观念，落实措施，提高事故预防能力
	信任活动 (C_{14})	在生产、环保、安全上，上下级互相信任	改善上下级关系，提高工作效率和员工素质
	人因事件 比例(C_{15})	人为原因造成的事故	提高企业各级领导和职工的安全意识和安全技能
奖惩系统 (D_1)	安全评价 (C_{16})	对企业安全生产的软硬件进行全面评价	发现问题，抓薄弱环节，指导来年安全工作
	物质奖励 (C_{17})	运用事故罚款、安全措施保证金建立安全基金	建立激励机制，强化安全管理
	精神奖励 (C_{18})	通过内部晋升等对先进的班组、车间、个人进行奖励	激励先进
	风险抵押制 (C_{19})	采取安全生产风险抵押承包方式，进行事故目标控制管理	强化安全意识，加大管理力度，责任到位，严格管理
	事故报告会 (C_{20})	对本企业或同行业发生的事故进行报告	吸取教训，警钟长鸣
报告系统 (E_1)	危险预知活动 (C_{21})	通过定期检查等方法对危险作业分级	提前掌握生产过程中的危险行为以便预防
	事故判断活动 (C_{22})	组织一线人员对可能发生事故的状态进行超前判定	指导有效的预防活动
	应急预案 (C_{23})	对可能发生的事故设计应急方案	具备快速反应和高效应对能力
	安全生产委员会 (C_{24})	安全工作的总结与布置	决策安全，落实措施，控制隐患
	效果检查与反馈 (C_{25})	对企业安全管理的效果进行全面系统检查	通过系统分析和检查，提高企业安全管理效果

续表

评价指标	评价项目	评价内容	评价目标
素质培训 (F_1)	知识竞赛 (C_{26})	进行安全知识竞赛活动	使职工对安全知识进行重温和强化
	责任制活动 (C_{27})	员工对工作、家庭的责任	激发安全生产的责任心与责任感
	特种作业人员 持证率(C_{28})	特殊工种、岗位、部门的人员的持证比率	强化员工安全意识,掌握特殊技能和安全知识
	安全健康教育 (C_{29})	对员工通过事故案例,政策法规等的学习增强安全意识	增强观念,扩展知识,提高素质
	家属教育 (C_{30})	员工聚会	创造协调、理解的家庭支持

3. 企业安全文化评价步骤

(1)赋值、填表(见表7.5)

表7.5 　　　　　　　　　　　　　**评价项目完成情况赋值表**

完成情况	很好	一般	很差
赋值	2分	1分	0分

根据对企业安全文化现状的调查分析,逐个确定评价指标中各个评价项目的分值,然后将这些分值加总求和,通过以下的计算公式得到评价项目的评价总分(X)。每个一级指标(评价指标)分别有5个二级指标(评价项目),共有30项加总求得 X 的值。

计算公式为:$X = A_1 + B_1 + C_1 + D_1 + E_1 + F_1 = C_1 + C_2 + C_3 + C_4 + C_5 + C_6 + \cdots + C_{30}$

(2)确定评价标准(见表7.6)

表7.6 　　　　　　　　　　　　　**企业安全文化级别划分表**

总分	安全文化级别	说　　明
$X > 55$	第五级	最高级,安全文化应该保持
$42 \leqslant X \leqslant 55$	第四级	较高级,安全文化还能改善
$27 \leqslant X \leqslant 41$	第三级	中等级,安全文化需要发展
$12 \leqslant X \leqslant 26$	第二级	较低级,安全文化需要建设
$X \leqslant 11$	第一级	最低级,安全文化亟待提高

建立安全文化评价体系的突出作用表现在它为企业建设独具特色的安全文化提供了一套完整的衡量标准，为外界或者企业自身对安全文化进行评价提供了依据。它不仅有助于企业认识自身的安全文化发展现状，也是外界对其评价的验证尺度。当考虑一级指标权重的差异时，可以考虑利用层次分析法确定一级指标与二级指标的权重差别。本书中没有体现各评价指标的差异，假设它们同等重要。

练习与案例

一、练习

(一) 单项选择题

1. 目标管理为每个成员制定了明确的责任和任务，并对完成这些责任和任务规定了时间、数量、质量等具体要求，是_____的管理方法。
   A. 以人为中心　　　　　　　　　B. 以工作为中心
   C. 以人为中心与以工作为中心相统一　　D. 以完成任务的方式为中心

2. 目标实施的管理是指在落实保证措施计划，促使目标实现过程中所进行的管理。这个阶段是目标管理取得成效的_____环节。
   A. 决策性　　　　　　　　　　　B. 决定性
   C. 一般性的中间环节　　　　　　　D. 最终

3. 安全目标体系是由总目标和子目标构成的完整体系，其中安全分目标是车间、科室等部门为完成_____而提出的具体目标。
   A. 安全总目标　　　　　　　　　B. 安全分目标
   C. 安全子目标　　　　　　　　　D. 目标体系

4. 安全目标的确定要有先进性，安全目标值的大小与安全卫生标准相比要_____。
   A. 低一些　　　　　　　　　　　B. 高一些
   C. 相同　　　　　　　　　　　　D. 高很多

5. 企业安全目标体系的建立是一个_____的过程，是全体职工努力的结果，是集中管理与民主管理相结合的结果。
   A. 自上而下　　　　　　　　　　B. 自下而上
   C. 自上而下、自下而上反复进行　　D. 各部门间横向反复

6. 安全目标管理中，设定的安全目标是由_____完成的。
   A. 目标责任者的主管领导　　　　B. 目标责任者本人
   C. 企业第一领导者　　　　　　　D. 责任者自主

7. 在安全目标管理中，目标责任者实施目标的途径或方法由_____决定。
   A. 责任者主管领导　　　　　　　B. 企业第一领导者

C. 安全专职机构 　　　　　　　　D. 责任者自主

8. 在安全目标管理中，对安全目标实施结果要及时进行检查和评价，评价方法是_____。

　　A. 目标执行者根据规定标准自评

　　B. 上级领导根据企业整体目标进行评价

　　C. 首先是目标执行者根据规定标准自评，其次是上级领导以检查结果和目标卡片为依据，对目标执行者进行指导

　　D. 上级领导对安全目标管理的全过程进行追踪性评价

9. 安全教育中一般安全技术知识教育不包括_____知识教育。

　　A. 生产技术 　　　　　　　　B. 一般安全技术

　　C. 专业安全技术 　　　　　　D. 数理化基础

10. 企业职工上岗前必须进行厂级、车间级、班组级三级安全教育，三级安全教育时间不得少于_____学时。

　　A. 8 　　　　　B. 20 　　　　　C. 24 　　　　　D. 40

（二）多项选择题

1. 为便于对安全目标的考核，安全目标的设定要具有可度量性，因此，最好用____指标。

　　A. 定量 　　　　　　　　B. 定性

　　C. 具体化 　　　　　　　D. 模糊的

2. 在开展安全目标管理中，企业的第一领导者应负责下列工作_____。

　　A. 确定企业安全生产的总目标

　　B. 确定每一级安全目标的实现途径

　　C. 对下属各单位关系的协调

　　D. 逐级检查每一级安全目标的实施结果

3. 实行安全目标管理，要将企业内一定时期的安全工作的目的和任务转化为全体人员上下一致的、明确的目标，使每个成员有努力的方向，在安全目标中应包含_____。

　　A. 安全目标完成的程度 　　　　　　B. 安全目标完成期限

　　C. 安全目标完成的方法 　　　　　　D. 安全目标责任人

4. 安全教育中安全工作方针、政策教育是指对企业各级领导和广大职工进行党和政府有关安全生产_____的宣传教育。

　　A. 方针政策 　　　　　　　　B. 法令法规

　　C. 安全技术知识 　　　　　　D. 劳动卫生知识

二、案例

如下表所示，某企业消防部门有消防部长、防火组长及防火管理员三个岗位，消防部长是防火组长的直接上级，防火组长是防火管理员的直接上级。消防部有 3 个防火小组，

每个防火小组有 2 个防火管理员。试根据下表所制定的安全目标内容判断目标制定是否合理。如不合理，应如何改进？

岗位	目标	标准值	分值	考核评价方法	数据来源
消防部长	火灾事故控制	全年≤6 起	30	一般事故每起扣 5 分，当月考核下降一档；较大及以上事故每起扣 30 分，当月考核下降两档	企业各单位
防火组长	火灾事故控制	全年≤6 起	30	发生一般事故每起扣 2 分；较大及以上事故每起扣 15 分，当月考核下降一档	辖区单位
防火管理员	火灾事故控制	全年≤6 起	30	辖区单位发生火灾事故的，一般事故每起扣 5 分，当月考核下降一档；较大及以上事故每起扣 30 分，当月考核下降两档	辖区单位

第八章　系统安全分析

◎ **学习目标:**

了解预先危险性分析的概念及内容，系统可靠性与可靠度的含义。掌握简单系统可靠度的计算，简单事故案例的事件树画法，事故树的画法以及事故树分析的相关计算。领会事故树分析中各类事件符号表示的方法及含义。

安全系统工程是运用系统论的观点和方法，结合工程学原理及有关知识来研究生产安全管理和工程的新学科，是系统工程学的一个分支。其研究内容主要有危险的识别、分析与事故预测；消除、控制导致事故的危险；分析构成安全系统各单位间的关系和相互影响，协调各单位之间的关系，取得系统安全的最佳设计等。其目的是使生产条件安全化，使事故减少到可接受的水平。

系统安全分析是安全系统工程的核心内容之一。通过安全分析，人们可以充分认识和了解系统中存在的危险、估计事故发生的可能性及可能造成伤害和损失的程度，为确定哪些危险能够通过修改系统设计或变更系统运行程序来进行预防提供重要依据。系统安全分析通常包括以下内容：第一，对系统中可能出现的初始的、诱发的及直接引起事故的各种危险因素及其相互关系进行调查和分析。第二，对与系统有关的人员、设备、环境条件及其他有关的各种因素进行调查和分析。第三，对能够利用适当的设备、规程、工艺或材料控制或根除某种特殊危险因素的措施进行分析。第四，对系统中可能出现的危险因素的控制措施以及实施这些措施的最好方法进行调查和分析。第五，对系统中不能根除的危险因素失去或减少控制可能导致的后果进行调查和分析。第六，对系统中危险因素一旦失去控制，为防止伤害和损害而应采取的安全防护措施进行调查和分析。

我们需要根据系统所处生命周期的不同阶段，来选择相应的系统安全分析方法。例如，在系统的开发、设计阶段，可以应用预先危险性分析方法，系统可靠性分析方法；在系统运行阶段，可以应用事件树分析、事故树分析等方法进行分析。运行结束后，可以运用相应的系统安全评价方法分析评价运行效果。

第一节　预先危险性分析

一、基本概念

预先危险性分析(preliminary hazard analysis，PHA)，是一种用于对系统内存在的危险因素及其危险程度进行定性分析和评价的方法。即：在每项工程活动之前，如设计、施工、生产之前或者技术改造之后(制定操作规程和使用新工艺之后)，对系统存在的危险性类型、出现条件、导致事故的后果以及有关对策措施等，作一概略性的分析。目的在于防止操作人员直接接触对人体有害的原材料、半成品、成品和生产废弃物，防止使用具有危险性的生产工艺、装置、工具和采用不安全的技术路线。如果必须使用时，也应从工艺或设备上采取相应的安全措施，以保证这些危险因素不至于发展成为事故。

预先危险性分析的主要特点在于在系统设计或开发的初期就可以识别、控制危险因素，用最小的代价来消除或减少系统的危险性，从而为制定整个系统全生命周期的安全操作规程提供依据。

通过预先危险性分析，可以达到以下四项基本的目标：第一，大体识别与系统有关的一切主要危险因素。在初始识别中暂不考虑事故发生的概率。第二，鉴别产生危险性的原因。第三，假设危险性确实存在，估计和鉴别其对系统的影响。第四，将系统中已经识别的危险性进行等级划分。在确定系统的危险性之后，应对其划分等级，以便根据危险性的先后次序和重点分别进行处理。危险性的等级划分标准如表 8.1 所示。

表 8.1　危险性等级划分标准

危险性等级	说明
Ⅰ级	安全的，不至于造成人员伤害和系统损害
Ⅱ级	临界的，有导致事故的可能性，事故处于临界边缘状态，不会造成人员伤害和系统损坏及经济损失，但应采取相应措施予以排除和控制
Ⅲ级	破坏的，导致事故发生的可能性相对较大，会造成人员伤害和系统损坏以及严重经济损失，需要立即采取措施予以排除和控制
Ⅳ级	灾难性的，导致事故发生的可能性非常大，造成人员的大量伤亡、系统的严重破坏和经济的巨大损失，必须立即设法排除

二、预先危险性分析的内容

预先危险性分析主要是根据系统的结构或特性来详细地对系统存在的危险性进行分析。其内容可以从以下几个方面来重点考虑：

第一，识别危险的设备、零部件，并分析其发生的可能性条件。第二，分析系统中各子系统、各元件的交接面及其相互关系与影响。第三，分析原材料、产品，特别是有害物质的性能与贮运。第四，分析工艺过程及其工艺参数或状态参数。第五，人、机关系(操作、维修等)。第六，环境条件。第七，用于保证安全的设备、防护装置等。

预先危险性分析的结果，通常以预先危险性分析表的形式来表现。尽管对预先危险性分析表的形式并没有严格的要求，但一般来说，该表格应至少包括以下五个方面的信息：危险/危险因素，危险可能导致的结果，危险产生的原因，事故风险评估(包括采取措施之前与之后两种情况)，对危险进行消除或控制的对策措施。表 8.2 与表 8.3 给出了两种常用的预先危险性分析表的基本格式。

表 8.2   **预先危险性分析表的基本格式(1)**

危险与意外事故	阶段	起因	影响	分类	对策措施

表 8.3   **预先危险性分析表的基本格式(2)**

潜在事故	危险因素	触发事件	导致事故的起因	事故后果	危险等级	对策措施

三、预先危险性分析的步骤

运用预先危险性分析方法进行安全分析和评价时，一般是先利用安全检查表、经验和技术初步查明系统中危险因素的大概存在方位，然后识别促使危险因素演变成为事故的触发因素和必要条件并对可能出现的事故后果进行分析，最后采取相应的对策措施。

（一）准备阶段

在进行分析之前，首先要确定分析对象，明确所分析系统的功能及分析范围，调查系统所涉及的生产目的、工艺过程、操作条件和周围环境，收集设计说明书、本单位生产经验、国内外事故情报以及有关的标准、规范、规程等资料。

（二）分析实施阶段

通过对方案设计、主要工艺和设备的安全审查，辨识其中存在的主要危险因素。此外，也要审查设计规范以及对危险因素进行消除或控制所采取的措施。主要内容包括：

（1）危险场所、设备或物质；

（2）有关系统安全的设备、物质之间的交接面，如物质的相互反应、火灾或爆炸的发生与传播、控制系统等。

（3）可能对设备或物质产生影响的环境因素，如地震、洪水、高低温、潮湿、振动等。

（4）系统运行、试验、维修、应急程序，如人的误操作后果的严重性、操作者的任务、设备布置及通道情况，对人员的防护等。

（5）辅助设施，如物质或产品的存储、系统试验、人员训练、动力供应等设施。

（6）有关系统安全的设备，如冗余系统及设备、安全监控系统、个人防护设备等。

（三）结果汇总阶段

将审查阶段的分析结果整理汇总，制成结果汇总表与研究报告(内容包括主要危险因素、事故发生条件、可能产生的后果、危险等级以及相应的安全防治措施)。

案例：

预先危险分析在废碱焚烧炉检修作业中的应用

随着化工企业安全生产管理水平的不断提升，检修过程中的安全事故得到有效遏制，但是由于检修作业过程风险随时发生变化，在事前未开展有效的风险识别并采取有针对性的防范措施的情况下，极有可能发生人身伤害或财产损失事故。废碱焚烧炉为立式顶烧圆形炉，直径4.4 m，高27.1 m，炉内采用双层耐火砖，外层采用高强度隔热砖，内层采用刚玉砖、刚玉莫来石砖和莫来石高铝砖。炉内运行温度950 ℃，连续运行2年，已到定期停炉清渣、更换炉砖的检修时间。

主要检修项目如下：急冷罐内清渣。废碱液焚烧后有少量废渣，再加上焚烧炉长时间焚烧后炉壁衬里掉落，急冷罐底部存积形成废渣，需要定期清理。焚烧炉更换炉砖。焚烧炉壁是用耐火材料衬里，这些衬里经长时间高温焚烧，衬里损耗，并逐渐减薄，所以需要定期更换炉砖衬里。燃料油枪、废碱液枪清枪。枪头长时间在高温下使用，沉积有焦油状物质，需要定期清理。

案例解析：

1. 准备阶段

为确保本次施工检修整个过程安全可控，组织检修项目负责人、安全工程师、施工单位检修负责人、安全员以及检修施工作业人员做了以下准备工作：

(1)由项目经理组织参与检修作业的管理人员、技术人员和作业人员，讨论推荐确定本次预先危险性分析组长，由组长对分析工作做了详细的分工，确定时间和工作目标。

(2)组织所有参与风险分析的人员开展一次预先危险性分析方法的培训，使每个人对预先危险性分析方法、分析步骤以及安全防范措施进行全面的学习和巩固。

(3)项目负责人员和生产工艺技术人员协同施工检修单位作业负责人，明确检修内容和检修界面，并到现场进行全面检修作业安全交底。为了分析方便，还请施工单位对检修作业工序进行细化。形成9个作业工序：抽堵盲板作业——急冷罐内清渣——拆除旧炉砖——焚烧炉筒体除锈——切砖——搬运炉砖——砌砖——炉内清理——燃料油枪、废碱液枪清枪等。

(4)由预先危险性分析小组组长带领参与检修作业的管理人员、技术人员和作业人员共同努力，按施工工序完成本次废碱焚烧炉检修项目的预先危险性分析。表8.4为拆除旧炉砖工序的预先危险性分析(PHA)记录。

根据整个作业过程的预先危险性分析，总结整理后的主要危险及有害因素有：物料泄漏；有毒有害物质中毒；高处坠落；物体打击；机械伤害；受限空间作业危害；脚手架搭设和拆除；触电；粉尘；高温中暑；烫伤；环境污染等危害因素。根据风险度等级结果，对人身造成严重伤害的危险及有害因素主要集中在中毒、高处坠落、物体打击、机械伤害、触电和脚手架作业上，这些是制定安全防范措施和现场安全监管的重点。

表8.4 拆除旧炉砖工序的预先危险性分析(PHA)记录

序号	危害因素	可能导致后果	偏差概率	现有安全防护措施			危险等级	改进措施
				人员能力	法规/作业规范	工程环境措施		
1	受限空间中毒窒息	人员重伤或死亡	以往从未发生	高度胜任	有《进入受限空间作业管理规定》	需要防护设置并已设置且有效	Ⅱ	编制焚烧炉安全隔离方案
2	脚手架搭设(炉膛高25m,施工需要搭设脚手架)	脚手架坍塌,人员重伤或死亡	石化行业发生过	胜任但偶然出差错	有《脚手架搭设作业安全标准》	需要防护设置但设置不完全或偶尔失效	Ⅲ	受限空间搭设25m的脚手架,需要编制脚手架施工方案,因使用时间长,要求每天使用前检查脚手架完好性
3	高处坠落	人员重伤或死亡	石化行业发生过多次	胜任但偶然出差错	有《高处作业安全管规定》	需要防护设置但设置不完全,或偶尔失效。如(1)系安全带;(2)防护栏杆等	Ⅲ	加强监督检查
4	物体打击(炉砖从高处掉落)	人员重伤或死亡	石化行业内发生过	胜任但偶然出差错	有规定偶尔不执行	需要防护但无防护措施	Ⅳ	编制拆砖方案:从上到下依次拆除;拆卸下方不得有人;拆下的大块炉砖使用吊篮运送,不得从高处抛下;上下沟通使用对讲机
5	坍塌(炉砖高处掉落,对脚手架冲击大)	人员重伤	以往从未发生	胜任但偶然出差错	有规定偶尔不执行	不需要防护设置	Ⅱ	拆下的大块炉砖使用吊篮运送,拆除后不得直接从高处抛下
6	粉尘(拆炉砖时会产生大量的粉尘)	职业病	以往从未发生	胜任但偶然出差错	有规定偶尔不执行	不需要防护设置	Ⅱ	设置通风设施;人佩戴防尘口罩并要求定期更换

2. 实施阶段

制定废碱焚烧炉检修作业的安全防范措施：根据对本次废碱焚烧炉检修作业全过程的预先危险性分析，各个作业步骤中都或多或少存在安全风险，主要触发的条件可能是人的不安全行为、物的不安全状态和安全管理等方面的原因。所以在编制废碱焚烧炉检修施工方案时，需要从安全技术和安全管理两个方面制定有针对性的安全防范措施，通过在施工方案的各个工序中落实相关安全防范措施，把废碱焚烧炉检修施工作业风险控制在可接受的范围内。

在安全技术措施方面要求在施工组织设计或施工方案内制定以下安全防范措施：

(1)编制工艺隔离、吹扫、置换方案，使焚烧炉得到有效的安全隔离，并在施工作业前得到有效落实。

(2)编制受限空间内脚手架搭设和拆除方案。

(3)编制提升机安装方案和提升机安全作业规程。

(4)编制拆砖方案。

(5)编制临时用电方案。

(6)编制防止高处坠物和物体打击安全隔离方案。

在安全管理方面要求在施工过程中采取以下安全管理措施，杜绝作业人员违章作业、冒险作业以及加强安全监督管理的力度：

(1)成立安全管理组织机构，制定检修作业安全生产责任制并予以落实。

(2)入厂前开展全员安全培训，考试合格方可入厂参与检修作业。

(3)进行施工方案和检修安全作业规程的学习和培训。

(4)对所有入厂工器具进行完好性检查。

(5)制订检修过程安全检查计划，派专人或组织检查小组对安全措施落实情况和人员违章行为进行定期和不定期的巡回监督检查。

(6)制定一份有针对性的安全考核标准。

(7)现场制作一块安全生产状况看板，及时公布危险作业、安全检查、考核等安全生产信息。

(8)制订一份有针对性的突发事故应急预案。

3. 应用效果

通过预先危险性分析在废碱焚烧炉检修过程中的应用，在一个多月的检修过程中，检修过程有序开展，安全得到有效的控制，未发生任何可记录的安全生产事件。

如在拆除旧炉砖工序中，询问作业负责人拆除方法时发现，旧炉砖拆除后是直接从高处掉到焚烧炉底部的，大块炉砖从高处坠落，对25m高的脚手架破坏性极强，可能引发脚手架坍塌，造成人员伤亡，这样的风险是无法接受的。另外，高处坠落的炉砖经中途碰撞，会发生运动方向的变化，对下方隐蔽处的作业人员有极大的威胁。经讨论，从炉壁拆下来的炉砖必须使用吊篮从上面吊下来，绝对禁止从高空抛下，这样就大大降低了高处坠物和脚手架坍塌的风险。

通过预先危险性分析，为施工单位编制施工组织设计和施工方案中的安全措施提供了依据，并为项目负责人、安全管理人员以及施工单位作业负责人确定了安全管理的重点和方向。特别是为施工作业人员提供了一个全面的接受技能培训和安全教育的机会，大大增强了检修人员的风险识别能力，提高了其检修作业安全意识。

第二节　简单系统的可靠性分析

一、与可靠性有关的概念

1. 可靠性

在人机环境系统中，可靠性是指系统在规定条件下和预定时间内完成规定功能的能力。可靠性指标与机器的技术性能指标或人的生理、心理指标间既有区别又有联系。一方面，前者是以后者为基础；另一方面，前者又与环境条件、管理、法规、时间等有关系，它不能用仪器直接进行测量，而必须通过实际使用或试验获得大量数据后，才能作出估计。

2. 可靠度

可靠性的数量指标称为可靠度，是指系统在规定条件下和预定时间内完成规定功能的概率。

3. 故障时间

故障时间指系统从投入使用开始到故障发生所经过的时间。

4. 故障率

故障率指系统在单位时间里发生故障的比率。

二、故障发生规律

(一) 故障时间分布函数及故障率函数

(1) 系统故障的发生与其被使用的时间有关，用随机变量 T 表示故障时间，系统到 t 时刻发生故障的概率：

$$F(t) = P_T \qquad (T \leq t)$$

称 $F(t)$ 为故障时间分布函数，用来反映故障时间与故障概率的关系 ($F(0) = 0$)

(2) 到 t 时刻不发生故障的概率：

$$R(t) = P_T(T > t) = 1 - F(t)$$

$R(t)$ 为可靠度函数，$R(0) = 1$

(3) 当 $F(t)$ 可微时，

$$f(t) = \frac{\mathrm{d}F(t)}{\mathrm{d}t} = -\frac{\mathrm{d}R(t)}{\mathrm{d}t}$$

$f(t)$ 为故障时间密度函数

$$\lambda(t) = \frac{f(t)}{R(t)}$$

$\lambda(t)$ 为故障率函数

$$R(t)\lambda(t) = -\frac{\mathrm{d}R(t)}{\mathrm{d}t}$$

$$\frac{\mathrm{d}R(t)}{R(t)} = -\lambda(t)\,\mathrm{d}t$$

$$\int_0^t \frac{\mathrm{d}R(t)}{R(t)} = \int_0^t -\lambda(t)\,\mathrm{d}t$$

$$\ln R(t) - \ln R(0) = \int_0^t -\lambda(t)\,\mathrm{d}t$$

$$\because R(0) = 1$$

$$\therefore R(t) = \mathrm{e}^{-\int_0^t \lambda(t)\,\mathrm{d}t}$$

(二)典型的故障时间分布函数

1. 指数分布

系统故障包括以下三个方面(如图 8.1 所示)。

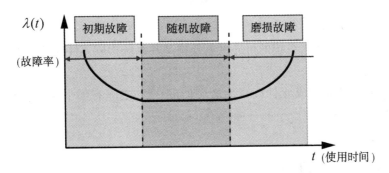

图 8.1　故障率与时间的关系图

(1)初期故障：系统投产初期的故障，可能是设计错误，制造不良，使用方法错误造成的。

(2)随机故障：多元件组成系统的典型故障，系统受随机应力作用，故障率为一近似常数。

(3)磨损故障：系统构成元件的磨损、疲劳造成的故障，元件老化、磨损所致。

随机故障阶段：$\lambda(t) \equiv \lambda$

$$\therefore R(t) = \mathrm{e}^{-\lambda t}$$

例：某系统运转了 7000 小时发生了 10 次故障，若设故障时间服从指数分布，试求该系统运转到工作 1000 小时以后的可靠度。

解：$\lambda = \dfrac{10}{7000} = \dfrac{1}{700}$

$$R(1000) = \mathrm{e}^{-\lambda t} = \mathrm{e}^{-\frac{1000}{700}} \approx 0.24$$

2. 威布尔分布

威布尔分布是瑞典威布尔在求算链强度时得到的一种分布，对 n 个环组成的链两端施加拉力，断链的概率服从威布尔分布。

三、简单系统的可靠性

（一）简单系统的类别

（1）串联系统：系统中有任一元件发生故障，系统就发生故障。

（2）并联系统：系统中所有的元件发生故障，系统才发生故障。

（3）串并联混合系统：系统中既有串联又有并联子系统。

（二）简单系统的可靠度

1. 串联系统

系统故障时间 T 与构成元件 (A_i)、故障时间 (T_i) 之间有如下关系：$T = \mathrm{MIN}(T_1, T_2, \cdots, T_n)$。

系统可靠度 $R(t) = \prod\limits_{i=0}^{n} R_i(t) = R_1(t) \cdot R_2(t) \cdots R_n(t)$

显然，$R(t) \leqslant R_i(t)$

在生产中，要提高串联系统的可靠度就要提高其系统构成元件的可靠度。

2. 并联系统

系统故障时间 T 与构成元件 (A_i)、故障时间 (T_i) 之间有如下关系：$T = \mathrm{MAX}(T_1, T_2, \cdots, T_n)$。

系统可靠度

$$R(t) = 1 - \prod_{i=0}^{n}(1 - R_i(t))$$
$$= 1 - (1 - R_1(t)) \cdot (1 - R_2(t)) \cdots (1 - R_n(t))$$
$$\because (1 - R_1(t)) \cdot (1 - R_2(t)) \cdots (1 - R_n(t)) \cdots (1 - R_n(t)) \leqslant 1 - R_i(t)$$
$$\therefore R(t) \geqslant R_i(t)$$

在生产中，要提高并联系统的可靠度就要提高其系统构成元件的可靠度。

3. 串并联混合系统

根据需要确定先计算串联子系统还是并联子系统的可靠度。

例：如图 8.2 所示，设 $A_1 \sim A_5$ 5 个元件的可靠度分别为 $R_1 = 0.3$，$R_2 = 0.7$，$R_3 = 0.9$，$R_4 = 0.6$，$R_5 = 0.5$，求系统可靠度 R。

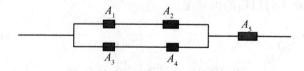

图 8.2　串并联混合系统图

解：$R_{12} = R_1 \cdot R_2 = 0.21$

$R_{34} = R_3 \cdot R_4 = 0.54$

并联子系统的可靠度为 $R_{1\text{-}4} = 1 - (1 - 0.21) \times (1 - 0.54) = 0.6366$

系统的可靠度为 $R = 0.6366 \times 0.5 \approx 0.318$

第三节 事件树分析

一、基本概念

事件树分析(event tree analysis，ETA)是安全系统工程中重要的分析方法之一，该方法从一个初始事件开始，按顺序分析事件向前发展过程中各个环节成功与失败的过程和结果。任何一个事故都是由一系列环节事件发展变化形成的，在事件发展过程中出现的所有环节事件都可能有两种情况：成功或者失败。如果这些环节事件都失败或者部分失败，就会导致事故发生，如图 8.3 所示。

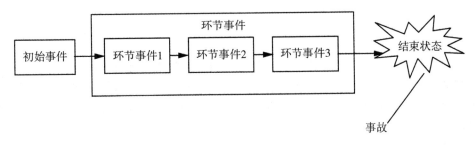

图 8.3 事故过程示意图

事件树分析的理论基础是系统工程的决策论。所谓决策论是指在做某项工作或从事某项工程之前，通过分析、评价各种可能的结果，权衡利弊，根据科学的判断和预测做出最佳决策的一种系统的方法论。这种方法克服了凭借经验或主观判断做出决策的传统方法的缺点。任何事故都是一个多环节事故发展变化的结果，因此，事件树分析也被称为事故过程分析。通过宏观地分析事故的发展过程，对掌握事故发生规律，控制事故的发生是极其有益的。事故事件树分析的实质，是利用逻辑思维的初步规律和逻辑思维的形式分析事故形成过程。

下面以某机械厂在 1993 年 8 月 23 日发生的一起注塑机挤手事故为例进行事件树分析。该厂塑料分厂，主要是生产防护套、塑料筒及民用 UPVC 管件、管材等塑料产品，其主要生产设备是注塑机。1993 年 8 月 23 日，该厂塑料分厂发生了一起操作工左手被注塑机挤成重伤的事故，为了查找事故的发生原因，杜绝此类事故的重复发生，并且对职工进行安全教育，特对这起事故进行事件树分析。事故原因：注塑机正在合模时，人手在模具内未能及时拿出是导致挤手事故发生的必要条件，而行程开关门无效(或无开关门)又是形成必要条件的前提。因此这起事故发生的主要原因是行程开关门无效，未能起到安全保护作用。在事故发生后，通过事故原因调查，所得结果也与事件树分析的结果相一致。操作工人在发生事故前私自将行程开关门拆除使设备缺乏了安全保防装置，再加上操作者进行操作时，注意力不集中，动作不协调，最终导致了这起事故的发生。其事件树分析图如图 8.4 所示。

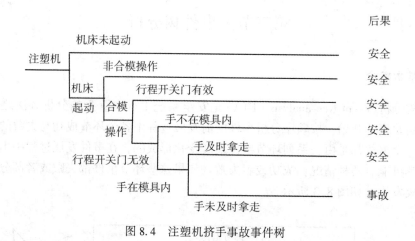

图 8.4　注塑机挤手事故事件树

通过事件树分析，可以把事故发生与发展的过程更加直观地展现出来，既可定性地了解整个事故的动态变化过程，又可通过计算得出各阶段的概率，最终了解系统各种最终状态的发生概率。如果在事件发展的不同阶段采取恰当措施阻断其向前发展，就可以达到预防事故的目的。

事件树分析具有直观、准确、简洁、明了、易于为人所接受等优点，且具有较强的实用性，目前许多国家已形成了标准化的分析方法并得到非常广泛的应用。

二、事件树分析的步骤

(一)明确所要分析的对象和范围，确定初始事件

找出系统的组成要素并明确其功能，以便进一步分析。在此基础上，确定导致系统事故的初始事件。这里所谓的初始事件，指的是事件树中在一定条件下可能造成事故后果的最初原因事件。它可以是系统故障、设备失效、人员误操作或工艺过程异常等。通常，可选取分析人员最感兴趣的异常事件作为初始事件。

(二)找出与初始事件有关的环节事件

所谓环节事件，又称为中间事件，是指出现在初始事件之后可能造成事故后果的其他原因事件。为清楚起见，对事件树的初始事件和各环节事件可用不同的字母来加以标记。

(三)画出事件树图并说明分析结果

把初始事件写在最左边，各环节事件按顺序写在右面，从初始事件画一条水平线到第一个环节事件，在水平线末端画一条垂直线段，垂直线段上端表示成功，下端表示失败；再从垂直线两端分别向左右画水平线到下一个环节事件，同样用垂直线段表示成功和失败两种状态，以此类推，直到最后一个环节事件为止。如果某一个环节事件不需要往下做进一步的分析，则将水平线延伸下去，不发生分支，如此便得到事件树图。

（四）事件树定性分析

通过事件树图，可以简明、直观地看出系统中有哪些因素导致了事故的发生，还可以得到事故发展进程中各种因素的先后影响顺序，由此确定阻断事故发展的措施，从而实现事故预防的目的。

（五）事件树定量分析

在已知初始事件和各环节事件发生概率的前提下，可计算出事件树中每一个最终后果的发生概率。计算过程中，每一个最终后果的发生概率就等于事件树中每一条由始至终的分支线上初始事件与各环节事件发生概率的乘积。在具体计算时，通常把初始事件和各环节事件的发生概率值直接标注在事件树图上，求出的最终后果的发生概率值也标注在事件树上。根据最终后果的发生概率，还可以对系统进行进一步的安全分析和评价。

例：烟叶工作站是整个烟叶工作的基础环节，是卷烟原料生产的"第一车间"。烟叶工作站的联合工房集烟叶收购、仓储、配送为一体，烟叶及其包装材料都属于可燃固体，当烟叶的受热温度达到它的自燃点时（175℃），就能够发生燃烧。此类物品在烟叶收购季节大规模库存时，火灾危险性和可能性大大加强，一旦发生火灾造成的经济损失较大，因此联合工房是烟叶工作站的消防安全重点部位。对烟叶工作站联合工房进行科学的火灾隐患消除具有重要意义。根据烟草行业安全生产标准化规范对消防安全管理的有关要求：要消除火灾隐患就要定期开展消防风险评估，如果未定期开展风险评估，就必须在日常的管理中加强消防安全检查；如果发现隐患要及时进行隐患的整改，否则就可能导致火灾事故的发生。各事件发生发展的概率如表8.5所示。试绘制某烟站联合工房的火灾隐患检查消除事件树图，同时进行定量计算。最后将计算结果与给定的某一评判标准值做比较，当事件树总失败概率大于标准值时，认为联合工房存在火灾危险，应立即采取防范措施，使其安全性能得到提高；当事件树总的失败概率小于这一评判标准时，认为其处于安全状态，需要继续提高警惕，做好安全防范工作。

表8.5　　　　　　　　**火灾隐患检查消除事件树各分支事件概率**

编号	各分支事件	发生概率
A	检查消除火灾隐患	1.0
B_1	定期开展火灾风险评估	0.97
B_2	未定期开展火灾风险评估	0.03
C_1	按规定进行防火巡查检查	0.98
C_2	未按规定进行防火巡查检查	0.02
D_1	落实隐患整改措施	0.97
D_2	未落实隐患整改措施	0.03

解：

根据题意，画出事件过程的事件树图（如图8.5所示）。

发生事故的概率为 $P = P_A \cdot P_{B_2} \cdot P_{C_2} \cdot P_{D_2} = 1 \times 0.03 \times 0.02 \times 0.03 = 0.000018$

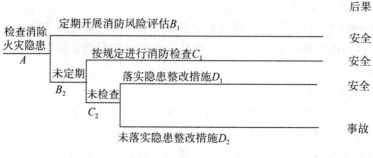

图 8.5　火灾隐患检查消除事件树

第四节　事故树分析

一、布尔代数和布尔函数概念

设有一个非空集合 B，两个常量 0、1（0，1∈B 且 0≠1），三种 B 上的代数运算（布尔加"+"，布尔乘"·"，布尔补"′"）如对任意元素 a，b，c，都有下列定律：

（一）基本定律

$a+0=a$　　　　　　　　　　　$a \cdot 0=0$

$a+1=1$　　　　　　　　　　　$a \cdot 1=a$

$a+a=a$　　　　　　　　　　　$a \cdot a=a$

$a+a'=1$　　　　　　　　　　　$a \cdot a'=0$

（二）结合律

$(a+b)+c=a+(b+c)$

$(a \cdot b) \cdot c=a \cdot (b \cdot c)$

（三）交换律

$a+b=b+a$

$a \cdot b=b \cdot a$

（四）分配律

$a(b+c)=ab+ac$

$a+bc=(a+b)(a+c)$

（五）吸收律

$a+ab=a$

$a(a+b)=a$

$(a+b)(a+c)=a+bc$

则称这样的代数系统为布尔代数，三种运算为布尔运算，B 为布尔集，集合元素为布尔变元。用以上三种运算将 B 集合中的元素连接起来的算式为布尔表达式，如将布尔表达式中变元的每一组值代入表达式均有唯一的 B 值与之对应，则每个表达式都确定一个 B

取值函数，这个函数称为布尔函数。

二、事故树分析（fault tree analysis，FTA）

（一）概念

事故树分析是对既定的生产系统或作业中可能出现的事故条件及可能导致的灾害后果按工艺流程、先后顺序和因果关系绘成程序方框图的一种方法。

通过事故树图来描述事故发生的因果关系，直观、明了、思路清晰、逻辑性强，既可进行定性分析，又可进行定量的分析。现在许多计算工具软件有事故树定量分析的模块，其功能非常强大，而且使用比较方便。事故树分析目前已经成为安全系统工程分析与评价中应用最为广泛的方法技术之一。

（二）事故树的编制

1. 事故树所用的符号及含义

（1）事件符号及含义。

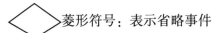 矩形符号：表示顶上事件和中间事件。

顶上事件：事故树中所关心的结果事件，顶上事件不能过于笼统，要简要说明导致灾害结果的原因。

中间事件：既是某个逻辑门的输出事件，同时又是其他逻辑门的输入事件。

○ 圆形符号：表示基本事件

基本事件：无须探明其发生原因的事件。

◇ 菱形符号：表示省略事件

省略事件：表示原则上应进一步探明原因但暂时不必或者暂时不能探明其原因的事件。

（2）逻辑门符号及含义。

逻辑门符号是表示输入和输出事件之间逻辑关系的符号。

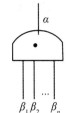

与门：表示输入事件 β_1，β_2，…，β_n 同时发生时，输出事件 α 才发生
输入事件与输出事件表现为逻辑积的关系。

$$布尔代数 \; \alpha = \beta_1 \cdot \beta_2 \cdot \cdots \cdot \beta_n$$

或门：表示输入事件 β_1，β_2，…，β_n 中任何一个事件发生时，输出事件 α 都会发生。

输入事件与输出事件表现为逻辑和的关系。

$$布尔代数 \; \alpha = \beta_1 + \beta_2 + \cdots + \beta_n$$

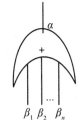

2. 事故树的绘制

采用从结果到原因的逆过程分析方法，首先确定顶上事件，列在最上层，其次，在第二层列出造成顶上事件发生的所有直接原因事件，分别用逻辑门符号进行连接。再次，将构成第二层各事件的所有直接原因列在第三

层，并用适当的逻辑门符号连接。如此类推，直至最基本的原因事件为止。图 8.6 为锅炉产生水垢的事故树图。

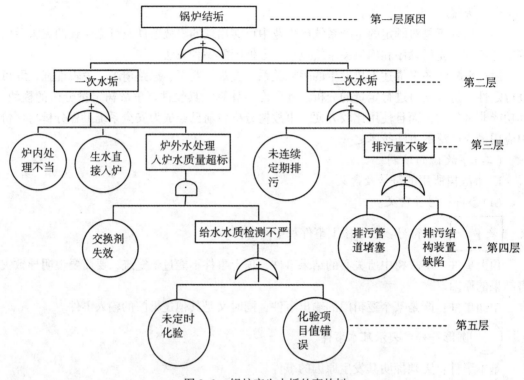

图 8.6 锅炉产生水垢的事故树

（三）事故树的结构函数

（1）设某事故树由 X_1，X_2，…，X_n 共 n 个基本事件组成，每个基本事件只有两种状态：发生与不发生。

$$X_i = \begin{cases} 1 \ 表示第 \ i \ 个事件发生 \\ 0 \ 表示第 \ i \ 个事件不发生 \end{cases}$$

$$顶上事件 \ T = \begin{cases} 1 \ 表示第 \ i \ 个事件发生 \\ 0 \ 表示第 \ i \ 个事件不发生 \end{cases}$$

如果顶上事件 T 的状态完全取决于基本事件的状态 X_i，则顶上事件的状态便是这些基本事件的函数，写作 $T = T(x)$

① 对于逻辑与门连接的事故树，其结构函数可表示为：

$$T = X_1 \cdot X_2 \cdots X_n = \prod_{i=1}^{n} X_i \quad (i = 1, 2, \cdots, n)$$

② 对于逻辑或门连接的事故树，其结构函数可表示为：

$$T = X_1 + X_2 + \cdots + X_n = \sum_{i=1}^{n} X_i \quad (i = 1, 2, \cdots, n)$$

（2）事故树结构函数的求法：自上而下或自下而上。

例：求以下事故树的结构函数(见图8.7)。

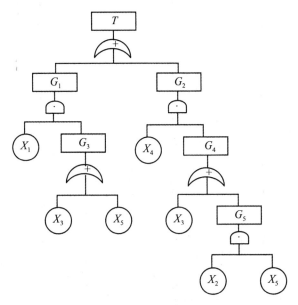

图 8.7　事故树图

解：按照自上而下的求法计算过程如下：

$$T = G_1 + G_2$$
$$= X_1 \cdot (X_3 + X_5) + X_4 \cdot (X_3 + X_2 \cdot X_5)$$
$$= X_1 X_3 + X_1 X_5 + X_3 X_4 + X_2 X_4 X_5$$

（四）事故树的定性分析

（1）目的：发现顶上事件发生的各种可能途径，从结构上确认各基本事件对顶上事件发生的影响程度，并选择控制顶上事件发生的最佳方案。

（2）内容：利用布尔代数化简事故树，求取最小割集，并根据最小割集作等效事故树，进行基本事件的结构重要度分析。

①割集：事故树中，把那些能导致顶上事件发生的全部发生的基本事件的集合称作割集。

②最小割集：当割集是引起顶上事件发生所必需的最低限度发生的基本事件集合时，这些基本事件的集合称为最小割集。

（3）基本事件 X 的状态与顶上事件 T 的状态。上例中，基本事件 X 的状态总共有32种组合，每一种组合的基本事件 X 的状态决定了顶上事件 T 的发生状态。如表8.6所示。

表8.6　　　　　　　　　　　基本事件 X 的状态与顶上事件 T 的状态结果

X_1	X_2	X_3	X_4	X_5	T	X_1	X_2	X_3	X_4	X_5	T
0	0	0	0	0	0	0	0	1	1	1	1
0	0	0	0	1	0	1	0	0	0	1	1
0	0	0	1	0	0	1	0	0	1	1	1
0	0	1	0	0	0	1	0	1	0	0	1
0	1	0	0	0	0	1	1	1	0	1	1
1	0	0	0	0	0	1	0	1	1	0	1
0	0	0	1	1	0	1	1	1	1	1	1
0	0	1	0	1	0	0	1	0	1	1	1
1	0	0	1	0	0	0	1	1	1	0	1
0	1	0	0	1	0	0	1	1	1	1	1
0	1	0	1	0	0	1	1	0	0	1	1
0	1	1	0	0	0	1	1	0	1	1	1
0	1	1	0	1	0	1	1	1	0	0	1
1	1	0	0	0	0	1	0	1	0	1	1
1	1	0	1	0	0	1	1	1	1	0	1
0	0	1	1	0	1	1	0	1	1	1	1

根据表 8.6 的分析结果，得到上例中所有的 T 值为 1 的发生的基本事件的集合构成一个割集。上例共有 17 个最小割集。具体结果如下：

$\{X_3, X_4\}$，$\{X_1, X_3\}$，$\{X_1, X_5\}$，$\{X_1, X_4, X_5\}$，$\{X_1, X_3, X_5\}$，$\{X_1, X_3, X_4\}$，$\{X_3, X_4, X_5\}$，$\{X_2, X_4, X_5\}$，$\{X_2, X_3, X_4\}$，$\{X_1, X_2, X_5\}$，$\{X_1, X_2, X_3\}$，$\{X_2, X_3, X_4, X_5\}$，$\{X_1, X_2, X_4, X_5\}$，$\{X_1, X_2, X_3, X_5\}$，$\{X_1, X_2, X_3, X_4\}$，$\{X_1, X_3, X_4, X_5\}$，$\{X_1, X_2, X_3, X_4, X_5\}$

割集中互相不包含的集合构成最小割集。最小割集共有 4 个，结果如下：

$\{X_3, X_4\}$，$\{X_1, X_3\}$，$\{X_1, X_5\}$，$\{X_2, X_4, X_5\}$

（4）根据结构函数确定最小割集。先写出事故树的结构函数，并进行化简，最后将化简后所得的交集分别表示为集合形式，即为事故树的最小割集。由此得到上例中的最小割集为 4 个，这样的方法更加简单：

$\{X_3, X_4\}$，$\{X_1, X_3\}$，$\{X_1, X_5\}$，$\{X_2, X_4, X_5\}$

每一个最小割集都是事故发生的一种可能，事故树中最小割集越多，系统越危险。在各个基本事件发生概率都近似相等的情况下，一个事件的割集比两个事件的割集容易发生，两个比三个容易发生，所以通过给少事件割集增加基本事件的办法，可大大提高系统的安全性。

（5）基本事件的结构重要度。结构重要度分析不考虑基本事件的发生概率，仅从基本事件在事故树中所占地位看哪些事件重要。设最小割集表示的事故树中，每个最小割集对顶上事件同样重要，且同一最小割集中每一个事件对该割集也同样重要。基本事件的结构重要度（$I_k(i)$）的计算公式如下：

$$I_K(i) = \frac{1}{k} \sum_{j=1}^{k} \frac{1}{m_j}$$

式中：K——最小割集的数量；

m_j——包含基本事件 i 的最小割集 K_j 中基本事件的个数。

例：根据上例的事故树图，求基本事件的结构重要度。

解：

$$I_K(1) = \frac{1}{4} \times \left(\frac{1}{2} + \frac{1}{2} \right) = \frac{1}{4}$$

$$I_K(2) = \frac{1}{4} \times \left(\frac{1}{3} \right) = \frac{1}{12}$$

$$I_K(3) = \frac{1}{4} \times \left(\frac{1}{2} + \frac{1}{2} \right) = \frac{1}{4}$$

$$I_K(4) = \frac{1}{4} \times \left(\frac{1}{2} + \frac{1}{3} \right) = \frac{5}{24}$$

$$I_K(5) = \frac{1}{4} \times \left(\frac{1}{2} + \frac{1}{3} \right) = \frac{5}{24}$$

画等效事故树图（如图 8.8 所示）。

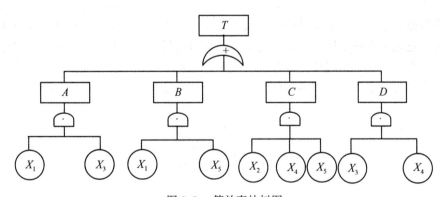

图 8.8 等效事故树图

（五）事故树的定量分析

（1）内容：计算顶上事件发生概率以及基本事件的概率重要度、相对概率重要度。

（2）目的：求出顶上事件发生概率并与目标值进行比较，超过目标值时需采取防护措施。

（3）计算顶上事件发生概率。

① 当事故树中没有重复的基本事件时。

对于与门连接的事故树：

$$P_T = \prod_{i=1}^{n} P_i = P_1 \cdot P_2 \cdots P_n \quad (i = 1, 2 \cdots n)$$

对于或门连接的事故树：

$$P_T = 1 - \prod_{i=1}^{n} (1 - P_i) = 1 - (1 - P_1) \cdot (1 - P_2) \cdots (1 - P_n) \quad (i = 1, 2 \cdots n)$$

② 不管事故树中有、无重复的基本事件时，利用最小割集进行求解

$$P_T = \sum_{r=1}^{K} \prod_{i \in K_r} P_i - \sum_{1 \leqslant r \angle s \leqslant K} \prod_{i \in K_r \cup K_s} P_i + \sum_{1 \leqslant r \angle s \angle m \leqslant K} \prod_{i \in K_r \cup K_s \cup K_m} P_i + \cdots + (-1)^{K-1} \prod_{i=1}^{n} P_i$$

式中，K—— 最小割集的个数；

r、s、m—— 最小割集的序号；

n—— 事故树中不重复的基本事件个数；

$i \in K_r$—— 总数为 K 的第 r 个最小割集中第 i 个基本事件；

$1 \leqslant r < s \leqslant K_r$——$K$ 个最小割集中第 r、s 个最小割集的组合；

$i \in K_r \cup K_s$—— 属于第 r 个或第 s 个最小割集中第 i 个基本事件；

$1 \leqslant r < s < m \leqslant K_r$——$K$ 个最小割集中第 r、s、m 个最小割集的组合；

$i \in K_r \cup K_s \cup K_m$—— 属于第 r 个或第 s 个或第 m 个最小割集中第 i 个基本事件。

(4) 基本事件的概率重要度 $I_P(i)$。反映基本事件的概率变化量对顶上事件概率变化的影响程度，其计算公式如下：

$$I_P(i) = \frac{\partial P_T}{\partial P_i}$$

(5) 基本事件的临界重要度 $C_P(i)$。一般情况下，降低概率值大的基本事件的发生概率要比降低概率值小的基本事件的发生概率更容易些。但基本事件的概率重要度未能反映这一事实，它仍不能从本质上反映各基本事件在事故树中的重要程度。因此，需要用基本事件发生概率的变化率引起顶上事件发生概率的变化率来表示各基本事件的重要度，即用相对变化率的比值来衡量各基本事件的重要度，这就是各基本事件的临界重要度，其计算公式如下：

$$C_P(i) = \frac{\dfrac{\partial P_T}{P_T}}{\dfrac{\partial P_i}{P_i}} = \frac{P_i}{P_T} I_P(i)$$

例：设事故树的最小割集为 $\{X_1, X_3\}$，$\{X_2, X_4, X_5\}$，$\{X_1, X_5\}$，$\{X_3, X_4\}$；设基本事件 X_1、X_2、X_3、X_4、X_5 的发生概率分别为 0.01，0.02，0.03，0.04，0.05。求顶上事件的发生概率及各基本事件的概率重要度和临界重要度。

解：

$$P_T = (P_1 P_3 + P_1 P_5 + P_3 P_4 + P_2 P_4 P_5)$$
$$\quad - (P_1 P_3 P_5 + P_1 P_3 P_4 + P_1 P_2 P_3 P_4 P_5 + P_1 P_3 P_4 P_5 + P_1 P_2 P_4 P_5 + P_2 P_3 P_4 P_5)$$
$$\quad + (P_1 P_3 P_4 P_5 + 3 P_1 P_2 P_3 P_4 P_5) - P_1 P_2 P_3 P_4 P_5$$

$$P_T = P_1 P_3 + P_1 P_5 + P_3 P_4 + P_2 P_4 P_5 - P_1 P_3 P_5 - P_1 P_3 P_4$$
$$\qquad - P_1 P_2 P_4 P_5 - P_2 P_3 P_4 P_5 + P_1 P_2 P_3 P_4 P_5$$

$$P_T \approx 0.002$$

$$I_p(1) = \frac{\partial P_T}{\partial P_1}$$
$$\qquad = P_3 + P_5 - P_3 P_5 - P_3 P_4 - P_2 P_4 P_5 + P_2 P_3 P_4 P_5$$
$$\qquad = 0.0773$$

$$I_p(2) = \frac{\partial P_T}{\partial P_2}$$
$$\qquad = P_4 P_5 - P_1 P_4 P_5 - P_3 P_4 P_5 + P_1 P_3 P_4 P_5$$
$$\qquad = 0.0019$$

$$I_p(3) = \frac{\partial P_T}{\partial P_3}$$
$$\qquad = P_1 + P_4 - P_1 P_5 - P_1 P_4 - P_2 P_4 P_5 + P_1 P_2 P_4 P_5$$
$$\qquad = 0.049$$

$$I_p(4) = \frac{\partial P_T}{\partial P_4}$$
$$\qquad = P_3 + P_2 P_5 - P_1 P_3 - P_1 P_2 P_5 - P_2 P_3 P_5 + P_1 P_2 P_3 P_5$$
$$\qquad = 0.031$$

$$I_p(5) = \frac{\partial P_T}{\partial P_5}$$
$$\qquad = P_1 + P_2 P_4 - P_1 P_3 - P_1 P_2 P_4 - P_2 P_3 P_4 + P_1 P_2 P_3 P_4$$
$$\qquad = 0.01$$

$$C_p(1) = \frac{P_1}{P_T} \cdot I_P(1) = \frac{0.01}{0.002} \times 0.0773 \approx 0.4$$

$$C_p(2) = \frac{P_2}{P_T} \cdot I_P(2) = \frac{0.02}{0.002} \times 0.0773 \approx 0.02$$

$$C_p(3) = \frac{P_3}{P_T} \cdot I_P(3) = \frac{0.03}{0.002} \times 0.0773 \approx 0.074$$

$$C_p(4) = \frac{P_4}{P_T} \cdot I_P(4) = \frac{0.04}{0.002} \times 0.0773 \approx 0.62$$

$$C_p(5) = \frac{P_5}{P_T} \cdot I_P(5) = \frac{0.05}{0.002} \times 0.0773 \approx 0.25$$

$$I_p(1) > I_p(3) > I_p(4) > I_p(5) > I_p(2)$$
$$C_p(3) > C_p(4) > C_p(1) > C_p(5) > C_p(2)$$

与概率重要度相比，基本事例年 X_1 的临界重要程度下降了，这是因为它的发生概率最低。基本事件 X_3 最重要，这不仅是因为它的敏感度较大，而且是因为它本身的概率值也较大。

练习与案例

一、练习

(一)计算题

1. 有一由三元件构成的串并联混合系统，每个元件的可靠度均为 0.8，求系统的可靠度。

2. 求以下事故树的结构函数并画出等效事故树图。

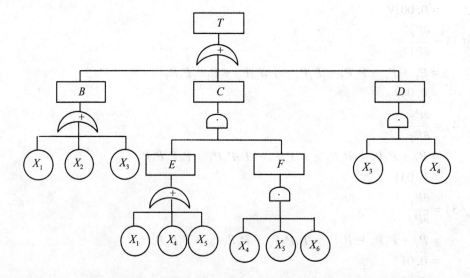

3. 根据如下电路图画出灯不亮的事故树图。假设开关的故障概率均为 0.1，求灯不亮的概率及各基本事件的结构重要度、概率重要度和相对概率重要度(设电源和灯完好)。

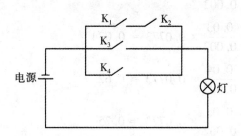

4. 某事故树图如下。设每一个基本事件的发生概率均为 0.1，试求事故树的最小割集，顶上事件的发生概率及各基本事件的结构重要度与概率重要度和临界重要度，并画出事故树的等效事故树图。

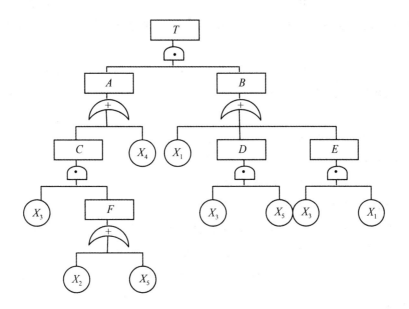

5. 在某事故树中，若顶上事件发生概率 $P_T = P_1P_2 + P_1P_3 + P_4$，$P_T = 0.002$，$P_1 = 0.01$，$P_2 = 0.02$，$P_3 = 0.02$，$P_1$、$P_2$、$P_3$、$P_4$ 分别代表基本事件 X_1、X_2、X_3、X_4 的发生概率，试求各个基本事件的临界重要度分别为多少。

（二）判断题

1. 事故树分析中，某些基本事件共同发生可能导致顶上事件发生，这些基本事件的集合，称为最小割集。（　　）

2. 事故树中最小割集越多，表示系统越危险。（　　）

3. 事故树是一种描述事故因果关系的有方向的树，它是安全系统工程中重要的分析方法。（　　）

4. 通过给少事件割集增加基本事件的办法，可大大提高系统的安全性。（　　）

5. 在事故树中，导致其他事故发生、只是某个逻辑门的输入事件而不是任何逻辑门的输出事件的事件，称为顶上事件。（　　）

6. 在绘制事故树时，事件 B_1 和 B_2 中有一个发生，事件 A 就会发生，则应使用或门表示三者的逻辑关系。（　　）

（三）单项选择题

1. 事故树属于树形图，它的根部表示＿＿＿＿＿＿，末梢表示＿＿＿＿＿，树杈为中间事件。

　　A. 顶上事件、基本事件　　　　　　　B. 基本事件、中间事件

　　C. 基本事件、顶上事件　　　　　　　D. 中间事件、顶上事件

2. a 和 b 为某集合中的两个子集，根据布尔代数的运算定律，布尔代数式 $a(a+b)$ 的简化式为＿＿＿＿＿＿。

　　　A. b　　　　　　　B. ab　　　　　　　C. a　　　　　　　D. $a+b$

3. a 和 b 为某集合中的两个子集，根据布尔代数的运算定律，布尔代数式 $a+ab$ 的简化式为＿＿＿＿＿＿。

　　　A. a　　　　　　　B. ab　　　　　　　C. b　　　　　　　D. $a+b$

4. 某事故树的最小割集为：$K_1=\{X_1\}$，$K_2=\{X_2,X_3\}$，$K_3=\{X_2,X_4,X_5\}$，则结构重要度为＿＿＿＿＿＿。

　　　A. $I_K(4)>I_K(2)>I_K(3)>I_K(1)=I_K(5)$

　　　B. $I_K(1)>I_K(2)>I_K(3)>I_K(4)=I_K(5)$

　　　C. $I_K(1)>I_K(5)>I_K(3)>I_K(4)=I_K(2)$

　　　D. $I_K(5)>I_K(3)>I_K(2)>I_K(1)=I_K(4)$

5. 求出事故树最小割集，就可以掌握事故发生的各种可能，了解系统＿＿＿＿＿＿的大小，为安全评价、事故调查和事故预防提供依据。

　　　A. 稳定性　　　　　B. 危险性　　　　　C. 风险率　　　　　D. 可靠度

二、案例

1. 某钢铁厂锅炉停用数月后重新点火运行，当时锅炉没有安全阀，压力表也失灵。因为锅炉超压运行，结果在发生锅炉爆炸事故，锅炉工受重伤。主要原因：①锅炉安全装置不齐；②锅炉工缺乏安全意识，平时没有加强对锅炉的维护，在操作锅炉前没有对锅炉进行安全检查。

◎ 思考：

试作出此事故的事故树图。

2. 煤气泄漏发生爆炸事故是泄漏的煤气遇到明火引起的。而发火事件的产生，一方面可能由于设备产生的电火花造成自然发火，另一方面可能由于人没有注意到煤气泄漏，点火抽烟，人为发火。而造成煤气泄漏事故的原因，一方面可能是忘记关闭煤气开关，另一方面也可能是煤气设备故障。

◎ 思考：

造成煤气设备故障的原因可能是管道被腐蚀造成损坏，煤气开关发生故障，煤气调节器发生故障。试作出煤气泄漏事故的事故树图。

附录1　中华人民共和国安全生产法

第一章　总　则

　　第一条　为了加强安全生产工作，防止和减少生产安全事故，保障人民群众生命和财产安全，促进经济社会持续健康发展，制定本法。

　　第二条　在中华人民共和国领域内从事生产经营活动的单位（以下统称生产经营单位）的安全生产，适用本法；有关法律、行政法规对消防安全和道路交通安全、铁路交通安全、水上交通安全、民用航空安全以及核与辐射安全、特种设备安全另有规定的，适用其规定。

　　第三条　安全生产工作应当以人为本，坚持安全发展，坚持安全第一、预防为主、综合治理的方针，强化和落实生产经营单位的主体责任，建立生产经营单位负责、职工参与、政府监管、行业自律和社会监督的机制。

　　第四条　生产经营单位必须遵守本法和其他有关安全生产的法律、法规，加强安全生产管理，建立、健全安全生产责任制和安全生产规章制度，改善安全生产条件，推进安全生产标准化建设，提高安全生产水平，确保安全生产。

　　第五条　生产经营单位的主要负责人对本单位的安全生产工作全面负责。

　　第六条　生产经营单位的从业人员有依法获得安全生产保障的权利，并应当依法履行安全生产方面的义务。

　　第七条　工会依法对安全生产工作进行监督。生产经营单位的工会依法组织职工参加本单位安全生产工作的民主管理和民主监督，维护职工在安全生产方面的合法权益。生产经营单位制定或者修改有关安全生产的规章制度，应当听取工会的意见。

　　第八条　国务院和县级以上地方各级人民政府应当根据国民经济和社会发展规划制定安全生产规划，并组织实施。安全生产规划应当与城乡规划相衔接。

　　国务院和县级以上地方各级人民政府应当加强对安全生产工作的领导，支持、督促各有关部门依法履行安全生产监督管理职责，建立健全安全生产工作协调机制，及时协调、解决安全生产监督管理中存在的重大问题。

　　乡、镇人民政府以及街道办事处、开发区管理机构等地方人民政府的派出机关应当按照职责，加强对本行政区域内生产经营单位安全生产状况的监督检查，协助上级人民政府有关部门依法履行安全生产监督管理职责。

　　第九条　国务院安全生产监督管理部门依照本法，对全国安全生产工作实施综合监督管理；县级以上地方各级人民政府安全生产监督管理部门依照本法，对本行政区域内安全生产工作实施综合监督管理。

国务院有关部门依照本法和其他有关法律、行政法规的规定，在各自的职责范围内对有关行业、领域的安全生产工作实施监督管理；县级以上地方各级人民政府有关部门依照本法和其他有关法律、法规的规定，在各自的职责范围内对有关行业、领域的安全生产工作实施监督管理。

安全生产监督管理部门和对有关行业、领域的安全生产工作实施监督管理的部门，统称负有安全生产监督管理职责的部门。

第十条　国务院有关部门应当按照保障安全生产的要求，依法及时制定有关的国家标准或者行业标准，并根据科技进步和经济发展适时修订。

生产经营单位必须执行依法制定的保障安全生产的国家标准或者行业标准。

第十一条　各级人民政府及其有关部门应当采取多种形式，加强对有关安全生产的法律、法规和安全生产知识的宣传，增强全社会的安全生产意识。

第十二条　有关协会组织依照法律、行政法规和章程，为生产经营单位提供安全生产方面的信息、培训等服务，发挥自律作用，促进生产经营单位加强安全生产管理。

第十三条　依法设立的为安全生产提供技术、管理服务的机构，依照法律、行政法规和执业准则，接受生产经营单位的委托为其安全生产工作提供技术、管理服务。

生产经营单位委托前款规定的机构提供安全生产技术、管理服务的，保证安全生产的责任仍由本单位负责。

第十四条　国家实行生产安全事故责任追究制度，依照本法和有关法律、法规的规定，追究生产安全事故责任人员的法律责任。

第十五条　国家鼓励和支持安全生产科学技术研究和安全生产先进技术的推广应用，提高安全生产水平。

第十六条　国家对在改善安全生产条件、防止生产安全事故、参加抢险救护等方面取得显著成绩的单位和个人，给予奖励。

第二章　生产经营单位的安全生产保障

第十七条　生产经营单位应当具备本法和有关法律、行政法规和国家标准或者行业标准规定的安全生产条件；不具备安全生产条件的，不得从事生产经营活动。

第十八条　生产经营单位的主要负责人对本单位安全生产工作负有下列职责：

（一）建立、健全本单位安全生产责任制；

（二）组织制定本单位安全生产规章制度和操作规程；

（三）组织制定并实施本单位安全生产教育和培训计划；

（四）保证本单位安全生产投入的有效实施；

（五）督促、检查本单位的安全生产工作，及时消除生产安全事故隐患；

（六）组织制定并实施本单位的生产安全事故应急救援预案；

（七）及时、如实报告生产安全事故。

第十九条　生产经营单位的安全生产责任制应当明确各岗位的责任人员、责任范围和考核标准等内容。生产经营单位应当建立相应的机制，加强对安全生产责任制落实情况的监督考核，保证安全生产责任制的落实。

第二十条 生产经营单位应当具备的安全生产条件所必需的资金投入,由生产经营单位的决策机构、主要负责人或者个人经营的投资人予以保证,并对由于安全生产所必需的资金投入不足导致的后果承担责任。

有关生产经营单位应当按照规定提取和使用安全生产费用,专门用于改善安全生产条件。安全生产费用在成本中据实列支。安全生产费用提取、使用和监督管理的具体办法由国务院财政部门会同国务院安全生产监督管理部门征求国务院有关部门意见后制定。

第二十一条 矿山、金属冶炼、建筑施工、道路运输单位和危险物品的生产、经营、储存单位,应当设置安全生产管理机构或者配备专职安全生产管理人员。

前款规定以外的其他生产经营单位,从业人员超过一百人的,应当设置安全生产管理机构或者配备专职安全生产管理人员;从业人员在一百人以下的,应当配备专职或者兼职的安全生产管理人员。

第二十二条 生产经营单位的安全生产管理机构以及安全生产管理人员履行下列职责:

(一)组织或者参与拟订本单位安全生产规章制度、操作规程和生产安全事故应急救援预案;

(二)组织或者参与本单位安全生产教育和培训,如实记录安全生产教育和培训情况;

(三)督促落实本单位重大危险源的安全管理措施;

(四)组织或者参与本单位应急救援演练;

(五)检查本单位的安全生产状况,及时排查生产安全事故隐患,提出改进安全生产管理的建议;

(六)制止和纠正违章指挥、强令冒险作业、违反操作规程的行为;

(七)督促落实本单位安全生产整改措施。

第二十三条 生产经营单位的安全生产管理机构以及安全生产管理人员应当恪尽职守,依法履行职责。生产经营单位作出涉及安全生产的经营决策,应当听取安全生产管理机构以及安全生产管理人员的意见。

生产经营单位不得因安全生产管理人员依法履行职责而降低其工资、福利等待遇或者解除与其订立的劳动合同。危险物品的生产、储存单位以及矿山、金属冶炼单位的安全生产管理人员的任免,应当告知主管的负有安全生产监督管理职责的部门。

第二十四条 生产经营单位的主要负责人和安全生产管理人员必须具备与本单位所从事的生产经营活动相应的安全生产知识和管理能力。

危险物品的生产、经营、储存单位以及矿山、金属冶炼、建筑施工、道路运输单位的主要负责人和安全生产管理人员,应当由主管的负有安全生产监督管理职责的部门对其安全生产知识和管理能力考核合格。考核不得收费。

危险物品的生产、储存单位以及矿山、金属冶炼单位应当有注册安全工程师从事安全生产管理工作。鼓励其他生产经营单位聘用注册安全工程师从事安全生产管理工作。注册安全工程师按专业分类管理,具体办法由国务院人力资源和社会保障部门、国务院安全生产监督管理部门会同国务院有关部门制定。

第二十五条 生产经营单位应当对从业人员进行安全生产教育和培训,保证从业人员具备必要的安全生产知识，熟悉有关的安全生产规章制度和安全操作规程，掌握本岗位的安全操作技能，了解事故应急处理措施，知悉自身在安全生产方面的权利和义务。

未经安全生产教育和培训合格的从业人员，不得上岗作业。

生产经营单位使用被派遣劳动者的，应当将被派遣劳动者纳入本单位从业人员统一管理，对被派遣劳动者进行岗位安全操作规程和安全操作技能的教育和培训。劳务派遣单位应当对被派遣劳动者进行必要的安全生产教育和培训。

生产经营单位接收中等职业学校、高等学校学生实习的，应当对实习学生进行相应的安全生产教育和培训，提供必要的劳动防护用品。学校应当协助生产经营单位对实习学生进行安全生产教育和培训。

生产经营单位应当建立安全生产教育和培训档案，如实记录安全生产教育和培训的时间、内容、参加人员以及考核结果等情况。

第二十六条 生产经营单位采用新工艺、新技术、新材料或者使用新设备，必须了解、掌握其安全技术特性，采取有效的安全防护措施，并对从业人员进行专门的安全生产教育和培训。

第二十七条 生产经营单位的特种作业人员必须按照国家有关规定经专门的安全作业培训，取得相应资格，方可上岗作业。

特种作业人员的范围由国务院安全生产监督管理部门会同国务院有关部门确定。

第二十八条 生产经营单位新建、改建、扩建工程项目（以下统称建设项目）的安全设施，必须与主体工程同时设计、同时施工、同时投入生产和使用。安全设施投资应当纳入建设项目概算。

第二十九条 矿山、金属冶炼建设项目和用于生产、储存、装卸危险物品的建设项目，应当按照国家有关规定进行安全评价。

第三十条 建设项目安全设施的设计人、设计单位应当对安全设施设计负责。

矿山、金属冶炼建设项目和用于生产、储存、装卸危险物品的建设项目的安全设施设计应当按照国家有关规定报经有关部门审查，审查部门及其负责审查的人员对审查结果负责。

第三十一条 矿山、金属冶炼建设项目和用于生产、储存、装卸危险物品的建设项目的施工单位必须按照批准的安全设施设计施工，并对安全设施的工程质量负责。

矿山、金属冶炼建设项目和用于生产、储存危险物品的建设项目竣工投入生产或者使用前，应当由建设单位负责组织对安全设施进行验收；验收合格后，方可投入生产和使用。安全生产监督管理部门应当加强对建设单位验收活动和验收结果的监督核查。

第三十二条 生产经营单位应当在有较大危险因素的生产经营场所和有关设施、设备上，设置明显的安全警示标志。

第三十三条 安全设备的设计、制造、安装、使用、检测、维修、改造和报废，应当符合国家标准或者行业标准。

生产经营单位必须对安全设备进行经常性维护、保养，并定期检测，保证正常运转。维护、保养、检测应当作好记录，并由有关人员签字。

第三十四条 生产经营单位使用的危险物品的容器、运输工具，以及涉及人身安全、危险性较大的海洋石油开采特种设备和矿山井下特种设备，必须按照国家有关规定，由专业生产单位生产，并经具有专业资质的检测、检验机构检测、检验合格，取得安全使用证或者安全标志，方可投入使用。检测、检验机构对检测、检验结果负责。

第三十五条　国家对严重危及生产安全的工艺、设备实行淘汰制度，具体目录由国务院安全生产监督管理部门会同国务院有关部门制定并公布。法律、行政法规对目录的制定另有规定的，适用其规定。

省、自治区、直辖市人民政府可以根据本地区实际情况制定并公布具体目录，对前款规定以外的危及生产安全的工艺、设备予以淘汰。

生产经营单位不得使用应当淘汰的危及生产安全的工艺、设备。

第三十六条　生产、经营、运输、储存、使用危险物品或者处置废弃危险物品的，由有关主管部门依照有关法律、法规的规定和国家标准或者行业标准审批并实施监督管理。

生产经营单位生产、经营、运输、储存、使用危险物品或者处置废弃危险物品，必须执行有关法律、法规和国家标准或者行业标准，建立专门的安全管理制度，采取可靠的安全措施，接受有关主管部门依法实施的监督管理。

第三十七条　生产经营单位对重大危险源应当登记建档，进行定期检测、评估、监控，并制定应急预案，告知从业人员和相关人员在紧急情况下应当采取的应急措施。

生产经营单位应当按照国家有关规定将本单位重大危险源及有关安全措施、应急措施报有关地方人民政府安全生产监督管理部门和有关部门备案。

第三十八条　生产经营单位应当建立健全生产安全事故隐患排查治理制度，采取技术、管理措施，及时发现并消除事故隐患。事故隐患排查治理情况应当如实记录，并向从业人员通报。

县级以上地方各级人民政府负有安全生产监督管理职责的部门应当建立健全重大事故隐患治理督办制度，督促生产经营单位消除重大事故隐患。

第三十九条　生产、经营、储存、使用危险物品的车间、商店、仓库不得与员工宿舍在同一座建筑物内，并应当与员工宿舍保持安全距离。

生产经营场所和员工宿舍应当设有符合紧急疏散要求、标志明显、保持畅通的出口。禁止锁闭、封堵生产经营场所或者员工宿舍的出口。

第四十条　生产经营单位进行爆破、吊装以及国务院安全生产监督管理部门会同国务院有关部门规定的其他危险作业，应当安排专门人员进行现场安全管理，确保操作规程的遵守和安全措施的落实。

第四十一条　生产经营单位应当教育和督促从业人员严格执行本单位的安全生产规章制度和安全操作规程；并向从业人员如实告知作业场所和工作岗位存在的危险因素、防范措施以及事故应急措施。

第四十二条　生产经营单位必须为从业人员提供符合国家标准或者行业标准的劳动防护用品，并监督、教育从业人员按照使用规则佩戴、使用。

第四十三条　生产经营单位的安全生产管理人员应当根据本单位的生产经营特点，对安全生产状况进行经常性检查；对检查中发现的安全问题，应当立即处理；不能处理的，应当及时报告本单位有关负责人，有关负责人应当及时处理。检查及处理情况应当如实记录在案。

生产经营单位的安全生产管理人员在检查中发现重大事故隐患，依照前款规定向本单位有关负责人报告，有关负责人不及时处理的，安全生产管理人员可以向主管的负有安全生产监督管理职责的部门报告，接到报告的部门应当依法及时处理。

第四十四条　生产经营单位应当安排用于配备劳动防护用品、进行安全生产培训的经费。

第四十五条　两个以上生产经营单位在同一作业区域内进行生产经营活动，可能危及对方生产安全的，应当签订安全生产管理协议，明确各自的安全生产管理职责和应当采取的安全措施，并指定专职安全生产管理人员进行安全检查与协调。

第四十六条　生产经营单位不得将生产经营项目、场所、设备发包或者出租给不具备安全生产条件或者相应资质的单位或者个人。

生产经营项目、场所发包或者出租给其他单位的，生产经营单位应当与承包单位、承租单位签订专门的安全生产管理协议，或者在承包合同、租赁合同中约定各自的安全生产管理职责；生产经营单位对承包单位、承租单位的安全生产工作统一协调、管理，定期进行安全检查，发现安全问题的，应当及时督促整改。

第四十七条　生产经营单位发生生产安全事故时，单位的主要负责人应当立即组织抢救，并不得在事故调查处理期间擅离职守。

第四十八条　生产经营单位必须依法参加工伤保险，为从业人员缴纳保险费。国家鼓励生产经营单位投保安全生产责任保险。

第三章　从业人员的安全生产权利义务

第四十九条　生产经营单位与从业人员订立的劳动合同，应当载明有关保障从业人员劳动安全、防止职业危害的事项，以及依法为从业人员办理工伤保险的事项。

生产经营单位不得以任何形式与从业人员订立协议，免除或者减轻其对从业人员因生产安全事故伤亡依法应承担的责任。

第五十条　生产经营单位的从业人员有权了解其作业场所和工作岗位存在的危险因素、防范措施及事故应急措施，有权对本单位的安全生产工作提出建议。

第五十一条　从业人员有权对本单位安全生产工作中存在的问题提出批评、检举、控告；有权拒绝违章指挥和强令冒险作业。

生产经营单位不得因从业人员对本单位安全生产工作提出批评、检举、控告或者拒绝违章指挥、强令冒险作业而降低其工资、福利等待遇或者解除与其订立的劳动合同。

第五十二条　从业人员发现直接危及人身安全的紧急情况时，有权停止作业或者在采取可能的应急措施后撤离作业场所。

生产经营单位不得因从业人员在前款紧急情况下停止作业或者采取紧急撤离措施而降低其工资、福利等待遇或者解除与其订立的劳动合同。

第五十三条　因生产安全事故受到损害的从业人员，除依法享有工伤保险外，依照有关民事法律尚有获得赔偿的权利的，有权向本单位提出赔偿要求。

第五十四条　从业人员在作业过程中，应当严格遵守本单位的安全生产规章制度和操作规程，服从管理，正确佩戴和使用劳动防护用品。

第五十五条 从业人员应当接受安全生产教育和培训，掌握本职工作所需的安全生产知识，提高安全生产技能，增强事故预防和应急处理能力。

第五十六条 从业人员发现事故隐患或者其他不安全因素，应当立即向现场安全生产管理人员或者本单位负责人报告；接到报告的人员应当及时予以处理。

第五十七条 工会有权对建设项目的安全设施与主体工程同时设计、同时施工、同时投入生产和使用进行监督，提出意见。

工会对生产经营单位违反安全生产法律、法规，侵犯从业人员合法权益的行为，有权要求纠正；发现生产经营单位违章指挥、强令冒险作业或者发现事故隐患时，有权提出解决的建议，生产经营单位应当及时研究答复；发现危及从业人员生命安全的情况时，有权向生产经营单位建议组织从业人员撤离危险场所，生产经营单位必须立即作出处理。

工会有权依法参加事故调查，向有关部门提出处理意见，并要求追究有关人员的责任。

第五十八条 生产经营单位使用被派遣劳动者的，被派遣劳动者享有本法规定的从业人员的权利，并应当履行本法规定的从业人员的义务。

第四章 安全生产的监督管理

第五十九条 县级以上地方各级人民政府应当根据本行政区域内的安全生产状况，组织有关部门按照职责分工，对本行政区域内容易发生重大生产安全事故的生产经营单位进行严格检查。

安全生产监督管理部门应当按照分类分级监督管理的要求，制定安全生产年度监督检查计划，并按照年度监督检查计划进行监督检查，发现事故隐患，应当及时处理。

第六十条 负有安全生产监督管理职责的部门依照有关法律、法规的规定，对涉及安全生产的事项需要审查批准(包括批准、核准、许可、注册、认证、颁发证照等，下同)或者验收的，必须严格依照有关法律、法规和国家标准或者行业标准规定的安全生产条件和程序进行审查；不符合有关法律、法规和国家标准或者行业标准规定的安全生产条件的，不得批准或者验收通过。对未依法取得批准或者验收合格的单位擅自从事有关活动的，负责行政审批的部门发现或者接到举报后应当立即予以取缔，并依法予以处理。对已经依法取得批准的单位，负责行政审批的部门发现其不再具备安全生产条件的，应当撤销原批准。

第六十一条 负有安全生产监督管理职责的部门对涉及安全生产的事项进行审查、验收，不得收取费用；不得要求接受审查、验收的单位购买其指定品牌或者指定生产、销售单位的安全设备、器材或者其他产品。

第六十二条 安全生产监督管理部门和其他负有安全生产监督管理职责的部门依法开展安全生产行政执法工作，对生产经营单位执行有关安全生产的法律、法规和国家标准或者行业标准的情况进行监督检查，行使以下职权：

(一)进入生产经营单位进行检查，调阅有关资料，向有关单位和人员了解情况；

(二)对检查中发现的安全生产违法行为，当场予以纠正或者要求限期改正；对依法应当给予行政处罚的行为，依照本法和其他有关法律、行政法规的规定作出行政处罚决定；

（三）对检查中发现的事故隐患，应当责令立即排除；重大事故隐患排除前或者排除过程中无法保证安全的，应当责令从危险区域内撤出作业人员，责令暂时停产停业或者停止使用相关设施、设备；重大事故隐患排除后，经审查同意，方可恢复生产经营和使用；

（四）对有根据认为不符合保障安全生产的国家标准或者行业标准的设施、设备、器材以及违法生产、储存、使用、经营、运输的危险物品予以查封或者扣押，对违法生产、储存、使用、经营危险物品的作业场所予以查封，并依法作出处理决定。

监督检查不得影响被检查单位的正常生产经营活动。

第六十三条　生产经营单位对负有安全生产监督管理职责的部门的监督检查人员（以下统称安全生产监督检查人员）依法履行监督检查职责，应当予以配合，不得拒绝、阻挠。

第六十四条　安全生产监督检查人员应当忠于职守，坚持原则，秉公执法。安全生产监督检查人员执行监督检查任务时，必须出示有效的监督执法证件；对涉及被检查单位的技术秘密和业务秘密，应当为其保密。

第六十五条　安全生产监督检查人员应当将检查的时间、地点、内容、发现的问题及其处理情况，作出书面记录，并由检查人员和被检查单位的负责人签字；被检查单位的负责人拒绝签字的，检查人员应当将情况记录在案，并向负有安全生产监督管理职责的部门报告。

第六十六条　负有安全生产监督管理职责的部门在监督检查中，应当互相配合，实行联合检查；确需分别进行检查的，应当互通情况，发现存在的安全问题应当由其他有关部门进行处理的，应当及时移送其他有关部门并形成记录备查，接受移送的部门应当及时进行处理。

第六十七条　负有安全生产监督管理职责的部门依法对存在重大事故隐患的生产经营单位作出停产停业、停止施工、停止使用相关设施或者设备的决定，生产经营单位应当依法执行，及时消除事故隐患。生产经营单位拒不执行，有发生生产安全事故的现实危险的，在保证安全的前提下，经本部门主要负责人批准，负有安全生产监督管理职责的部门可以采取通知有关单位停止供电、停止供应民用爆炸物品等措施，强制生产经营单位履行决定。通知应当采用书面形式，有关单位应当予以配合。

负有安全生产监督管理职责的部门依照前款规定采取停止供电措施，除有危及生产安全的紧急情形外，应当提前二十四小时通知生产经营单位。生产经营单位依法履行行政决定、采取相应措施消除事故隐患的，负有安全生产监督管理职责的部门应当及时解除前款规定的措施。

第六十八条　监察机关依照行政监察法的规定，对负有安全生产监督管理职责的部门及其工作人员履行安全生产监督管理职责实施监察。

第六十九条　承担安全评价、认证、检测、检验的机构应当具备国家规定的资质条件，并对其作出的安全评价、认证、检测、检验的结果负责。

第七十条　负有安全生产监督管理职责的部门应当建立举报制度，公开举报电话、信箱或者电子邮件地址，受理有关安全生产的举报；受理的举报事项经调查核实后，应当形成书面材料；需要落实整改措施的，报经有关负责人签字并督促落实。

第七十一条　任何单位或者个人对事故隐患或者安全生产违法行为，均有权向负有安全生产监督管理职责的部门报告或者举报。

第七十二条　居民委员会、村民委员会发现其所在区域内的生产经营单位存在事故隐患或者安全生产违法行为时，应当向当地人民政府或者有关部门报告。

第七十三条　县级以上各级人民政府及其有关部门对报告重大事故隐患或者举报安全生产违法行为的有功人员，给予奖励。具体奖励办法由国务院安全生产监督管理部门会同国务院财政部门制定。

第七十四条　新闻、出版、广播、电影、电视等单位有进行安全生产公益宣传教育的义务，有对违反安全生产法律、法规的行为进行舆论监督的权利。

第七十五条　负有安全生产监督管理职责的部门应当建立安全生产违法行为信息库，如实记录生产经营单位的安全生产违法行为信息；对违法行为情节严重的生产经营单位，应当向社会公告，并通报行业主管部门、投资主管部门、国土资源主管部门、证券监督管理机构以及有关金融机构。

第五章　生产安全事故的应急救援与调查处理

第七十六条　国家加强生产安全事故应急能力建设，在重点行业、领域建立应急救援基地和应急救援队伍，鼓励生产经营单位和其他社会力量建立应急救援队伍，配备相应的应急救援装备和物资，提高应急救援的专业化水平。

国务院安全生产监督管理部门建立全国统一的生产安全事故应急救援信息系统，国务院有关部门建立健全相关行业、领域的生产安全事故应急救援信息系统。

第七十七条　县级以上地方各级人民政府应当组织有关部门制定本行政区域内生产安全事故应急救援预案，建立应急救援体系。

第七十八条　生产经营单位应当制定本单位生产安全事故应急救援预案，与所在地县级以上地方人民政府组织制定的生产安全事故应急救援预案相衔接，并定期组织演练。

第七十九条　危险物品的生产、经营、储存单位以及矿山、金属冶炼、城市轨道交通运营、建筑施工单位应当建立应急救援组织；生产经营规模较小的，可以不建立应急救援组织，但应当指定兼职的应急救援人员。

危险物品的生产、经营、储存、运输单位以及矿山、金属冶炼、城市轨道交通运营、建筑施工单位应当配备必要的应急救援器材、设备和物资，并进行经常性维护、保养，保证正常运转。

第八十条　生产经营单位发生生产安全事故后，事故现场有关人员应当立即报告本单位负责人。

单位负责人接到事故报告后，应当迅速采取有效措施，组织抢救，防止事故扩大，减少人员伤亡和财产损失，并按照国家有关规定立即如实报告当地负有安全生产监督管理职责的部门，不得隐瞒不报、谎报或者迟报，不得故意破坏事故现场、毁灭有关证据。

第八十一条　负有安全生产监督管理职责的部门接到事故报告后，应当立即按照国家有关规定上报事故情况。负有安全生产监督管理职责的部门和有关地方人民政府对事故情况不得隐瞒不报、谎报或者迟报。

第八十二条 有关地方人民政府和负有安全生产监督管理职责的部门的负责人接到生产安全事故报告后,应当按照生产安全事故应急救援预案的要求立即赶到事故现场,组织事故抢救。

参与事故抢救的部门和单位应当服从统一指挥,加强协同联动,采取有效的应急救援措施,并根据事故救援的需要采取警戒、疏散等措施,防止事故扩大和次生灾害的发生,减少人员伤亡和财产损失。

事故抢救过程中应当采取必要措施,避免或者减少对环境造成的危害。

任何单位和个人都应当支持、配合事故抢救,并提供一切便利条件。

第八十三条 事故调查处理应当按照科学严谨、依法依规、实事求是、注重实效的原则,及时、准确地查清事故原因,查明事故性质和责任,总结事故教训,提出整改措施,并对事故责任者提出处理意见。事故调查报告应当依法及时向社会公布。事故调查和处理的具体办法由国务院制定。

事故发生单位应当及时全面落实整改措施,负有安全生产监督管理职责的部门应当加强监督检查。

第八十四条 生产经营单位发生生产安全事故,经调查确定为责任事故的,除了应当查明事故单位的责任并依法予以追究外,还应当查明对安全生产的有关事项负有审查批准和监督职责的行政部门的责任,对有失职、渎职行为的,依照本法第八十七条的规定追究法律责任。

第八十五条 任何单位和个人不得阻挠和干涉对事故的依法调查处理。

第八十六条 县级以上地方各级人民政府安全生产监督管理部门应当定期统计分析本行政区域内发生生产安全事故的情况,并定期向社会公布。

第六章 法律责任

第八十七条 负有安全生产监督管理职责的部门的工作人员,有下列行为之一的,给予降级或者撤职的处分;构成犯罪的,依照刑法有关规定追究刑事责任:

(一)对不符合法定安全生产条件的涉及安全生产的事项予以批准或者验收通过的;

(二)发现未依法取得批准、验收的单位擅自从事有关活动或者接到举报后不予取缔或者不依法予以处理的;

(三)对已经依法取得批准的单位不履行监督管理职责,发现其不再具备安全生产条件而不撤销原批准或者发现安全生产违法行为不予查处的;

(四)在监督检查中发现重大事故隐患,不依法及时处理的。

负有安全生产监督管理职责的部门的工作人员有前款规定以外的滥用职权、玩忽职守、徇私舞弊行为的,依法给予处分;构成犯罪的,依照刑法有关规定追究刑事责任。

第八十八条 负有安全生产监督管理职责的部门,要求被审查、验收的单位购买其指定的安全设备、器材或者其他产品的,在对安全生产事项的审查、验收中收取费用的,由其上级机关或者监察机关责令改正,责令退还收取的费用;情节严重的,对直接负责的主管人员和其他直接责任人员依法给予处分。

第八十九条　承担安全评价、认证、检测、检验工作的机构，出具虚假证明的，没收违法所得；违法所得在十万元以上的，并处违法所得二倍以上五倍以下的罚款；没有违法所得或者违法所得不足十万元的，单处或者并处十万元以上二十万元以下的罚款；对其直接负责的主管人员和其他直接责任人员处二万元以上五万元以下的罚款；给他人造成损害的，与生产经营单位承担连带赔偿责任；构成犯罪的，依照刑法有关规定追究刑事责任。

对有前款违法行为的机构，吊销其相应资质。

第九十条　生产经营单位的决策机构、主要负责人或者个人经营的投资人不依照本法规定保证安全生产所必需的资金投入，致使生产经营单位不具备安全生产条件的，责令限期改正，提供必需的资金；逾期未改正的，责令生产经营单位停产停业整顿。

有前款违法行为，导致发生生产安全事故的，对生产经营单位的主要负责人给予撤职处分，对个人经营的投资人处二万元以上二十万元以下的罚款；构成犯罪的，依照刑法有关规定追究刑事责任。

第九十一条　生产经营单位的主要负责人未履行本法规定的安全生产管理职责的，责令限期改正；逾期未改正的，处二万元以上五万元以下的罚款，责令生产经营单位停产停业整顿。

生产经营单位的主要负责人有前款违法行为，导致发生生产安全事故的，给予撤职处分；构成犯罪的，依照刑法有关规定追究刑事责任。

生产经营单位的主要负责人依照前款规定受刑事处罚或者撤职处分的，自刑罚执行完毕或者受处分之日起，五年内不得担任任何生产经营单位的主要负责人；对重大、特别重大生产安全事故负有责任的，终身不得担任本行业生产经营单位的主要负责人。

第九十二条　生产经营单位的主要负责人未履行本法规定的安全生产管理职责，导致发生生产安全事故的，由安全生产监督管理部门依照下列规定处以罚款：

（一）发生一般事故的，处上一年年收入百分之三十的罚款；

（二）发生较大事故的，处上一年年收入百分之四十的罚款；

（三）发生重大事故的，处上一年年收入百分之六十的罚款；

（四）发生特别重大事故的，处上一年年收入百分之八十的罚款。

第九十三条　生产经营单位的安全生产管理人员未履行本法规定的安全生产管理职责的，责令限期改正；导致发生生产安全事故的，暂停或者撤销其与安全生产有关的资格；构成犯罪的，依照刑法有关规定追究刑事责任。

第九十四条　生产经营单位有下列行为之一的，责令限期改正，可以处五万元以下的罚款；逾期未改正的，责令停产停业整顿，并处五万元以上十万元以下的罚款，对其直接负责的主管人员和其他直接责任人员处一万元以上二万元以下的罚款：

（一）未按照规定设置安全生产管理机构或者配备安全生产管理人员的；

（二）危险物品的生产、经营、储存单位以及矿山、金属冶炼、建筑施工、道路运输单位的主要负责人和安全生产管理人员未按照规定经考核合格的；

（三）未按照规定对从业人员、被派遣劳动者、实习学生进行安全生产教育和培训，或者未按照规定如实告知有关的安全生产事项的；

(四)未如实记录安全生产教育和培训情况的;

(五)未将事故隐患排查治理情况如实记录或者未向从业人员通报的;

(六)未按照规定制定生产安全事故应急救援预案或者未定期组织演练的;

(七)特种作业人员未按照规定经专门的安全作业培训并取得相应资格,上岗作业的。

第九十五条　生产经营单位有下列行为之一的,责令停止建设或者停产停业整顿,限期改正;逾期未改正的,处五十万元以上一百万元以下的罚款,对其直接负责的主管人员和其他直接责任人员处二万元以上五万元以下的罚款;构成犯罪的,依照刑法有关规定追究刑事责任:

(一)未按照规定对矿山、金属冶炼建设项目或者用于生产、储存、装卸危险物品的建设项目进行安全评价的;

(二)矿山、金属冶炼建设项目或者用于生产、储存、装卸危险物品的建设项目没有安全设施设计或者安全设施设计未按照规定报经有关部门审查同意的;

(三)矿山、金属冶炼建设项目或者用于生产、储存、装卸危险物品的建设项目的施工单位未按照批准的安全设施设计施工的;

(四)矿山、金属冶炼建设项目或者用于生产、储存危险物品的建设项目竣工投入生产或者使用前,安全设施未经验收合格的。

第九十六条　生产经营单位有下列行为之一的,责令限期改正,可以处五万元以下的罚款;逾期未改正的,处五万元以上二十万元以下的罚款,对其直接负责的主管人员和其他直接责任人员处一万元以上二万元以下的罚款;情节严重的,责令停产停业整顿;构成犯罪的,依照刑法有关规定追究刑事责任:

(一)未在有较大危险因素的生产经营场所和有关设施、设备上设置明显的安全警示标志的;

(二)安全设备的安装、使用、检测、改造和报废不符合国家标准或者行业标准的;

(三)未对安全设备进行经常性维护、保养和定期检测的;

(四)未为从业人员提供符合国家标准或者行业标准的劳动防护用品的;

(五)危险物品的容器、运输工具,以及涉及人身安全、危险性较大的海洋石油开采特种设备和矿山井下特种设备未经具有专业资质的机构检测、检验合格,取得安全使用证或者安全标志,投入使用的;

(六)使用应当淘汰的危及生产安全的工艺、设备的。

第九十七条　未经依法批准,擅自生产、经营、运输、储存、使用危险物品或者处置废弃危险物品的,依照有关危险物品安全管理的法律、行政法规的规定予以处罚;构成犯罪的,依照刑法有关规定追究刑事责任。

第九十八条　生产经营单位有下列行为之一的,责令限期改正,可以处十万元以下的罚款;逾期未改正的,责令停产停业整顿,并处十万元以上二十万元以下的罚款,对其直接负责的主管人员和其他直接责任人员处二万元以上五万元以下的罚款;构成犯罪的,依照刑法有关规定追究刑事责任:

(一)生产、经营、运输、储存、使用危险物品或者处置废弃危险物品,未建立专门安全管理制度、未采取可靠的安全措施的;

（二）对重大危险源未登记建档，或者未进行评估、监控，或者未制定应急预案的；

（三）进行爆破、吊装以及国务院安全生产监督管理部门会同国务院有关部门规定的其他危险作业，未安排专门人员进行现场安全管理的；

（四）未建立事故隐患排查治理制度的。

第九十九条　生产经营单位未采取措施消除事故隐患的，责令立即消除或者限期消除；生产经营单位拒不执行的，责令停产停业整顿，并处十万元以上五十万元以下的罚款，对其直接负责的主管人员和其他直接责任人员处二万元以上五万元以下的罚款。

第一百条　生产经营单位将生产经营项目、场所、设备发包或者出租给不具备安全生产条件或者相应资质的单位或者个人的，责令限期改正，没收违法所得；违法所得十万元以上的，并处违法所得二倍以上五倍以下的罚款；没有违法所得或者违法所得不足十万元的，单处或者并处十万元以上二十万元以下的罚款；对其直接负责的主管人员和其他直接责任人员处一万元以上二万元以下的罚款；导致发生生产安全事故给他人造成损害的，与承包方、承租方承担连带赔偿责任。生产经营单位未与承包单位、承租单位签订专门的安全生产管理协议或者未在承包合同、租赁合同中明确各自的安全生产管理职责，或者未对承包单位、承租单位的安全生产统一协调、管理的，责令限期改正，可以处五万元以下的罚款，对其直接负责的主管人员和其他直接责任人员可以处一万元以下的罚款；逾期未改正的，责令停产停业整顿。

第一百零一条　两个以上生产经营单位在同一作业区域内进行可能危及对方安全生产的生产经营活动，未签订安全生产管理协议或者未指定专职安全生产管理人员进行安全检查与协调的，责令限期改正，可以处五万元以下的罚款，对其直接负责的主管人员和其他直接责任人员可以处一万元以下的罚款；逾期未改正的，责令停产停业。

第一百零二条　生产经营单位有下列行为之一的，责令限期改正，可以处五万元以下的罚款，对其直接负责的主管人员和其他直接责任人员可以处一万元以下的罚款；逾期未改正的，责令停产停业整顿；构成犯罪的，依照刑法有关规定追究刑事责任：

（一）生产、经营、储存、使用危险物品的车间、商店、仓库与员工宿舍在同一座建筑内，或者与员工宿舍的距离不符合安全要求的；

（二）生产经营场所和员工宿舍未设有符合紧急疏散需要、标志明显、保持畅通的出口，或者锁闭、封堵生产经营场所或者员工宿舍出口的。

第一百零三条　生产经营单位与从业人员订立协议，免除或者减轻其对从业人员因生产安全事故伤亡依法应承担的责任的，该协议无效；对生产经营单位的主要负责人、个人经营的投资人处二万元以上十万元以下的罚款。

第一百零四条　生产经营单位的从业人员不服从管理，违反安全生产规章制度或者操作规程的，由生产经营单位给予批评教育，依照有关规章制度给予处分；构成犯罪的，依照刑法有关规定追究刑事责任。

第一百零五条　违反本法规定，生产经营单位拒绝、阻碍负有安全生产监督管理职责的部门依法实施监督检查的，责令改正；拒不改正的，处二万元以上二十万元以下的罚款；对其直接负责的主管人员和其他直接责任人员处一万元以上二万元以下的罚款；构成犯罪的，依照刑法有关规定追究刑事责任。

第一百零六条　生产经营单位的主要负责人在本单位发生生产安全事故时，不立即组织抢救或者在事故调查处理期间擅离职守或者逃匿的，给予降级、撤职的处分，并由安全生产监督管理部门处上一年年收入百分之六十至百分之一百的罚款；对逃匿的处十五日以下拘留；构成犯罪的，依照刑法有关规定追究刑事责任。

生产经营单位的主要负责人对生产安全事故隐瞒不报、谎报或者迟报的，依照前款规定处罚。

第一百零七条　有关地方人民政府、负有安全生产监督管理职责的部门，对生产安全事故隐瞒不报、谎报或者迟报的，对直接负责的主管人员和其他直接责任人员依法给予处分；构成犯罪的，依照刑法有关规定追究刑事责任。

第一百零八条　生产经营单位不具备本法和其他有关法律、行政法规和国家标准或者行业标准规定的安全生产条件，经停产停业整顿仍不具备安全生产条件的，予以关闭；有关部门应当依法吊销其有关证照。

第一百零九条　发生生产安全事故，对负有责任的生产经营单位除要求其依法承担相应的赔偿等责任外，由安全生产监督管理部门依照下列规定处以罚款：

（一）发生一般事故的，处二十万元以上五十万元以下的罚款；

（二）发生较大事故的，处五十万元以上一百万元以下的罚款；

（三）发生重大事故的，处一百万元以上五百万元以下的罚款；

（四）发生特别重大事故的，处五百万元以上一千万元以下的罚款；情节特别严重的，处一千万元以上二千万元以下的罚款。

第一百一十条　本法规定的行政处罚，由安全生产监督管理部门和其他负有安全生产监督管理职责的部门按照职责分工决定。予以关闭的行政处罚由负有安全生产监督管理职责的部门报请县级以上人民政府按照国务院规定的权限决定；给予拘留的行政处罚由公安机关依照治安管理处罚法的规定决定。

第一百一十一条　生产经营单位发生生产安全事故造成人员伤亡、他人财产损失的，应当依法承担赔偿责任；拒不承担或者其负责人逃匿的，由人民法院依法强制执行。

生产安全事故的责任人未依法承担赔偿责任，经人民法院依法采取执行措施后，仍不能对受害人给予足额赔偿的，应当继续履行赔偿义务；受害人发现责任人有其他财产的，可以随时请求人民法院执行。

第七章　附　则

第一百一十二条　本法下列用语的含义：

危险物品，是指易燃易爆物品、危险化学品、放射性物品等能够危及人身安全和财产安全的物品。

重大危险源，是指长期地或者临时地生产、搬运、使用或者储存危险物品，且危险物品的数量等于或者超过临界量的单元（包括场所和设施）。

第一百一十三条　本法规定的生产安全一般事故、较大事故、重大事故、特别重大事故的划分标准由国务院规定。

国务院安全生产监督管理部门和其他负有安全生产监督管理职责的部门应当根据各自的职责分工，制定相关行业、领域重大事故隐患的判定标准。

第一百一十四条　本法自 2002 年 11 月 1 日起施行。

附录 2　生产安全事故报告和调查处理条例

第一章　总　则

第一条　为了规范生产安全事故的报告和调查处理，落实生产安全事故责任追究制度，防止和减少生产安全事故，根据《中华人民共和国安全生产法》和有关法律，制定本条例。

第二条　生产经营活动中发生的造成人身伤亡或者直接经济损失的生产安全事故的报告和调查处理，适用本条例；环境污染事故、核设施事故、国防科研生产事故的报告和调查处理不适用本条例。

第三条　根据生产安全事故（以下简称事故）造成的人员伤亡或者直接经济损失，事故一般分为以下等级：

（一）特别重大事故，是指造成 30 人以上死亡，或者 100 人以上重伤（包括急性工业中毒，下同），或者 1 亿元以上直接经济损失的事故；

（二）重大事故，是指造成 10 人以上 30 人以下死亡，或者 50 人以上 100 人以下重伤，或者 5000 万元以上 1 亿元以下直接经济损失的事故；

（三）较大事故，是指造成 3 人以上 10 人以下死亡，或者 10 人以上 50 人以下重伤，或者 1000 万元以上 5000 万元以下直接经济损失的事故；

（四）一般事故，是指造成 3 人以下死亡，或者 10 人以下重伤，或者 1000 万元以下直接经济损失的事故。

国务院安全生产监督管理部门可以会同国务院有关部门，制定事故等级划分的补充性规定。

本条第一款所称的"以上"包括本数，所称的"以下"不包括本数。

第四条　事故报告应当及时、准确、完整，任何单位和个人对事故不得迟报、漏报、谎报或者瞒报。

事故调查处理应当坚持实事求是、尊重科学的原则，及时、准确地查清事故经过、事故原因和事故损失，查明事故性质，认定事故责任，总结事故教训，提出整改措施，并对事故责任者依法追究责任。

第五条　县级以上人民政府应当依照本条例的规定，严格履行职责，及时、准确地完成事故调查处理工作。

事故发生地有关地方人民政府应当支持、配合上级人民政府或者有关部门的事故调查处理工作，并提供必要的便利条件。

参加事故调查处理的部门和单位应当互相配合，提高事故调查处理工作的效率。

第六条　工会依法参加事故调查处理，有权向有关部门提出处理意见。

第七条　任何单位和个人不得阻挠和干涉对事故的报告和依法调查处理。

第八条　对事故报告和调查处理中的违法行为，任何单位和个人有权向安全生产监督管理部门、监察机关或者其他有关部门举报，接到举报的部门应当依法及时处理。

第二章　事故报告

第九条　事故发生后，事故现场有关人员应当立即向本单位负责人报告；单位负责人接到报告后，应当于 1 小时内向事故发生地县级以上人民政府安全生产监督管理部门和负有安全生产监督管理职责的有关部门报告。

情况紧急时，事故现场有关人员可以直接向事故发生地县级以上人民政府安全生产监督管理部门和负有安全生产监督管理职责的有关部门报告。

第十条　安全生产监督管理部门和负有安全生产监督管理职责的有关部门接到事故报告后，应当依照下列规定上报事故情况，并通知公安机关、劳动保障行政部门、工会和人民检察院：

（一）特别重大事故、重大事故逐级上报至国务院安全生产监督管理部门和负有安全生产监督管理职责的有关部门；

（二）较大事故逐级上报至省、自治区、直辖市人民政府安全生产监督管理部门和负有安全生产监督管理职责的有关部门；

（三）一般事故上报至设区的市级人民政府安全生产监督管理部门和负有安全生产监督管理职责的有关部门。

安全生产监督管理部门和负有安全生产监督管理职责的有关部门依照前款规定上报事故情况，应当同时报告本级人民政府。国务院安全生产监督管理部门和负有安全生产监督管理职责的有关部门以及省级人民政府接到发生特别重大事故、重大事故的报告后，应当立即报告国务院。

必要时，安全生产监督管理部门和负有安全生产监督管理职责的有关部门可以越级上报事故情况。

第十一条　安全生产监督管理部门和负有安全生产监督管理职责的有关部门逐级上报事故情况，每级上报的时间不得超过 2 小时。

第十二条　报告事故应当包括下列内容：

（一）事故发生单位概况；

（二）事故发生的时间、地点以及事故现场情况；

（三）事故的简要经过；

（四）事故已经造成或者可能造成的伤亡人数（包括下落不明的人数）和初步估计的直接经济损失；

（五）已经采取的措施；

（六）其他应当报告的情况。

第十三条　事故报告后出现新情况的，应当及时补报。

自事故发生之日起 30 日内，事故造成的伤亡人数发生变化的，应当及时补报。道路交通事故、火灾事故自发生之日起 7 日内，事故造成的伤亡人数发生变化的，应当及时补报。

第十四条　事故发生单位负责人接到事故报告后，应当立即启动事故相应应急预案，或者采取有效措施，组织抢救，防止事故扩大，减少人员伤亡和财产损失。

第十五条　事故发生地有关地方人民政府、安全生产监督管理部门和负有安全生产监督管理职责的有关部门接到事故报告后，其负责人应当立即赶赴事故现场，组织事故救援。

第十六条　事故发生后，有关单位和人员应当妥善保护事故现场以及相关证据，任何单位和个人不得破坏事故现场、毁灭相关证据。

因抢救人员、防止事故扩大以及疏通交通等原因，需要移动事故现场物件的，应当做出标志，绘制现场简图并做出书面记录，妥善保存现场重要痕迹、物证。

第十七条　事故发生地公安机关根据事故的情况，对涉嫌犯罪的，应当依法立案侦查，采取强制措施和侦查措施。犯罪嫌疑人逃匿的，公安机关应当迅速追捕归案。

第十八条　安全生产监督管理部门和负有安全生产监督管理职责的有关部门应当建立值班制度，并向社会公布值班电话，受理事故报告和举报。

第三章　事故调查

第十九条　特别重大事故由国务院或者国务院授权有关部门组织事故调查组进行调查。

重大事故、较大事故、一般事故分别由事故发生地省级人民政府、设区的市级人民政府、县级人民政府负责调查。省级人民政府、设区的市级人民政府、县级人民政府可以直接组织事故调查组进行调查，也可以授权或者委托有关部门组织事故调查组进行调查。

未造成人员伤亡的一般事故，县级人民政府也可以委托事故发生单位组织事故调查组进行调查。

第二十条　上级人民政府认为必要时，可以调查由下级人民政府负责调查的事故。

自事故发生之日起 30 日内（道路交通事故、火灾事故自发生之日起 7 日内），因事故伤亡人数变化导致事故等级发生变化，依照本条例规定应当由上级人民政府负责调查的，上级人民政府可以另行组织事故调查组进行调查。

第二十一条　特别重大事故以下等级事故，事故发生地与事故发生单位不在同一个县级以上行政区域的，由事故发生地人民政府负责调查，事故发生单位所在地人民政府应当派人参加。

第二十二条　事故调查组的组成应当遵循精简、效能的原则。

根据事故的具体情况，事故调查组由有关人民政府、安全生产监督管理部门、负有安全生产监督管理职责的有关部门、监察机关、公安机关以及工会派人组成，并应当邀请人民检察院派人参加。

事故调查组可以聘请有关专家参与调查。

第二十三条　事故调查组成员应当具有事故调查所需要的知识和专长，并与所调查的事故没有直接利害关系。

第二十四条 事故调查组组长由负责事故调查的人民政府指定。事故调查组组长主持事故调查组的工作。

第二十五条 事故调查组履行下列职责：

(一)查明事故发生的经过、原因、人员伤亡情况及直接经济损失；

(二)认定事故的性质和事故责任；

(三)提出对事故责任者的处理建议；

(四)总结事故教训，提出防范和整改措施；

(五)提交事故调查报告。

第二十六条 事故调查组有权向有关单位和个人了解与事故有关的情况，并要求其提供相关文件、资料，有关单位和个人不得拒绝。

事故发生单位的负责人和有关人员在事故调查期间不得擅离职守，并应当随时接受事故调查组的询问，如实提供有关情况。

事故调查中发现涉嫌犯罪的，事故调查组应当及时将有关材料或者其复印件移交司法机关处理。

第二十七条 事故调查中需要进行技术鉴定的，事故调查组应当委托具有国家规定资质的单位进行技术鉴定。必要时，事故调查组可以直接组织专家进行技术鉴定。技术鉴定所需时间不计入事故调查期限。

第二十八条 事故调查组成员在事故调查工作中应当诚信公正、恪尽职守，遵守事故调查组的纪律，保守事故调查的秘密。

未经事故调查组组长允许，事故调查组成员不得擅自发布有关事故的信息。

第二十九条 事故调查组应当自事故发生之日起60日内提交事故调查报告；特殊情况下，经负责事故调查的人民政府批准，提交事故调查报告的期限可以适当延长，但延长的期限最长不超过60日。

第三十条 事故调查报告应当包括下列内容：

(一)事故发生单位概况；

(二)事故发生经过和事故救援情况；

(三)事故造成的人员伤亡和直接经济损失；

(四)事故发生的原因和事故性质；

(五)事故责任的认定以及对事故责任者的处理建议；

(六)事故防范和整改措施。

事故调查报告应当附具有关证据材料。事故调查组成员应当在事故调查报告上签名。

第三十一条 事故调查报告报送负责事故调查的人民政府后，事故调查工作即告结束。事故调查的有关资料应当归档保存。

第四章 事故处理

第三十二条 重大事故、较大事故、一般事故，负责事故调查的人民政府应当自收到事故调查报告之日起15日内做出批复；特别重大事故，30日内做出批复，特殊情况下，批复时间可以适当延长，但延长的时间最长不超过30日。

有关机关应当按照人民政府的批复，依照法律、行政法规规定的权限和程序，对事故发生单位和有关人员进行行政处罚，对负有事故责任的国家工作人员进行处分。

事故发生单位应当按照负责事故调查的人民政府的批复，对本单位负有事故责任的人员进行处理。

负有事故责任的人员涉嫌犯罪的，依法追究刑事责任。

第三十三条　事故发生单位应当认真吸取事故教训，落实防范和整改措施，防止事故再次发生。防范和整改措施的落实情况应当接受工会和职工的监督。

安全生产监督管理部门和负有安全生产监督管理职责的有关部门应当对事故发生单位落实防范和整改措施的情况进行监督检查。

第三十四条　事故处理的情况由负责事故调查的人民政府或者其授权的有关部门、机构向社会公布，依法应当保密的除外。

第五章　法律责任

第三十五条　事故发生单位主要负责人有下列行为之一的，处上一年年收入40%至80%的罚款；属于国家工作人员的，并依法给予处分；构成犯罪的，依法追究刑事责任：

（一）不立即组织事故抢救的；

（二）迟报或者漏报事故的；

（三）在事故调查处理期间擅离职守的。

第三十六条　事故发生单位及其有关人员有下列行为之一的，对事故发生单位处100万元以上500万元以下的罚款；对主要负责人、直接负责的主管人员和其他直接责任人员处上一年年收入60%至100%的罚款；属于国家工作人员的，并依法给予处分；构成违反治安管理行为的，由公安机关依法给予治安管理处罚；构成犯罪的，依法追究刑事责任：

（一）谎报或者瞒报事故的；

（二）伪造或者故意破坏事故现场的；

（三）转移、隐匿资金、财产，或者销毁有关证据、资料的；

（四）拒绝接受调查或者拒绝提供有关情况和资料的；

（五）在事故调查中作伪证或者指使他人作伪证的；

（六）事故发生后逃匿的。

第三十七条　事故发生单位对事故发生负有责任的，依照下列规定处以罚款：

（一）发生一般事故的，处10万元以上20万元以下的罚款；

（二）发生较大事故的，处20万元以上50万元以下的罚款；

（三）发生重大事故的，处50万元以上200万元以下的罚款；

（四）发生特别重大事故的，处200万元以上500万元以下的罚款。

第三十八条　事故发生单位主要负责人未依法履行安全生产管理职责，导致事故发生的，依照下列规定处以罚款；属于国家工作人员的，并依法给予处分；构成犯罪的，依法追究刑事责任：

（一）发生一般事故的，处上一年年收入30%的罚款；

（二）发生较大事故的，处上一年年收入40%的罚款；

(三)发生重大事故的,处上一年年收入60%的罚款;

(四)发生特别重大事故的,处上一年年收入80%的罚款。

第三十九条 有关地方人民政府、安全生产监督管理部门和负有安全生产监督管理职责的有关部门有下列行为之一的,对直接负责的主管人员和其他直接责任人员依法给予处分;构成犯罪的,依法追究刑事责任:

(一)不立即组织事故抢救的;

(二)迟报、漏报、谎报或者瞒报事故的;

(三)阻碍、干涉事故调查工作的;

(四)在事故调查中作伪证或者指使他人作伪证的。

第四十条 事故发生单位对事故发生负有责任的,由有关部门依法暂扣或者吊销其有关证照;对事故发生单位负有事故责任的有关人员,依法暂停或者撤销其与安全生产有关的执业资格、岗位证书;事故发生单位主要负责人受到刑事处罚或者撤职处分的,自刑罚执行完毕或者受处分之日起,5年内不得担任任何生产经营单位的主要负责人。

为发生事故的单位提供虚假证明的中介机构,由有关部门依法暂扣或者吊销其有关证照及其相关人员的执业资格;构成犯罪的,依法追究刑事责任。

第四十一条 参与事故调查的人员在事故调查中有下列行为之一的,依法给予处分;构成犯罪的,依法追究刑事责任:

(一)对事故调查工作不负责任,致使事故调查工作有重大疏漏的;

(二)包庇、袒护负有事故责任的人员或者借机打击报复的。

第四十二条 违反本条例规定,有关地方人民政府或者有关部门故意拖延或者拒绝落实经批复的对事故责任人的处理意见的,由监察机关对有关责任人员依法给予处分。

第四十三条 本条例规定的罚款的行政处罚,由安全生产监督管理部门决定。

法律、行政法规对行政处罚的种类、幅度和决定机关另有规定的,依照其规定。

第六章 附 则

第四十四条 没有造成人员伤亡,但是社会影响恶劣的事故,国务院或者有关地方人民政府认为需要调查处理的,依照本条例的有关规定执行。

国家机关、事业单位、人民团体发生的事故的报告和调查处理,参照本条例的规定执行。

第四十五条 特别重大事故以下等级事故的报告和调查处理,有关法律、行政法规或者国务院另有规定的,依照其规定。

第四十六条 本条例自2007年6月1日起施行。国务院1989年3月29日公布的《特别重大事故调查程序暂行规定》和1991年2月22日公布的《企业职工伤亡事故报告和处理规定》同时废止。

附录3　企业职工工伤保险试行办法

第一章　总　则

第一条　为了保障劳动者在工作中遭受事故伤害和患职业病后获得医疗救治、经济补偿和职业康复的权利，分散工伤风险，促进工伤预防，根据《劳动法》，制定本办法。

第二条　中华人民共和国境内的企业及其职工必须遵照本办法的规定执行。

第三条　工伤保险实行社会统筹，设立工伤保险基金，对工伤职工提供经济补偿和实行社会化管理服务。

第四条　企业必须按照国家和当地人民政府的规定参加工伤保险，按时足额缴纳工伤保险费，按照本办法和当地人民政府规定的标准保障职工的工伤保险待遇。

第五条　工伤保险要与事故预防、职业病防治相结合。企业和职工必须贯彻安全第一，预防为主"的方针，遵守劳动安全卫生法规制度，严格执行国家劳动安全卫生规程和标准，防止劳动过程中的事故，减少职业危害。

第六条　职工发生工伤或者患职业病后，应当得到及时救治。各地应当依据本地区社会经济条件，逐步发展职业康复事业，帮助因工致残职工从事适合其身体状况的劳动。

第七条　县级以上各级人民政府劳动行政部门主管本行政区域内的企业职工工伤保险工作。县级以上社会保险基金经办机构经办工伤保险业务(以下简称工伤保险经办机构)，负责工伤保险基金的筹集、管理和待遇支付，以及工伤职工的管理服务等工作。

第二章　工伤范围及其认定

第八条　职工由于下列情形之一负伤、致残、死亡的，应当认定为工伤：

(一)从事本单位日常生产、工作或者本单位负责人临时指定的工作的，在紧急情况下，虽未经本单位负责人指定但从事直接关系本单位重大利益的工作的；

(二)经本单位负责人安排或者同意，从事与本单位有关的科学试验、发明创造和技术改进工作的；

(三)在生产工作环境中接触职业性有害因素造成职业病的；

(四)在生产工作的时间和区域内，由于不安全因素造成意外伤害的，或者由于工作紧张突发疾病造成死亡或经第一次抢救治疗后全部丧失劳动能力的；

(五)因履行职责招致人身伤害的；

(六)从事抢险、救灾、救人等维护国家、社会和公众利益的活动的；

(七)因公、因战致残的军人复员转业到企业工作后旧伤复发的；

(八)因公外出期间，由于工作原因，遭受交通事故或其他意外事故造成伤害或者失踪的，或因突发疾病造成死亡或者经第一次抢救治疗后全部丧失劳动能力的；

（九）在上下班的规定时间和必经路线上，发生无本人责任或者非本人主要责任的道路交通机动车事故的；

（十）法律、法规规定的其他情形。

第九条　职工由于下列情形之一造成负伤、致残、死亡的，不应认定为工伤：

（一）犯罪或违法；

（二）自杀或自残；

（三）斗殴；

（四）酗酒；

（五）蓄意违章；

（六）法律、法规规定的其他情形。

第十条　企业应当自工伤事故发生之日或者职业病确诊之日起，十五日内向当地劳动行政部门提出工伤报告。工伤职工或其亲属应当自工伤事故发生之日或者职业病确诊之日起，十五日内向当地劳动行政部门提出工伤保险待遇申请。遇有特殊情况，申请期限可以延长至三十日。

工伤职工本人或者其亲属没有可能提出申请的，可以由本企业工会组织代表工伤职工提出待遇申请。职工工伤保险待遇申请应当经企业签字后报送。企业不签字的，工伤职工或其亲属可以直接报送申请。

第十一条　劳动行政部门接到企业的工伤报告或职工的工伤保险待遇申请后，应当组织工伤保险经办机构进行调查取证，在七日内作出是否认定为工伤的决定。特殊情况可以延长，但不得超过三十日。

认定工伤应当根据以下资料：

（一）职工的工伤保险待遇申请；

（二）指定医院或医疗机构初次治疗工伤的诊断书和职业病诊断证明书，属于轻伤无需到医院治疗的，由企业医生开具工伤诊断书；

（三）企业的工伤报告，或者劳动行政部门根据职工的申请进行调查的工伤报告。

工伤认定的决定应当以书面形式通知申请人和企业。

第十二条　职工因公外出期间或者在抢险救灾中失踪的，其亲属或者企业应当向企业所在地公安部门、劳动行政部门报告。劳动行政部门应当根据人民法院宣告死亡的结论认定因工死亡。

第三章　劳动鉴定和工伤评残

第十三条　职工在工伤医疗期内治愈或者伤情处于相对稳定状态，或者医疗期满仍不能工作的，应当进行劳动能力鉴定，评定伤残等级并定期复查伤残状况。

第十四条　各级劳动鉴定委员会应当按国家制定的工伤与职业病致残程度鉴定标准（国家标准 GB/T16180—1996）（以下简称评残标准），对因工负伤或者患职业病的职工伤残后丧失劳动能力的程度和护理依赖程度进行等级鉴定。符合评残标准一级至四级为全部丧失劳动能力；五级至六级为大部分丧失劳动能力；七级至十级为部分丧失劳动能力。

伤残待遇的确定和工伤职工的安置以评定的伤残等级为主要依据。

第十五条 省、地(市)、县(市)级劳动鉴定委员会由当地劳动、卫生等行政部门和工会组织的主管人员组成。劳动鉴定委员会的办公室设在同级劳动行政部门，负责劳动鉴定的日常工作。

劳动鉴定委员会应当委托有条件的医疗卫生机构或者聘请具有鉴定资格的医生组成专家组进行伤残等级和护理等级鉴定，也可以设立劳动鉴定检查中心开展鉴定工作。

第十六条 劳动鉴定委员会办公室工作人员必须具有工伤评残的专业知识，熟练掌握工伤保险政策法规。

劳动鉴定委员会聘请参加鉴定的医生应具有中级以上医学技术职称，并由该委员会发给聘书。

劳动鉴定人员在进行劳动鉴定时，应当全面了解被鉴定人情况，严格执行工伤保险政策法规和评残标准，客观公正地作出鉴定结论。劳动鉴定人员实行回避制度。

第四章 工伤保险待遇

第十七条 职工因工负伤治疗，享受工伤医疗待遇。

工伤职工治疗工伤或职业病所需的挂号费、住院费、医疗费、药费、就医路费全额报销。

工伤职工需要住院治疗的，按照当地因公出差伙食补助标准的三分之二发给住院伙食补助费；经批准转外地治疗的，所需交通、食宿费用按照本企业职工因公出差标准报销。

工伤职工治疗非工伤范围的疾病，其医疗费用按照医疗保险的规定执行。

第十八条 职工因工负伤或者患职业病需要停止工作接受治疗的，实行工伤医疗期。工伤医疗期是指职工因工负伤或者患职业病停止工作接受治疗和领取工伤津贴的期限。工伤医疗期应当按照轻伤和重伤的不同情况确定为一个月至二十四个月，严重工伤或者职业病需要延长医疗期的，最长不超过三十六个月。工伤医疗期满后仍需治疗的，继续享受工伤医疗待遇。工伤医疗期的时间由指定治疗工伤的医院或医疗机构提出意见，经劳动鉴定委员会确认并通知有关企业和工伤职工。

第十九条 工伤职工在工伤医疗期内停发工资，改为按月发给工伤津贴。工伤津贴标准相当于工伤职工本人受伤前十二个月内平均月工资收入。工伤医疗期满或者评定伤残等级后应当停发工伤津贴，改为享受伤残待遇。

第二十条 工伤职工经评残并确认需要护理的，应当按月发给护理费。护理等级根据进食、翻身、大小便、穿衣及洗漱、自我移动五项条件，区分为全部护理依赖、大部分护理依赖和部分护理依赖三个等级。护理等级由劳动鉴定委员会评定。

工伤护理费依照上述护理等级分别按上年度当地职工月平均工资的百分之五十、百分之四十、百分之三十发给。

第二十一条 工伤职工因日常生活或者辅助生产劳动需要，必须安置假肢、仪眼、镶牙和配置代步车等辅助器具的，按国内普及型标准报销费用。

第二十二条 职工因工致残被鉴定为一级至四级的，应当退出生产、工作岗位，终止与企业的劳动关系，发给工伤伤残抚恤证件，并享受以下待遇：

（一）按月发给伤残抚恤金，标准分别为本人工资的百分之九十至百分之七十五。其中：一级百分之九十，二级百分之八十五，三级百分之八十，四级百分之七十五。

（二）发给一次性伤残补助金，标准相当于伤残职工本人十八至二十四个月工资。其中：一级二十四个月，二级二十二个月，三级二十个月，四级十八个月。

（三）患病时按医疗保险有关规定执行，对其中执行由个人负担部分有困难的，由工伤保险基金酌情补助。

（四）易地安家的，发给相当于本省、自治区、直辖市上年度职工平均工资六个月的安家补助费。旅途所需车船费、旅馆费、行李搬运费和伙食补助费，按照本单位职工因公出差标准报销。

第二十三条 因工致残被鉴定为一级至四级并按本办法第二十二条规定领取待遇的，到达退休年龄时，继续由工伤保险基金支付伤残抚恤金。伤残抚恤金低于按养老保险规定计发的养老金标准的，应当按养老金的标准由工伤保险基金补足差额部分。社会保险经办机构同时应将该职工在养老保险基金中个人账户的个人缴费部分转入工伤保险基金。

第二十四条 职工因工致残被鉴定为五级至十级的，原则上由企业安排适当工作，并可以享受以下待遇：

（一）按伤残等级发给一次性伤残补助金，标准相当于伤残职工本人六至十六个月工资。其中：五级十六个月，六级十四个月，七级十二个月，八级十个月，九级八个月，十级六个月。

（二）因伤残造成本人工资降低时，由所在单位发给在职伤残补助金，标准为工资降低部分的百分之九十，本人技能提高而晋升工资时，在职伤残补助金予以保留。

（三）旧伤复发经确认需要治疗和休息的，按照本办法规定享受工伤医疗待遇和工伤津贴。

（四）伤残程度被评为五级和六级且企业难以安排工作的，按月发给相当于本人工资百分之七十的伤残抚恤金。

（五）伤残程度被评为七至十级，职工本人愿意自谋职业并经企业同意的，或者劳动合同期满终止合同后本人另行择业的，可以发给一次性伤残就业补助金，具体标准由省、自治区、直辖市劳动行政部门根据实际情况确定。

第二十五条 职工因工死亡，应按照以下规定发给丧葬补助金、供养亲属抚恤金、一次性工亡补助金：

（一）丧葬补助金按省、自治区、直辖市上年度职工平均工资六个月的标准发给。

（二）供养亲属抚恤金发给由死者生前提供主要生活来源的死者的亲属。其标准为：配偶每月按本省、自治区、直辖市上年度职工月平均工资的百分之四十发给，其他供养亲属每人每月按百分之三十发给，孤寡老人或者孤儿每人每月在上述标准的基础上加发百分之十。抚恤金总额不得超过死者本人工资。供养亲属的范围和条件按照现行的有关规定执行，供养亲属失去供养条件时不再享受该项抚恤金。

（三）一次性工亡补助金，标准为本省、自治区、直辖市上年度职工平均工资四十八个月至六十个月的金额，具体标准由各省、自治区、直辖市确定。符合第二十二条规定享受伤残抚恤金期间死亡的，一次性工亡补助金按全额标准的百分之五十发给。

第二十六条　工伤伤残抚恤金和供养亲属抚恤金，由省、自治区、直辖市根据上年度职工平均工资增长的一定比例每年调整一次。

第二十七条　领取伤残抚恤金的职工和因工死亡职工遗属，本人自愿一次性领取待遇的，可以一次性计发有关待遇并终止工伤保险关系，具体计发办法由各省、自治区、直辖市劳动行政部门规定。

第二十八条　由于交通事故引起的工伤，应当首先按照《道路交通事故处理办法》及有关规定处理。工伤保险待遇按照以下规定执行：

（一）交通事故赔偿已给付了医疗费、丧葬费、护理费、残疾用具费、误工工资的，企业或者工伤保险经办机构不再支付相应待遇（交通事故赔偿的误工工资相当于工伤津贴）。企业或者工伤保险经办机构先期垫付有关费用的，职工或其亲属获得交通事故赔偿后应当予以偿还。

（二）交通事故赔偿给付的死亡补偿费或者残疾生活补助费，已由伤亡职工或亲属领取的，工伤保险的一次性工亡补助金或者一次性伤残补助金不再发给。但交通事故赔偿给付的死亡补偿费或者残疾生活补助费低于工伤保险的一次性工亡补助金或者一次性伤残补助金的，由企业或者工伤保险经办机构补足差额部分。

（三）职工因交通事故死亡或者致残的，除按照本条（一）、（二）项处理有关待遇外，其他工伤保险待遇按照本办法的规定执行。

（四）由于交通肇事者逃逸或其他原因，受伤害职工不能获得交通事故赔偿的，企业或者工伤保险经办机构按照本办法给予工伤保险待遇。

（五）企业或者工伤保险经办机构应当帮助职工向肇事者索赔，获得赔偿前可垫付有关医疗、津贴等费用。

第二十九条　职工因公外出期间因意外事故失踪的，从事故发生的下个月起三个月内，本人工资照发，从第四个月起停发工资，对失踪职工的供养亲属按月发给供养亲属抚恤金。生活有困难的，可以预支一次性工亡补助金的百分之五十。人民法院宣告死亡的，发给丧葬补助金和其余待遇。当失踪人重新出现并经法院撤销死亡结论的，已领取的工伤待遇应当退回。

第三十条　出国、出境人员的劳动关系在国内并参加工伤保险的，在境外负伤、致残或者死亡时，应当由境外有关方面承担伤害赔偿责任的，我国有关单位应当向外方索取伤害赔偿。外方给付的赔偿金应归当事人或者其亲属所有，但需偿还有关单位垫付的费用。对于获得境外伤害赔偿的，国内工伤保险的一次性工亡补助金或者一次性伤残补助金不再发给，有关单位或者国内工伤保险经办机构可以按照本办法发给其他待遇。境外伤害赔偿金低于国内工伤保险一次性工亡补助金或者一次性伤残补助金的，由有关单位或者国内工伤保险经办机构补足差额部分。出国、出境人员应当由我方承担伤害赔偿责任的，按照本办法执行。参加国内工伤保险的单位外派劳务或者到外国承包工程的，应当到劳动部办理有关证明。

第三十一条　享受伤残抚恤金或者供养亲属抚恤金的人员到境外定居后，可以凭生存证明继续领取抚恤金，也可以按照第二十七条的规定一次性领取有关待遇，并同时终止工伤保险关系。生存证明应每年向支付抚恤金的工伤保险经办机构提供一次。

第三十二条　享受工伤保险待遇的人员，在执行劳动教养期间或者犯罪服刑期间，其工伤保险待遇可以发给。

第五章　工伤保险基金

第三十三条　本办法规定的工伤医疗费、护理费、伤残抚恤金、一次性伤残补助金、残疾辅助器具费、丧葬补助金、供养亲属抚恤金、一次性工亡补助金，由工伤保险基金支付，其他费用暂按原渠道支付。

第三十四条　工伤保险基金按以支定收、收支基本平衡的原则统一筹集，存入银行开设的工伤保险基金专户，专款专用，任何单位和个人不得挪用或挤占。工伤保险基金应当留有一定的风险储备金，不足时由同级政府临时垫支。

第三十五条　工伤保险基金由下列项目构成：

(一)企业缴纳的工伤保险费；

(二)工伤保险费滞纳金；

(三)工伤保险基金的利息；

(四)法律、法规规定的其他资金。

第三十六条　工伤保险费由企业按照职工工资总额的一定比例缴纳，职工个人不缴纳工伤保险费。企业缴纳的工伤保险费按照国家规定的渠道列支。企业的开户银行按规定代为扣缴。

第三十七条　工伤保险费根据各行业的伤亡事故风险和职业危害程度的类别实行差别费率。

行业工伤风险分类和差别费率标准，由当地劳动行政部门根据死亡事故和职业病的统计及统筹费用进行测算，征求企业主管部门的意见后提出办法，经同级人民政府批准执行。工伤保险行业差别费率每五年调整一次。

第三十八条　劳动行政部门对企业上一年度安全卫生状况和工伤保险费用支出情况进行评估，适当调整企业下一年度工伤保险费率，实行浮动费率。评估时不得向企业收费。企业发生工伤和职业病及使用工伤保险基金超过控制指标的，应当在行业标准费率的基础上提高费率；低于控制指标的，应当降低费率。控制指标由地(市)级劳动行政部门提出意见经当地人民政府批准后执行。企业工伤保险费率的调整幅度为本行业标准费率的百分之五至百分之四十。

第三十九条　工伤保险基金按下列项目支出：

(一)统筹项目支付的待遇；

(二)事故预防费；

(三)职业康复费用；

(四)安全奖励金；

(五)宣传和科研费；

(六)工伤保险经办机构管理费；

(七)劳动鉴定委员会办公经费。

以上各项费用支出占工伤保险基金的比例及工伤保险经办机构管理费的支出项目应当

报请当地人民政府批准。

第四十条　工伤保险基金的征集、管理、支付等办法由当地劳动行政部门会同财政部门拟定，报请同级人民政府批准后执行。

第六章　工伤预防和职业康复

第四十一条　工伤保险经办机构应当配合劳动行政部门督促企业贯彻落实国家的职业安全卫生法律法规和标准，采取宣传、教育、检查和奖惩等措施，并支持工伤和职业病预防的科学研究工作，促进企业改善劳动条件，加强安全生产管理，教育职工严格遵守劳动安全卫生操作规程，减少伤亡事故和职业病的发生。对于当年未发生工伤事故和职业病，或者其发生率低于本行业平均水平的企业，工伤保险经办机构可以从该企业当年缴纳的工伤保险费用中返还百分之五至百分之二十给企业，用于安全生产宣传和职工安全生产教育培训工作，奖励对安全生产工作做出贡献的单位和个人，适当补偿企业为降低事故和职业病而先期投入安全生产设施、设备建设中的部分资金不足。具体办法由各地区规定。

第四十二条　有条件的地区应当通过工伤保险基金提留、民间赞助等方式筹集资金，逐步兴办工伤职业康复事业，帮助工伤残疾人员恢复或者补偿功能。发展职业康复事业应当利用现有条件，可以与有关医院、疗养院联合举办，也可以建立工伤康复中心。

第四十三条　对具有一定劳动能力并需要通过专门培训恢复或者提高劳动能力的工伤残疾人，劳动行政部门及企业应当积极组织专门培训，所需费用可以在工伤保险基金的职业康复费用中支付。

第七章　管理与监督检查

第四十四条　工伤保险实行属地管理，以中心城市或者地级市为主实行工伤保险费用社会统筹。

工伤保险经办机构应当建立、健全各项工作制度，并履行以下主要职责：

（一）收缴和管理工伤保险基金，支付工伤保险待遇；

（二）协助劳动行政部门对工伤保险申请进行调查取证，确定工伤补偿；

（三）与有关医院和医疗机构建立医疗合同，管理工伤医疗和职业康复事业；

（四）进行工伤保险统计；

（五）支持和配合劳动行政部门进行劳动安全卫生法规的监督检查；

（六）开展工伤保险和工伤预防的宣传、教育和咨询；

（七）承担劳动行政部门委托的其他事项。

第四十五条　工伤职工应当到工伤医疗合同医院进行治疗，紧急时可以到就近医院或者医疗机构救治。工伤职工需要转院治疗或者到外地就医的，由工伤合同医院提出意见，并须经工伤保险经办机构批准。

第四十六条　职工因工死亡，其丧葬事宜的办理应当执行国家有关规定。

第四十七条　工伤保险经办机构应当接受省级、地（市）级社会保险基金监督委员会的监督。

第八章 企业和职工责任

第四十八条 企业实行租赁、兼并、转让、分立时，继续经营者必须承担原企业职工的工伤保险责任，并到当地劳动行政部门办理工伤保险登记。建设工程由若干企业承包或者企业实行内、外部经营承包时，工伤保险责任由职工的劳动关系所在企业负责。职工被借调或者聘用期间发生工伤事故的，由借调或者聘用单位承担工伤保险责任。

第四十九条 企业必须落实工伤医疗抢救措施，确保工伤职工得到及时救治，并做好工伤预防、病伤职工管理和伤残鉴定申报工作。没有条件设立医务室的企业，应当请当地劳动鉴定委员会推荐医生兼职管理。

第五十条 企业必须如实申报工资总额和职工人数，及时报告工伤和职业病情况，不得瞒报、虚报。劳动行政部门和工伤保险经办机构人员调查了解工伤保险情况时，企业应当给予配合和协助。

第五十一条 对从事有职业危害作业的职工，劳动关系终止、解除时或者转换工作单位时，应当进行职业性健康检查。发现患有职业病的，由原工作单位负责工伤保险的处理工作；在新单位发现患有职业病的，由新单位负责工伤保险的处理工作。

第五十二条 职工应当接受劳动安全卫生教育和培训，服从企业安全生产管理人员的指导，严格遵守安全操作规程。

第五十三条 工伤职工或者其亲属申请工伤待遇时，应当如实反映事故发生的时间、地点、主要经过、现场证人和本人工资收入、家庭成员等情况。劳动行政部门和工伤保险经办机构调查了解工伤情况时，有关职工、当事人或者亲属应当予以配合，如实提供情况。

第五十四条 工伤职工经过劳动鉴定确认完全恢复或者部分恢复劳动能力可以工作的，应当服从企业的工作安排。

第九章 争议处理

第五十五条 工伤职工及其亲属，在申报工伤和处理工伤保险待遇时与用人单位发生争议的，按照劳动争议处理的有关规定办理。

第五十六条 工伤职工及其亲属或者企业，对劳动行政部门作出的工伤认定和工伤保险经办机构的待遇支付决定不服的，按照行政复议和行政诉讼的有关法律、法规办理。

第五十七条 职工对劳动鉴定委员会作出伤残等级鉴定结论不服的，可以向当地劳动鉴定委员会办公室申请复查；对复查鉴定结论不服的，可以向上一级劳动鉴定委员会申请重新鉴定。

复查鉴定最终结论由省级劳动鉴定机构作出，复查鉴定程序由各省、自治区、直辖市劳动鉴定委员会规定。

第十章 附 则

第五十八条 本办法所称职工本人工资，是指职工因工负伤或者死亡前十二个月的月平均工资收入。计发工伤保险待遇时，本人工资收入低于当地职工平均工资百分之七十五的，以当地职工平均工资百分之七十五为计发基数；高于当地职工平均工资百分之三百以上的，以当地职工平均工资百分之三百为计发基数。

第五十九条　本办法所称职业病，其范围、名称按照《职业病范围和职业病患者处理办法的规定》和所附的"职业病名单"执行，职业病的诊断按照《职业病诊断管理办法》及有关规定执行。

第六十条　本办法所称因工死亡，是指因工伤事故或者职业中毒直接导致死亡、工伤或者职业病医疗期间死亡、工伤旧伤复发或者职业病旧病复发死亡，以及按照本办法第二十二条规定享受伤残抚恤金期间死亡。

第六十一条　到参加工伤保险的企业实习的大中专院校、技工学校、职业高中学生发生伤亡事故的，可以参照本办法的有关待遇标准，由当地工伤保险经办机构发给一次性待遇。工伤保险经办机构不向有关学校和企业收取保险费用。城镇个体经济组织中的劳动者的工伤保险，由省、自治区、直辖市参照本办法的有关规定制定办法。

第六十二条　省、自治区、直辖市人民政府劳动行政部门可以根据本办法并结合本地区实际情况制定实施办法，并报劳动部备案。

第六十三条　本办法自一九九六年十月一日起试行。

附录4 工伤保险条例(2004年版)

第一章 总 则

第一条 为了保障因工作遭受事故伤害或者患职业病的职工获得医疗救治和经济补偿,促进工伤预防和职业康复,分散用人单位的工伤风险,制定本条例。

第二条 中华人民共和国境内的各类企业、有雇工的个体工商户(以下称用人单位)应当依照本条例规定参加工伤保险,为本单位全部职工或者雇工(以下称职工)缴纳工伤保险费。

中华人民共和国境内的各类企业的职工和个体工商户的雇工,均有依照本条例的规定享受工伤保险待遇的权利。

有雇工的个体工商户参加工伤保险的具体步骤和实施办法,由省、自治区、直辖市人民政府规定。

第三条 工伤保险费的征缴按照《社会保险费征缴暂行条例》关于基本养老保险费、基本医疗保险费、失业保险费的征缴规定执行。

第四条 用人单位应当将参加工伤保险的有关情况在本单位内公示。

用人单位和职工应当遵守有关安全生产和职业病防治的法律法规,执行安全卫生规程和标准,预防工伤事故发生,避免和减少职业病危害。

职工发生工伤时,用人单位应当采取措施使工伤职工得到及时救治。

第五条 国务院劳动保障行政部门负责全国的工伤保险工作。县级以上地方各级人民政府劳动保障行政部门负责本行政区域内的工伤保险工作。劳动保障行政部门按照国务院有关规定设立的社会保险经办机构(以下称经办机构)具体承办工伤保险事务。

第六条 劳动保障行政部门等部门制定工伤保险的政策、标准,应当征求工会组织、用人单位代表的意见。

第二章 工伤保险基金

第七条 工伤保险基金由用人单位缴纳的工伤保险费、工伤保险基金的利息和依法纳入工伤保险基金的其他资金构成。

第八条 工伤保险费根据以支定收、收支平衡的原则,确定费率。

国家根据不同行业的工伤风险程度确定行业的差别费率,并根据工伤保险费使用、工伤发生率等情况在每个行业内确定若干费率档次。行业差别费率及行业内费率档次由国务院劳动保障行政部门会同国务院财政部门、卫生行政部门、安全生产监督管理部门制定,报国务院批准后公布施行。

　　统筹地区经办机构根据用人单位工伤保险费使用、工伤发生率等情况，适用所属行业内相应的费率档次确定单位缴费费率。

　　第九条　国务院劳动保障行政部门应当定期了解全国各统筹地区工伤保险基金收支情况，及时会同国务院财政部门、卫生行政部门、安全生产监督管理部门提出调整行业差别费率及行业内费率档次的方案，报国务院批准后公布施行。

　　第十条　用人单位应当按时缴纳工伤保险费。职工个人不缴纳工伤保险费。用人单位缴纳工伤保险费的数额为本单位职工工资总额乘以单位缴费费率之积。

　　第十一条　工伤保险基金在直辖市和设区的市实行全市统筹，其他地区的统筹层次由省、自治区人民政府确定。跨地区、生产流动性较大的行业，可以采取相对集中的方式异地参加统筹地区的工伤保险。具体办法由国务院劳动保障行政部门会同有关行业的主管部门制定。

　　第十二条　工伤保险基金存入社会保障基金财政专户，用于本条例规定的工伤保险待遇、劳动能力鉴定以及法律、法规规定的用于工伤保险的其他费用的支付。任何单位或者个人不得将工伤保险基金用于投资运营、兴建或者改建办公场所、发放奖金，或者挪作其他用途。

　　第十三条　工伤保险基金应当留有一定比例的储备金，用于统筹地区重大事故的工伤保险待遇支付；储备金不足支付的，由统筹地区的人民政府垫付。储备金占基金总额的具体比例和储备金的使用办法，由省、自治区、直辖市人民政府规定。

第三章　工伤认定

　　第十四条　职工有下列情形之一的，应当认定为工伤：

　　（一）在工作时间和工作场所内，因工作原因受到事故伤害的；

　　（二）工作时间前后在工作场所内，从事与工作有关的预备性或者收尾性工作受到事故伤害的；

　　（三）在工作时间和工作场所内，因履行工作职责受到暴力等意外伤害的；

　　（四）患职业病的；

　　（五）因工外出期间，由于工作原因受到伤害或者发生事故下落不明的；

　　（六）在上下班途中，受到机动车事故伤害的；

　　（七）法律、行政法规规定应当认定为工伤的其他情形。

　　第十五条　职工有下列情形之一的，视同工伤：

　　（一）在工作时间和工作岗位，突发疾病死亡或者在48小时之内经抢救无效死亡的；

　　（二）在抢险救灾等维护国家利益、公共利益活动中受到伤害的；

　　（三）职工原在军队服役，因战、因公负伤致残，已取得革命伤残军人证，到用人单位后旧伤复发的。

　　职工有前款第（一）项、第（二）项情形的，按照本条例的有关规定享受工伤保险待遇；职工有前款第（三）项情形的，按照本条例的有关规定享受除一次性伤残补助金以外的工伤保险待遇。

　　第十六条　职工有下列情形之一的，不得认定为工伤或者视同工伤：

(一)因犯罪或者违反治安管理伤亡的；

(二)醉酒导致伤亡的；

(三)自残或者自杀的。

第十七条 职工发生事故伤害或者按照职业病防治法规定被诊断、鉴定为职业病，所在单位应当自事故伤害发生之日或者被诊断、鉴定为职业病之日起 30 日内，向统筹地区劳动保障行政部门提出工伤认定申请。遇有特殊情况，经报劳动保障行政部门同意，申请时限可以适当延长。

用人单位未按前款规定提出工伤认定申请的，工伤职工或者其直系亲属、工会组织在事故伤害发生之日或者被诊断、鉴定为职业病之日起 1 年内，可以直接向用人单位所在地统筹地区劳动保障行政部门提出工伤认定申请。

按照本条第一款规定应当由省级劳动保障行政部门进行工伤认定的事项，根据属地原则由用人单位所在地的设区的市级劳动保障行政部门办理。

用人单位未在本条第一款规定的时限内提交工伤认定申请，在此期间发生符合本条例规定的工伤待遇等有关费用由该用人单位负担。

第十八条 提出工伤认定申请应当提交下列材料：

(一)工伤认定申请表；

(二)与用人单位存在劳动关系(包括事实劳动关系)的证明材料；

(三)医疗诊断证明或者职业病诊断证明书(或者职业病诊断鉴定书)。

工伤认定申请表应当包括事故发生的时间、地点、原因以及职工伤害程度等基本情况。

工伤认定申请人提供材料不完整的，劳动保障行政部门应当一次性书面告知工伤认定申请人需要补正的全部材料。申请人按照书面告知要求补正材料后，劳动保障行政部门应当受理。

第十九条 劳动保障行政部门受理工伤认定申请后，根据审核需要可以对事故伤害进行调查核实，用人单位、职工、工会组织、医疗机构以及有关部门应当予以协助。职业病诊断和诊断争议的鉴定，依照职业病防治法的有关规定执行。对依法取得职业病诊断证明书或者职业病诊断鉴定书的，劳动保障行政部门不再进行调查核实。

职工或者其直系亲属认为是工伤，用人单位不认为是工伤的，由用人单位承担举证责任。

第二十条 劳动保障行政部门应当自受理工伤认定申请之日起 60 日内作出工伤认定的决定，并书面通知申请工伤认定的职工或者其直系亲属和该职工所在单位。

劳动保障行政部门工作人员与工伤认定申请人有利害关系的，应当回避。

第四章 劳动能力鉴定

第二十一条 职工发生工伤，经治疗伤情相对稳定后存在残疾、影响劳动能力的，应当进行劳动能力鉴定。

第二十二条 劳动能力鉴定是指劳动功能障碍程度和生活自理障碍程度的等级鉴定。

劳动功能障碍分为十个伤残等级，最重的为一级，最轻的为十级。

生活自理障碍分为三个等级：生活完全不能自理、生活大部分不能自理和生活部分不能自理。

劳动能力鉴定标准由国务院劳动保障行政部门会同国务院卫生行政部门等部门制定。

第二十三条　劳动能力鉴定由用人单位、工伤职工或者其直系亲属向设区的市级劳动能力鉴定委员会提出申请，并提供工伤认定决定和职工工伤医疗的有关资料。

第二十四条　省、自治区、直辖市劳动能力鉴定委员会和设区的市级劳动能力鉴定委员会分别由省、自治区、直辖市和设区的市级劳动保障行政部门、人事行政部门、卫生行政部门、工会组织、经办机构代表以及用人单位代表组成。

劳动能力鉴定委员会建立医疗卫生专家库。列入专家库的医疗卫生专业技术人员应当具备下列条件：

（一）具有医疗卫生高级专业技术职务任职资格；

（二）掌握劳动能力鉴定的相关知识；

（三）具有良好的职业品德。

第二十五条　设区的市级劳动能力鉴定委员会收到劳动能力鉴定申请后，应当从其建立的医疗卫生专家库中随机抽取 3 名或者 5 名相关专家组成专家组，由专家组提出鉴定意见。设区的市级劳动能力鉴定委员会根据专家组的鉴定意见作出工伤职工劳动能力鉴定结论；必要时，可以委托具备资格的医疗机构协助进行有关的诊断。

设区的市级劳动能力鉴定委员会应当自收到劳动能力鉴定申请之日起 60 日内作出劳动能力鉴定结论，必要时，作出劳动能力鉴定结论的期限可以延长 30 日。劳动能力鉴定结论应当及时送达申请鉴定的单位和个人。

第二十六条　申请鉴定的单位或者个人对设区的市级劳动能力鉴定委员会作出的鉴定结论不服的，可以在收到该鉴定结论之日起 15 日内向省、自治区、直辖市劳动能力鉴定委员会提出再次鉴定申请。省、自治区、直辖市劳动能力鉴定委员会作出的劳动能力鉴定结论为最终结论。

第二十七条　劳动能力鉴定工作应当客观、公正。劳动能力鉴定委员会组成人员或者参加鉴定的专家与当事人有利害关系的，应当回避。

第二十八条　自劳动能力鉴定结论作出之日起 1 年后，工伤职工或者其直系亲属、所在单位或者经办机构认为伤残情况发生变化的，可以申请劳动能力复查鉴定。

第五章　工伤保险待遇

第二十九条　职工因工作遭受事故伤害或者患职业病进行治疗，享受工伤医疗待遇。

职工治疗工伤应当在签订服务协议的医疗机构就医，情况紧急时可以先到就近的医疗机构急救。

治疗工伤所需费用符合工伤保险诊疗项目目录、工伤保险药品目录、工伤保险住院服务标准的，从工伤保险基金支付。工伤保险诊疗项目目录、工伤保险药品目录、工伤保险住院服务标准，由国务院劳动保障行政部门会同国务院卫生行政部门、药品监督管理部门等部门规定。

职工住院治疗工伤的，由所在单位按照本单位因公出差伙食补助标准的 70% 发给住院伙食补助费；经医疗机构出具证明，报经办机构同意，工伤职工到统筹地区以外就医的，所需交通、食宿费用由所在单位按照本单位职工因公出差标准报销。

工伤职工治疗非工伤引发的疾病，不享受工伤医疗待遇，按照基本医疗保险办法处理。

工伤职工到签订服务协议的医疗机构进行康复性治疗的费用，符合本条第三款规定的，从工伤保险基金支付。

第三十条　工伤职工因日常生活或者就业需要，经劳动能力鉴定委员会确认，可以安装假肢、矫形器、假眼、假牙和配置轮椅等辅助器具，所需费用按照国家规定的标准从工伤保险基金支付。

第三十一条　职工因工作遭受事故伤害或者患职业病需要暂停工作接受工伤医疗的，在停工留薪期内，原工资福利待遇不变，由所在单位按月支付。

停工留薪期一般不超过 12 个月。伤情严重或者情况特殊，经设区的市级劳动能力鉴定委员会确认，可以适当延长，但延长不得超过 12 个月。工伤职工评定伤残等级后，停发原待遇，按照本章的有关规定享受伤残待遇。工伤职工在停工留薪期满后仍需治疗的，继续享受工伤医疗待遇。

生活不能自理的工伤职工在停工留薪期需要护理的，由所在单位负责。

第三十二条　工伤职工已经评定伤残等级并经劳动能力鉴定委员会确认需要生活护理的，从工伤保险基金按月支付生活护理费。

生活护理费按照生活完全不能自理、生活大部分不能自理或者生活部分不能自理 3 个不同等级支付，其标准分别为统筹地区上年度职工月平均工资的 50%、40% 或者 30%。

第三十三条　职工因工致残被鉴定为一级至四级伤残的，保留劳动关系，退出工作岗位，享受以下待遇：

(一)从工伤保险基金按伤残等级支付一次性伤残补助金，标准为：一级伤残为 24 个月的本人工资，二级伤残为 22 个月的本人工资，三级伤残为 20 个月的本人工资，四级伤残为 18 个月的本人工资；

(二)从工伤保险基金按月支付伤残津贴，标准为：一级伤残为本人工资的 90%，二级伤残为本人工资的 85%，三级伤残为本人工资的 80%，四级伤残为本人工资的 75%。伤残津贴实际金额低于当地最低工资标准的，由工伤保险基金补足差额；

(三)工伤职工达到退休年龄并办理退休手续后，停发伤残津贴，享受基本养老保险待遇。基本养老保险待遇低于伤残津贴的，由工伤保险基金补足差额。职工因工致残被鉴定为一级至四级伤残的，由用人单位和职工个人以伤残津贴为基数，缴纳基本医疗保险费。

第三十四条　职工因工致残被鉴定为五级、六级伤残的，享受以下待遇：

(一)从工伤保险基金按伤残等级支付一次性伤残补助金，标准为：五级伤残为 16 个月的本人工资，六级伤残为 14 个月的本人工资；

(二)保留与用人单位的劳动关系，由用人单位安排适当工作。难以安排工作的，由用人单位按月发给伤残津贴，标准为：五级伤残为本人工资的 70%，六级伤残为本人工资的 60%，并由用人单位按照规定为其缴纳应缴纳的各项社会保险费。伤残津贴实际金额低于当地最低工资标准的，由用人单位补足差额。

经工伤职工本人提出，该职工可以与用人单位解除或者终止劳动关系，由用人单位支付一次性工伤医疗补助金和伤残就业补助金。具体标准由省、自治区、直辖市人民政府规定。

第三十五条　职工因工致残被鉴定为七级至十级伤残的，享受以下待遇：

（一）从工伤保险基金按伤残等级支付一次性伤残补助金，标准为：七级伤残为 12 个月的本人工资，八级伤残为 10 个月的本人工资，九级伤残为 8 个月的本人工资，十级伤残为 6 个月的本人工资；

（二）劳动合同期满终止，或者职工本人提出解除劳动合同的，由用人单位支付一次性工伤医疗补助金和伤残就业补助金。具体标准由省、自治区、直辖市人民政府规定。

第三十六条　工伤职工工伤复发，确认需要治疗的，享受本条例第二十九条、第三十条和第三十一条规定的工伤待遇。

第三十七条　职工因工死亡，其直系亲属按照下列规定从工伤保险基金领取丧葬补助金、供养亲属抚恤金和一次性工亡补助金：

（一）丧葬补助金为 6 个月的统筹地区上年度职工月平均工资；

（二）供养亲属抚恤金按照职工本人工资的一定比例发给由因工死亡职工生前提供主要生活来源、无劳动能力的亲属。标准为：配偶每月 40%，其他亲属每人每月 30%，孤寡老人或者孤儿每人每月在上述标准的基础上增加 10%。核定的各供养亲属的抚恤金之和不应高于因工死亡职工生前的工资。供养亲属的具体范围由国务院劳动保障行政部门规定；

（三）一次性工亡补助金标准为 48 个月至 60 个月的统筹地区上年度职工月平均工资。具体标准由统筹地区的人民政府根据当地经济、社会发展状况规定，报省、自治区、直辖市人民政府备案。

伤残职工在停工留薪期内因工伤导致死亡的，其直系亲属享受本条第一款规定的待遇。

一级至四级伤残职工在停工留薪期满后死亡的，其直系亲属可以享受本条第一款第（一）项、第（二）项规定的待遇。

第三十八条　伤残津贴、供养亲属抚恤金、生活护理费由统筹地区劳动保障行政部门根据职工平均工资和生活费用变化等情况适时调整。调整办法由省、自治区、直辖市人民政府规定。

第三十九条　职工因工外出期间发生事故或者在抢险救灾中下落不明的，从事故发生当月起 3 个月内照发工资，从第 4 个月起停发工资，由工伤保险基金向其供养亲属按月支付供养亲属抚恤金。生活有困难的，可以预支一次性工亡补助金的 50%。职工被人民法院宣告死亡的，按照本条例第三十七条职工因工死亡的规定处理。

第四十条　工伤职工有下列情形之一的，停止享受工伤保险待遇：

（一）丧失享受待遇条件的；

（二）拒不接受劳动能力鉴定的；

（三）拒绝治疗的；

（四）被判刑正在收监执行的。

第四十一条 用人单位分立、合并、转让的，承继单位应当承担原用人单位的工伤保险责任；原用人单位已经参加工伤保险的，承继单位应当到当地经办机构办理工伤保险变更登记。

用人单位实行承包经营的，工伤保险责任由职工劳动关系所在单位承担。

职工被借调期间受到工伤事故伤害的，由原用人单位承担工伤保险责任，但原用人单位与借调单位可以约定补偿办法。

企业破产的，在破产清算时优先拨付依法应由单位支付的工伤保险待遇费用。

第四十二条 职工被派遣出境工作，依据前往国家或者地区的法律应当参加当地工伤保险的，参加当地工伤保险，其国内工伤保险关系中止；不能参加当地工伤保险的，其国内工伤保险关系不中止。

第四十三条 职工再次发生工伤，根据规定应当享受伤残津贴的，按照新认定的伤残等级享受伤残津贴待遇。

第六章 监督管理

第四十四条 经办机构具体承办工伤保险事务，履行下列职责：

（一）根据省、自治区、直辖市人民政府规定，征收工伤保险费；

（二）核查用人单位的工资总额和职工人数，办理工伤保险登记，并负责保存用人单位缴费和职工享受工伤保险待遇情况的记录；

（三）进行工伤保险的调查、统计；

（四）按照规定管理工伤保险基金的支出；

（五）按照规定核定工伤保险待遇；

（六）为工伤职工或者其直系亲属免费提供咨询服务。

第四十五条 经办机构与医疗机构、辅助器具配置机构在平等协商的基础上签订服务协议，并公布签订服务协议的医疗机构、辅助器具配置机构的名单。具体办法由国务院劳动保障行政部门分别会同国务院卫生行政部门、民政部门等部门制定。

第四十六条 经办机构按照协议和国家有关目录、标准对工伤职工医疗费用、康复费用、辅助器具费用的使用情况进行核查，并按时足额结算费用。

第四十七条 经办机构应当定期公布工伤保险基金的收支情况，及时向劳动保障行政部门提出调整费率的建议。

第四十八条 劳动保障行政部门、经办机构应当定期听取工伤职工、医疗机构、辅助器具配置机构以及社会各界对改进工伤保险工作的意见。

第四十九条 劳动保障行政部门依法对工伤保险费的征缴和工伤保险基金的支付情况进行监督检查。

财政部门和审计机关依法对工伤保险基金的收支、管理情况进行监督。

第五十条 任何组织和个人对有关工伤保险的违法行为，有权举报。劳动保障行政部门对举报应当及时调查，按照规定处理，并为举报人保密。

第五十一条　工会组织依法维护工伤职工的合法权益，对用人单位的工伤保险工作实行监督。

第五十二条　职工与用人单位发生工伤待遇方面的争议，按照处理劳动争议的有关规定处理。

第五十三条　有下列情形之一的，有关单位和个人可以依法申请行政复议；对复议决定不服的，可以依法提起行政诉讼：

（一）申请工伤认定的职工或者其直系亲属、该职工所在单位对工伤认定结论不服的；

（二）用人单位对经办机构确定的单位缴费费率不服的；

（三）签订服务协议的医疗机构、辅助器具配置机构认为经办机构未履行有关协议或者规定的；

（四）工伤职工或者其直系亲属对经办机构核定的工伤保险待遇有异议的。

第七章　法律责任

第五十四条　单位或者个人违反本条例第十二条规定挪用工伤保险基金，构成犯罪的，依法追究刑事责任；尚不构成犯罪的，依法给予行政处分或者纪律处分。被挪用的基金由劳动保障行政部门追回，并入工伤保险基金；没收的违法所得依法上缴国库。

第五十五条　劳动保障行政部门工作人员有下列情形之一的，依法给予行政处分；情节严重，构成犯罪的，依法追究刑事责任：

（一）无正当理由不受理工伤认定申请，或者弄虚作假将不符合工伤条件的人员认定为工伤职工的；

（二）未妥善保管申请工伤认定的证据材料，致使有关证据灭失的；

（三）收受当事人财物的。

第五十六条　经办机构有下列行为之一的，由劳动保障行政部门责令改正，对直接负责的主管人员和其他责任人员依法给予纪律处分；情节严重，构成犯罪的，依法追究刑事责任；造成当事人经济损失的，由经办机构依法承担赔偿责任：

（一）未按规定保存用人单位缴费和职工享受工伤保险待遇情况记录的；

（二）不按规定核定工伤保险待遇的；

（三）收受当事人财物的。

第五十七条　医疗机构、辅助器具配置机构不按服务协议提供服务的，经办机构可以解除服务协议。

经办机构不按时足额结算费用的，由劳动保障行政部门责令改正；医疗机构、辅助器具配置机构可以解除服务协议。

第五十八条　用人单位瞒报工资总额或者职工人数的，由劳动保障行政部门责令改正，并处瞒报工资数额 1 倍以上 3 倍以下的罚款。

用人单位、工伤职工或者其直系亲属骗取工伤保险待遇，医疗机构、辅助器具配置机构骗取工伤保险基金支出的，由劳动保障行政部门责令退还，并处骗取金额 1 倍以上 3 倍以下的罚款；情节严重，构成犯罪的，依法追究刑事责任。

第五十九条　从事劳动能力鉴定的组织或者个人有下列情形之一的，由劳动保障行政部门责令改正，并处 2000 元以上 1 万元以下的罚款；情节严重，构成犯罪的，依法追究刑事责任：

（一）提供虚假鉴定意见的；

（二）提供虚假诊断证明的；

（三）收受当事人财物的。

第六十条　用人单位依照本条例规定应当参加工伤保险而未参加的，由劳动保障行政部门责令改正；未参加工伤保险期间用人单位职工发生工伤的，由该用人单位按照本条例规定的工伤保险待遇项目和标准支付费用。

第八章　附　则

第六十一条　本条例所称职工，是指与用人单位存在劳动关系(包括事实劳动关系)的各种用工形式、各种用工期限的劳动者。

本条例所称工资总额，是指用人单位直接支付给本单位全部职工的劳动报酬总额。

本条例所称本人工资，是指工伤职工因工作遭受事故伤害或者患职业病前 12 个月平均月缴费工资。本人工资高于统筹地区职工平均工资 300% 的，按照统筹地区职工平均工资的 300% 计算；本人工资低于统筹地区职工平均工资 60% 的，按照统筹地区职工平均工资的 60% 计算。

第六十二条　国家机关和依照或者参照国家公务员制度进行人事管理的事业单位、社会团体的工作人员因工作遭受事故伤害或者患职业病的，由所在单位支付费用。具体办法由国务院劳动保障行政部门会同国务院人事行政部门、财政部门规定。

其他事业单位、社会团体以及各类民办非企业单位的工伤保险等办法，由国务院劳动保障行政部门会同国务院人事行政部门、民政部门、财政部门等部门参照本条例另行规定，报国务院批准后施行。

第六十三条　无营业执照或者未经依法登记、备案的单位以及被依法吊销营业执照或者撤销登记、备案的单位的职工受到事故伤害或者患职业病的，由该单位向伤残职工或者死亡职工的直系亲属给予一次性赔偿，赔偿标准不得低于本条例规定的工伤保险待遇；用人单位不得使用童工，用人单位使用童工造成童工伤残、死亡的，由该单位向童工或者童工的直系亲属给予一次性赔偿，赔偿标准不得低于本条例规定的工伤保险待遇。具体办法由国务院劳动保障行政部门规定。

前款规定的伤残职工或者死亡职工的直系亲属就赔偿数额与单位发生争议的，以及前款规定的童工或者童工的直系亲属就赔偿数额与单位发生争议的，按照处理劳动争议的有关规定处理。

第六十四条　本条例自 2004 年 1 月 1 日起施行。本条例施行前已受到事故伤害或者患职业病的职工尚未完成工伤认定的，按照本条例的规定执行。

附录5 工伤保险条例(2011年版)

第一章 总 则

第一条 为了保障因工作遭受事故伤害或者患职业病的职工获得医疗救治和经济补偿,促进工伤预防和职业康复,分散用人单位的工伤风险,制定本条例。

第二条 中华人民共和国境内的企业、事业单位、社会团体、民办非企业单位、基金会、律师事务所、会计师事务所等组织和有雇工的个体工商户(以下称用人单位)应当依照本条例规定参加工伤保险,为本单位全部职工或者雇工(以下称职工)缴纳工伤保险费。

中华人民共和国境内的企业、事业单位、社会团体、民办非企业单位、基金会、律师事务所、会计师事务所等组织的职工和个体工商户的雇工,均有依照本条例的规定享受工伤保险待遇的权利。

第三条 工伤保险费的征缴按照《社会保险费征缴暂行条例》关于基本养老保险费、基本医疗保险费、失业保险费的征缴规定执行。

第四条 用人单位应当将参加工伤保险的有关情况在本单位内公示。

用人单位和职工应当遵守有关安全生产和职业病防治的法律法规,执行安全卫生规程和标准,预防工伤事故发生,避免和减少职业病危害。

职工发生工伤时,用人单位应当采取措施使工伤职工得到及时救治。

第五条 国务院社会保险行政部门负责全国的工伤保险工作。

县级以上地方各级人民政府社会保险行政部门负责本行政区域内的工伤保险工作。

社会保险行政部门按照国务院有关规定设立的社会保险经办机构(以下称经办机构)具体承办工伤保险事务。

第六条 社会保险行政部门等部门制定工伤保险的政策、标准,应当征求工会组织、用人单位代表的意见。

第二章 工伤保险基金构成

第七条 工伤保险基金由用人单位缴纳的工伤保险费、工伤保险基金的利息和依法纳入工伤保险基金的其他资金构成。

第八条 工伤保险费根据以支定收、收支平衡的原则,确定费率。

国家根据不同行业的工伤风险程度确定行业的差别费率,并根据工伤保险费使用、工伤发生率等情况在每个行业内确定若干费率档次。行业差别费率及行业内费率档次由国务院社会保险行政部门制定,报国务院批准后公布施行。

统筹地区经办机构根据用人单位工伤保险费使用、工伤发生率等情况,适用所属行业内相应的费率档次确定单位缴费费率。

第九条 国务院社会保险行政部门应当定期了解全国各统筹地区工伤保险基金收支情况，及时提出调整行业差别费率及行业内费率档次的方案，报国务院批准后公布施行。

第十条 用人单位应当按时缴纳工伤保险费。职工个人不缴纳工伤保险费。

用人单位缴纳工伤保险费的数额为本单位职工工资总额乘以单位缴费费率之积。

对难以按照工资总额缴纳工伤保险费的行业，其缴纳工伤保险费的具体方式，由国务院社会保险行政部门规定。

第十一条 工伤保险基金逐步实行省级统筹。

跨地区、生产流动性较大的行业，可以采取相对集中的方式异地参加统筹地区的工伤保险。具体办法由国务院社会保险行政部门会同有关行业的主管部门制定。

第十二条 工伤保险基金存入社会保障基金财政专户，用于本条例规定的工伤保险待遇，劳动能力鉴定，工伤预防的宣传、培训等费用，以及法律、法规规定的用于工伤保险的其他费用的支付。

工伤预防费用的提取比例、使用和管理的具体办法，由国务院社会保险行政部门会同国务院财政、卫生行政、安全生产监督管理等部门规定。

任何单位或者个人不得将工伤保险基金用于投资运营、兴建或者改建办公场所、发放奖金，或者挪作其他用途。

第十三条 工伤保险基金应当留有一定比例的储备金，用于统筹地区重大事故的工伤保险待遇支付；储备金不足支付的，由统筹地区的人民政府垫付。储备金占基金总额的具体比例和储备金的使用办法，由省、自治区、直辖市人民政府规定。

第三章 工伤认定

第十四条 职工有下列情形之一的，应当认定为工伤：

(一)在工作时间和工作场所内，因工作原因受到事故伤害的；

(二)工作时间前后在工作场所内，从事与工作有关的预备性或者收尾性工作受到事故伤害的；

(三)在工作时间和工作场所内，因履行工作职责受到暴力等意外伤害的；

(四)患职业病的；

(五)因工外出期间，由于工作原因受到伤害或者发生事故下落不明的；

(六)在上下班途中，受到非本人主要责任的交通事故或者城市轨道交通、客运轮渡、火车事故伤害的；

(七)法律、行政法规规定应当认定为工伤的其他情形。

第十五条 职工有下列情形之一的，视同工伤：

(一)在工作时间和工作岗位，突发疾病死亡或者在48小时之内经抢救无效死亡的；

(二)在抢险救灾等维护国家利益、公共利益活动中受到伤害的；

(三)职工原在军队服役，因战、因公负伤致残，已取得革命伤残军人证，到用人单位后旧伤复发的。

职工有前款第(一)项、第(二)项情形的，按照本条例的有关规定享受工伤保险待遇；

职工有前款第(三)项情形的，按照本条例的有关规定享受除一次性伤残补助金以外的工伤保险待遇。

第十六条　职工符合本条例第十四条、第十五条的规定，但是有下列情形之一的，不得认定为工伤或者视同工伤：

(一)故意犯罪的；

(二)醉酒或者吸毒的；

(三)自残或者自杀的。

第十七条　职工发生事故伤害或者按照职业病防治法规定被诊断、鉴定为职业病，所在单位应当自事故伤害发生之日或者被诊断、鉴定为职业病之日起 30 日内，向统筹地区社会保险行政部门提出工伤认定申请。遇有特殊情况，经报社会保险行政部门同意，申请时限可以适当延长。

用人单位未按前款规定提出工伤认定申请的，工伤职工或者其近亲属、工会组织在事故伤害发生之日或者被诊断、鉴定为职业病之日起 1 年内，可以直接向用人单位所在地统筹地区社会保险行政部门提出工伤认定申请。

按照本条第一款规定应当由省级社会保险行政部门进行工伤认定的事项，根据属地原则由用人单位所在地的设区的市级社会保险行政部门办理。

用人单位未在本条第一款规定的时限内提交工伤认定申请，在此期间发生符合本条例规定的工伤待遇等有关费用由该用人单位负担。

第十八条　提出工伤认定申请应当提交下列材料：

(一)工伤认定申请表；

(二)与用人单位存在劳动关系(包括事实劳动关系)的证明材料；

(三)医疗诊断证明或者职业病诊断证明书(或者职业病诊断鉴定书)。

工伤认定申请表应当包括事故发生的时间、地点、原因以及职工伤害程度等基本情况。

工伤认定申请人提供材料不完整的，社会保险行政部门应当一次性书面告知工伤认定申请人需要补正的全部材料。申请人按照书面告知要求补正材料后，社会保险行政部门应当受理。

第十九条　社会保险行政部门受理工伤认定申请后，根据审核需要可以对事故伤害进行调查核实，用人单位、职工、工会组织、医疗机构以及有关部门应当予以协助。职业病诊断和诊断争议的鉴定，依照职业病防治法的有关规定执行。对依法取得职业病诊断证明书或者职业病诊断鉴定书的，社会保险行政部门不再进行调查核实。

职工或者其近亲属认为是工伤，用人单位不认为是工伤的，由用人单位承担举证责任。

第二十条　社会保险行政部门应当自受理工伤认定申请之日起 60 日内作出工伤认定的决定，并书面通知申请工伤认定的职工或者其近亲属和该职工所在单位。

社会保险行政部门对受理的事实清楚、权利义务明确的工伤认定申请，应当在 15 日内作出工伤认定的决定。

作出工伤认定决定需要以司法机关或者有关行政主管部门的结论为依据的，在司法机关或者有关行政主管部门尚未作出结论期间，作出工伤认定决定的时限中止。

社会保险行政部门工作人员与工伤认定申请人有利害关系的，应当回避。

第四章 劳动能力鉴定

第二十一条 职工发生工伤，经治疗伤情相对稳定后存在残疾、影响劳动能力的，应当进行劳动能力鉴定。

第二十二条 劳动能力鉴定是指劳动功能障碍程度和生活自理障碍程度的等级鉴定。

劳动功能障碍分为十个伤残等级，最重的为一级，最轻的为十级。

生活自理障碍分为三个等级：生活完全不能自理、生活大部分不能自理和生活部分不能自理。

劳动能力鉴定标准由国务院社会保险行政部门会同国务院卫生行政部门等部门制定。

第二十三条 劳动能力鉴定由用人单位、工伤职工或者其近亲属向设区的市级劳动能力鉴定委员会提出申请，并提供工伤认定决定和职工工伤医疗的有关资料。

第二十四条 省、自治区、直辖市劳动能力鉴定委员会和设区的市级劳动能力鉴定委员会分别由省、自治区、直辖市和设区的市级社会保险行政部门、卫生行政部门、工会组织、经办机构代表以及用人单位代表组成。

劳动能力鉴定委员会建立医疗卫生专家库。列入专家库的医疗卫生专业技术人员应当具备下列条件：

(一)具有医疗卫生高级专业技术职务任职资格；

(二)掌握劳动能力鉴定的相关知识；

(三)具有良好的职业品德。

第二十五条 设区的市级劳动能力鉴定委员会收到劳动能力鉴定申请后，应当从其建立的医疗卫生专家库中随机抽取 3 名或者 5 名相关专家组成专家组，由专家组提出鉴定意见。设区的市级劳动能力鉴定委员会根据专家组的鉴定意见作出工伤职工劳动能力鉴定结论；必要时，可以委托具备资格的医疗机构协助进行有关的诊断。

设区的市级劳动能力鉴定委员会应当自收到劳动能力鉴定申请之日起 60 日内作出劳动能力鉴定结论，必要时，作出劳动能力鉴定结论的期限可以延长 30 日。劳动能力鉴定结论应当及时送达申请鉴定的单位和个人。

第二十六条 申请鉴定的单位或者个人对设区的市级劳动能力鉴定委员会作出的鉴定结论不服的，可以在收到该鉴定结论之日起 15 日内向省、自治区、直辖市劳动能力鉴定委员会提出再次鉴定申请。省、自治区、直辖市劳动能力鉴定委员会作出的劳动能力鉴定结论为最终结论。

第二十七条 劳动能力鉴定工作应当客观、公正。劳动能力鉴定委员会组成人员或者参加鉴定的专家与当事人有利害关系的，应当回避。

第二十八条 自劳动能力鉴定结论作出之日起 1 年后，工伤职工或者其近亲属、所在单位或者经办机构认为伤残情况发生变化的，可以申请劳动能力复查鉴定。

第二十九条 劳动能力鉴定委员会依照本条例第二十六条和第二十八条的规定进行再次鉴定和复查鉴定的期限，依照本条例第二十五条第二款的规定执行。

第五章　工伤保险待遇

第三十条　职工因工作遭受事故伤害或者患职业病进行治疗，享受工伤医疗待遇。

职工治疗工伤应当在签订服务协议的医疗机构就医，情况紧急时可以先到就近的医疗机构急救。

治疗工伤所需费用符合工伤保险诊疗项目目录、工伤保险药品目录、工伤保险住院服务标准的，从工伤保险基金支付。工伤保险诊疗项目目录、工伤保险药品目录、工伤保险住院服务标准，由国务院社会保险行政部门会同国务院卫生行政部门、食品药品监督管理部门等部门规定。

职工住院治疗工伤的伙食补助费，以及经医疗机构出具证明，报经办机构同意，工伤职工到统筹地区以外就医所需的交通、食宿费用从工伤保险基金支付，基金支付的具体标准由统筹地区人民政府规定。

工伤职工治疗非工伤引发的疾病，不享受工伤医疗待遇，按照基本医疗保险办法处理。

工伤职工到签订服务协议的医疗机构进行工伤康复的费用，符合规定的，从工伤保险基金支付。

第三十一条　社会保险行政部门作出认定为工伤的决定后发生行政复议、行政诉讼的，行政复议和行政诉讼期间不停止支付工伤职工治疗工伤的医疗费用。

第三十二条　工伤职工因日常生活或者就业需要，经劳动能力鉴定委员会确认，可以安装假肢、矫形器、假眼、假牙和配置轮椅等辅助器具，所需费用按照国家规定的标准从工伤保险基金支付。

第三十三条　职工因工作遭受事故伤害或者患职业病需要暂停工作接受工伤医疗的，在停工留薪期内，原工资福利待遇不变，由所在单位按月支付。

停工留薪期一般不超过 12 个月。伤情严重或者情况特殊，经设区的市级劳动能力鉴定委员会确认，可以适当延长，但延长不得超过 12 个月。工伤职工评定伤残等级后，停发原待遇，按照本章的有关规定享受伤残待遇。工伤职工在停工留薪期满后仍需治疗的，继续享受工伤医疗待遇。

生活不能自理的工伤职工在停工留薪期需要护理的，由所在单位负责。

第三十四条　工伤职工已经评定伤残等级并经劳动能力鉴定委员会确认需要生活护理的，从工伤保险基金按月支付生活护理费。

生活护理费按照生活完全不能自理、生活大部分不能自理或者生活部分不能自理 3 个不同等级支付，其标准分别为统筹地区上年度职工月平均工资的 50%、40% 或者 30%。

第三十五条　职工因工致残被鉴定为一级至四级伤残的，保留劳动关系，退出工作岗位，享受以下待遇：

(一)从工伤保险基金按伤残等级支付一次性伤残补助金，标准为：一级伤残为 27 个月的本人工资，二级伤残为 25 个月的本人工资，三级伤残为 23 个月的本人工资，四级伤残为 21 个月的本人工资；

(二)从工伤保险基金按月支付伤残津贴，标准为：一级伤残为本人工资的 90%，二级伤残为本人工资的 85%，三级伤残为本人工资的 80%，四级伤残为本人工资的 75%。伤残津贴实际金额低于当地最低工资标准的，由工伤保险基金补足差额；

(三)工伤职工达到退休年龄并办理退休手续后，停发伤残津贴，按照国家有关规定享受基本养老保险待遇。基本养老保险待遇低于伤残津贴的，由工伤保险基金补足差额。

职工因工致残被鉴定为一级至四级伤残的，由用人单位和职工个人以伤残津贴为基数，缴纳基本医疗保险费。

第三十六条　职工因工致残被鉴定为五级、六级伤残的，享受以下待遇：

(一)从工伤保险基金按伤残等级支付一次性伤残补助金，标准为：五级伤残为 18 个月的本人工资，六级伤残为 16 个月的本人工资；

(二)保留与用人单位的劳动关系，由用人单位安排适当工作。难以安排工作的，由用人单位按月发给伤残津贴，标准为：五级伤残为本人工资的 70%，六级伤残为本人工资的 60%，并由用人单位按照规定为其缴纳应缴纳的各项社会保险费。伤残津贴实际金额低于当地最低工资标准的，由用人单位补足差额。

经工伤职工本人提出，该职工可以与用人单位解除或者终止劳动关系，由工伤保险基金支付一次性工伤医疗补助金，由用人单位支付一次性伤残就业补助金。一次性工伤医疗补助金和一次性伤残就业补助金的具体标准由省、自治区、直辖市人民政府规定。

第三十七条　职工因工致残被鉴定为七级至十级伤残的，享受以下待遇：

(一)从工伤保险基金按伤残等级支付一次性伤残补助金，标准为：七级伤残为 13 个月的本人工资，八级伤残为 11 个月的本人工资，九级伤残为 9 个月的本人工资，十级伤残为 7 个月的本人工资；

(二)劳动、聘用合同期满终止，或者职工本人提出解除劳动、聘用合同的，由工伤保险基金支付一次性工伤医疗补助金，由用人单位支付一次性伤残就业补助金。一次性工伤医疗补助金和一次性伤残就业补助金的具体标准由省、自治区、直辖市人民政府规定。

第三十八条　工伤职工工伤复发，确认需要治疗的，享受本条例第三十条、第三十二条和第三十三条规定的工伤待遇。

第三十九条　职工因工死亡，其近亲属按照下列规定从工伤保险基金领取丧葬补助金、供养亲属抚恤金和一次性工亡补助金：

(一)丧葬补助金为 6 个月的统筹地区上年度职工月平均工资；

(二)供养亲属抚恤金按照职工本人工资的一定比例发给由因工死亡职工生前提供主要生活来源、无劳动能力的亲属。标准为：配偶每月 40%，其他亲属每人每月 30%，孤寡老人或者孤儿每人每月在上述标准的基础上增加 10%。核定的各供养亲属的抚恤金之和不应高于因工死亡职工生前的工资。供养亲属的具体范围由国务院社会保险行政部门规定；

(三)一次性工亡补助金标准为上一年度全国城镇居民人均可支配收入的 20 倍。

伤残职工在停工留薪期内因工伤导致死亡的，其近亲属享受本条第一款规定的待遇。

一级至四级伤残职工在停工留薪期满后死亡的，其近亲属可以享受本条第一款第(一)项、第(二)项规定的待遇。

第四十条　伤残津贴、供养亲属抚恤金、生活护理费由统筹地区社会保险行政部门根据职工平均工资和生活费用变化等情况适时调整。调整办法由省、自治区、直辖市人民政府规定。

第四十一条 职工因工外出期间发生事故或者在抢险救灾中下落不明的，从事故发生当月起3个月内照发工资，从第4个月起停发工资，由工伤保险基金向其供养亲属按月支付供养亲属抚恤金。生活有困难的，可以预支一次性工亡补助金的50%。职工被人民法院宣告死亡的，按照本条例第三十九条职工因工死亡的规定处理。

第四十二条 工伤职工有下列情形之一的，停止享受工伤保险待遇：

（一）丧失享受待遇条件的；

（二）拒不接受劳动能力鉴定的；

（三）拒绝治疗的。

第四十三条 用人单位分立、合并、转让的，承继单位应当承担原用人单位的工伤保险责任；原用人单位已经参加工伤保险的，承继单位应当到当地经办机构办理工伤保险变更登记。

用人单位实行承包经营的，工伤保险责任由职工劳动关系所在单位承担。

职工被借调期间受到工伤事故伤害的，由原用人单位承担工伤保险责任，但原用人单位与借调单位可以约定补偿办法。

企业破产的，在破产清算时依法拨付应当由单位支付的工伤保险待遇费用。

第四十四条 职工被派遣出境工作，依据前往国家或者地区的法律应当参加当地工伤保险的，参加当地工伤保险，其国内工伤保险关系中止；不能参加当地工伤保险的，其国内工伤保险关系不中止。

第四十五条 职工再次发生工伤，根据规定应当享受伤残津贴的，按照新认定的伤残等级享受伤残津贴待遇。

第六章 监督管理

第四十六条 经办机构具体承办工伤保险事务，履行下列职责：

（一）根据省、自治区、直辖市人民政府规定，征收工伤保险费；

（二）核查用人单位的工资总额和职工人数，办理工伤保险登记，并负责保存用人单位缴费和职工享受工伤保险待遇情况的记录；

（三）进行工伤保险的调查、统计；

（四）按照规定管理工伤保险基金的支出；

（五）按照规定核定工伤保险待遇；

（六）为工伤职工或者其近亲属免费提供咨询服务。

第四十七条 经办机构与医疗机构、辅助器具配置机构在平等协商的基础上签订服务协议，并公布签订服务协议的医疗机构、辅助器具配置机构的名单。具体办法由国务院社会保险行政部门分别会同国务院卫生行政部门、民政部门等部门制定。

第四十八条 经办机构按照协议和国家有关目录、标准对工伤职工医疗费用、康复费用、辅助器具费用的使用情况进行核查，并按时足额结算费用。

第四十九条 经办机构应当定期公布工伤保险基金的收支情况，及时向社会保险行政部门提出调整费率的建议。

第五十条 社会保险行政部门、经办机构应当定期听取工伤职工、医疗机构、辅助器具配置机构以及社会各界对改进工伤保险工作的意见。

第五十一条 社会保险行政部门依法对工伤保险费的征缴和工伤保险基金的支付情况进行监督检查。

财政部门和审计机关依法对工伤保险基金的收支、管理情况进行监督。

第五十二条 任何组织和个人对有关工伤保险的违法行为,有权举报。社会保险行政部门对举报应当及时调查,按照规定处理,并为举报人保密。

第五十三条 工会组织依法维护工伤职工的合法权益,对用人单位的工伤保险工作实行监督。

第五十四条 职工与用人单位发生工伤待遇方面的争议,按照处理劳动争议的有关规定处理。

第五十五条 有下列情形之一的,有关单位或者个人可以依法申请行政复议,也可以依法向人民法院提起行政诉讼:

(一)申请工伤认定的职工或者其近亲属、该职工所在单位对工伤认定申请不予受理的决定不服的;

(二)申请工伤认定的职工或者其近亲属、该职工所在单位对工伤认定结论不服的;

(三)用人单位对经办机构确定的单位缴费费率不服的;

(四)签订服务协议的医疗机构、辅助器具配置机构认为经办机构未履行有关协议或者规定的;

(五)工伤职工或者其近亲属对经办机构核定的工伤保险待遇有异议的。

第七章 法律责任

第五十六条 单位或者个人违反本条例第十二条规定挪用工伤保险基金,构成犯罪的,依法追究刑事责任;尚不构成犯罪的,依法给予处分或者纪律处分。被挪用的基金由社会保险行政部门追回,并入工伤保险基金;没收的违法所得依法上缴国库。

第五十七条 社会保险行政部门工作人员有下列情形之一的,依法给予处分;情节严重,构成犯罪的,依法追究刑事责任:

(一)无正当理由不受理工伤认定申请,或者弄虚作假将不符合工伤条件的人员认定为工伤职工的;

(二)未妥善保管申请工伤认定的证据材料,致使有关证据灭失的;

(三)收受当事人财物的。

第五十八条 经办机构有下列行为之一的,由社会保险行政部门责令改正,对直接负责的主管人员和其他责任人员依法给予纪律处分;情节严重,构成犯罪的,依法追究刑事责任;造成当事人经济损失的,由经办机构依法承担赔偿责任:

(一)未按规定保存用人单位缴费和职工享受工伤保险待遇情况记录的;

(二)不按规定核定工伤保险待遇的;

(三)收受当事人财物的。

第五十九条　医疗机构、辅助器具配置机构不按服务协议提供服务的，经办机构可以解除服务协议。

经办机构不按时足额结算费用的，由社会保险行政部门责令改正；医疗机构、辅助器具配置机构可以解除服务协议。

第六十条　用人单位、工伤职工或者其近亲属骗取工伤保险待遇，医疗机构、辅助器具配置机构骗取工伤保险基金支出的，由社会保险行政部门责令退还，处骗取金额 2 倍以上 5 倍以下的罚款；情节严重，构成犯罪的，依法追究刑事责任。

第六十一条　从事劳动能力鉴定的组织或者个人有下列情形之一的，由社会保险行政部门责令改正，处 2000 元以上 1 万元以下的罚款；情节严重，构成犯罪的，依法追究刑事责任：

(一)提供虚假鉴定意见的；

(二)提供虚假诊断证明的；

(三)收受当事人财物的。

第六十二条　用人单位依照本条例规定应当参加工伤保险而未参加的，由社会保险行政部门责令限期参加，补缴应当缴纳的工伤保险费，并自欠缴之日起，按日加收万分之五的滞纳金；逾期仍不缴纳的，处欠缴数额 1 倍以上 3 倍以下的罚款。

依照本条例规定应当参加工伤保险而未参加工伤保险的用人单位职工发生工伤的，由该用人单位按照本条例规定的工伤保险待遇项目和标准支付费用。

用人单位参加工伤保险并补缴应当缴纳的工伤保险费、滞纳金后，由工伤保险基金和用人单位依照本条例的规定支付新发生的费用。

第六十三条　用人单位违反本条例第十九条的规定，拒不协助社会保险行政部门对事故进行调查核实的，由社会保险行政部门责令改正，处 2000 元以上 2 万元以下的罚款。

第八章　附　　则

第六十四条　本条例所称工资总额，是指用人单位直接支付给本单位全部职工的劳动报酬总额。

本条例所称本人工资，是指工伤职工因工作遭受事故伤害或者患职业病前 12 个月平均月缴费工资。本人工资高于统筹地区职工平均工资 300% 的，按照统筹地区职工平均工资的 300% 计算；本人工资低于统筹地区职工平均工资 60% 的，按照统筹地区职工平均工资的 60% 计算。

第六十五条　公务员和参照公务员法管理的事业单位、社会团体的工作人员因工作遭受事故伤害或者患职业病的，由所在单位支付费用。具体办法由国务院社会保险行政部门会同国务院财政部门规定。

第六十六条　无营业执照或者未经依法登记、备案的单位以及被依法吊销营业执照或者撤销登记、备案的单位的职工受到事故伤害或者患职业病的，由该单位向伤残职工或者死亡职工的近亲属给予一次性赔偿，赔偿标准不得低于本条例规定的工伤保险待遇；用人单位不得使用童工，用人单位使用童工造成童工伤残、死亡的，由该单位向童工或者童工的近亲属给予一次性赔偿，赔偿标准不得低于本条例规定的工伤保险待遇。具体办法由国务院社会保险行政部门规定。

前款规定的伤残职工或者死亡职工的近亲属就赔偿数额与单位发生争议的，以及前款规定的童工或者童工的近亲属就赔偿数额与单位发生争议的，按照处理劳动争议的有关规定处理。

第六十七条　本条例自2004年1月1日起施行。本条例施行前已受到事故伤害或者患职业病的职工尚未完成工伤认定的，按照本条例的规定执行。

参 考 文 献

1. 罗云，程五一. 现代安全管理[M]. 北京：化学工业出版社，2004.

2. 祈有红. 生命第一(员工安全意识手册)[M]. 北京：新华出版社，2010.

3. 刘筱婕，王静宇. 论我国职业安全卫生监管体制的变革、现状、问题与完善[J]. 辽宁
行政学院学报，2011(4)：34-36.

4. 祁有红，祁有金. 第一管理[M]. 北京：北京出版社，2007.

5. 焦航翀. 论职业健康安全管理体系对于强化企业管理的作用[J]. 管理观察，2015(2)：
32-34.

6. 张顺堂，高德华. 职业健康与安全工程[M]. 北京：冶金工业出版社，2013.

7. 中国国家标准化管理委员会. 职业健康安全管理体系要求[S]. 2011-12-30.

8. 中国职业病网，http://news. zybw. com/zybgs/al/13527. html.

9. 李亮辉. 从"十三连跳"到"开胸验肺"：透视企业劳动安全卫生保障[J]. 中国卫生事业
管理，2016(10)：761-765.

10. 莫纪宏. 国外安全生产法律制度简介[J]. 中国审判，2013(7)：36-38.

11. 苏宏杰，宋美苏，杜翠凤. ILO 职业安全卫生标准体系现状综述[J]. 中国安全生产科
学技术，2017(1)：169-173.

12. 张宏元. 美国职业卫生技术服务体系借鉴[J]. 劳动保护，2017(4)：91-93.

13. 高子清，等. 日本职业卫生法律法规标准体系初探[J]. 职业卫生与应急救援，2016
(10)：427-437.

14. 朱钰玲，李涛. 德国职业安全卫生法律法规体系及其细化形式[J]. 职业与健康，2016
(9)：2584-2589.

15. 冬牛. 安全生产法治体系及其构建逻辑[J]. 社会治理，2018(9)：41-47.

16. 张兴凯. 我国"十二五"期间生产安全死亡事故直接经济损失估算[J]. 2016(6)：5-8.

17. https：//baike. baidu. com/item/%E8%81%8C%E4%B8%9A%E7%97%85%E5%88%
86%E7%B1%BB%E5%92%8C%E7%9B%AE%E5%BD%95.

18. 陈红，侯聪美. 职业安全与健康管理现状、挑战与合作管理模式应用前景[J]. 中国安
全科学学报，2018(5)：159-164.

19. 于维英，张玮. 职业安全与卫生[M]. 北京：清华大学出版社，2008.

20. 毛海峰. 现代安全管理理论与实务[M]. 北京：首都经济贸易大学出版社，2000.

21. https：//baike. baidu. com/item/%E5%BC%A0%E6%B5%B7%E8%B6%85/65467？fr
=aladdin.

22. 工伤保险条例配套规定[M]. 北京：中国法制出版社，2010.

23. 向春华. 工伤保险权益[M]. 北京：化学工业出版社，2006.

24. 李晓勤，郭二民，宋存义. 国外工伤事故保险发展模式及对我国的启示[J]. 煤炭经济研究，2006（5）：26-27.

25. 黄开发，凌瑞杰，等. 浅谈德国职业安全卫生管理体系及工伤保险制度[J]. 中国工业医学杂志，2015（2）：151-158.

26. 张盈盈，罗筱媛. 日本工伤保险制度概述[J]. 劳动保障世界，2011（9）：47-49.

27. 张菊香. 安全教育培训重点在"变"[J]. 安全与健康，2019（2）：1.

28. 王秉，吴超. 安全文化的定义理论与方法研究[J]. 灾害学，2018（1）：200-205.

29. 吴友军，金琦. 煤矿企业安全文化建设评价体系探讨[J]. 中国煤炭，2006（2）：67-71.

30. Angelica M. Vecchio-Sadus, Steven Griffiths. Marketing strategies for enhancing safety culture[J]. Safety Science, 2003（11）：1-19.

31. Soren Spangenberga, Charlotte Baartsa, Johnny Dyreborga. Factors contributing to the differences in work related injury rates between Danish and Swedish construction workers[J]. Safety Science, 2003（41）：517-530.

32. Griffith. Occupational health and safety campaigning to enhance and safety culture[J]. Visions, 2001（11）：12-24.

33. Kelley. Worker psychology and safety attitudes[J]. Professional Safety, 1996（7）：14-17.

34. Zohar D. Safety climate in industrial organizations：theoretical and applied implications[J]. Journal of Applied Psychology, 1980, 65（1）：96.

35. International Nuclear Safety Advisory Group. Summary report on the post—Accident review meeting on the chernobyl accident[M]. Vienna：Safety Series, 1986：75.

36. International Nuclear Safety Advisory Group. Safety culture（Safety Series No 75-INSAG-4）[R]. Vienna, 1991.

37. 张广鹏. 工效学原理与应用[M]. 北京：机械工业出版社，2011.

38. 王权阳. 预先危险性分析在矿井内因火灾预防中的应用研究[J]. 煤炭科技，2018（4）：111-118.

39. 徐伟建. 预先危险性分析在化工检修作业中的应用[J]. 石油化工安全环保技术，2018（2）：39-42.

40. 郜玲. 事件树分析方法的应用[J]. 兵工安全技术，1995（2）：39-40.

41. 马云歌. 事件树分析法在烟叶工作站火灾隐患消除中的应用[J]. 科技经济与管理科学，2018（4）：187-188.

42. 刘伟，陈晓红. 事故经济损失计算方法的比较分析[J]. 安全，2007（7）：13-15.

43. Anne Harriss. Erring on the side of danger[J]. Occupational Health, 2004, 56（4）：24.

44. Richard Komarniski. What comes after human factors[J]. Aircraft Maintenance Technology, 2006, 18（1）：48.

45. Hooke William. Avoiding a catastrophe of human error[J]. Bulletin of American meteorological society, 2005, 186（2）：158-165.

46. LaBar, Gregg. Can ergonomics cure"human error"? [J]. Occupational Hazards, 1996, 58 (4): 48.

47. Rasmussen. Approaches to the control of the effects of human error on chemical plants safety [J]. Professional Safety, 2006, 33(12): 23.

48. S. Mohamed. Empircal investigation of construction safety management activities and performance in Australia[J]. Safety Science, 1999(33): 129-142.

49. Satish Mohan, Wesley C. Zech. Characteristics of worker accidents on NYSDOT construction projects[J]. Journal of Safety Research, 2005(36): 353-360.

50. 刘勃. 炼化企业安全投入指标与安全效能的关系模型构建[J]. 安全技术, 2016(9): 9-13.

51. 人力资源和社会保障部. 中国社会保险发展年度报告[R]. 2017.